WOSHI
KONGZHI
DIANLU
SHITU
GAOSHOU

我是控制电路识图高手

黄威 主编

化学工业出版社
·北京·

图书在版编目（CIP）数据

我是控制电路识图高手/黄威主编．—北京：化学工业出版社，2016.3

ISBN 978-7-122-26271-4

Ⅰ.①我… Ⅱ.①黄… Ⅲ.①电动机-控制电路-电路图-识别 Ⅳ.①TM320.12

中国版本图书馆CIP数据核字（2016）第026683号

责任编辑：宋　辉　　　　装帧设计：王晓宇

责任校对：吴　静

出版发行：化学工业出版社（北京市东城区青年湖南街13号　邮政编码100011）

印　　刷：北京永鑫印刷有限责任公司

装　　订：三河市宇新装订厂

787mm×1092mm　1/16　印张$13\frac{3}{4}$　字数360千字　2016年4月北京第1版第1次印刷

购书咨询：010-64518888（传真：010-64519686）　售后服务：010-64518899

网　　址：http://www.cip.com.cn

凡购买本书，如有缺损质量问题，本社销售中心负责调换。

定　　价：46.00元

高、低压电气各种控制线路在工业电气控制方面应用十分广泛，熟悉和掌握各种电气控制电路的工作原理及常见故障的处理方法，是每个从事电气控制、维护和管理的电工必须具备的基本技能。基于以上宗旨，我们编写了本书。

本书较详细地介绍了我国目前工业企业高、低压电动机控制方面广泛使用的各类元器件基本知识、识读控制原理图的基本要求和步骤、控制线路图绘制的特点和原则以及典型高低压电气控制线路图的工作原理。同时介绍了一些故障处理、运行维护、抗晃电的知识，具有覆盖面广、通俗易懂的特点，力求帮助读者解决在平时维护管理中遇到的问题。

本书由黄威主编，张荣生、项亮参与编写。其中，黄威编写第 1～5 章，张荣生编写第 6～9 章，项亮编写第 10～12 章，全书由黄禹统稿。另外，本书编写过程中得到黄远松、郑斯瑶、王维昭、陈莉、黄启瑄、黄也嘉的大力支持，在此一并表示感谢。

由于编者的水平有限，书中的疏漏和不妥之处在所难免，再加上电力技术迅速进步、电气设备不断更新，使本书难免疏漏。因此，敬请广大读者批评指正。

编者

我是控制电路识图高手

目录
Contents

第7章　三相异步电动机的制动控制电路

第8章　其他控制电路

第9章　低压电动机控制电路故障现象及处理实例

第10章　常见高压电器控制电路

第11章　同步电动机高压控制电路

第12章　高压电动机控制电路故障现象及处理实例

参考文献

第1章 电气控制原理图基础

1.1 控制电路的基本概念

1.1.1 控制电路的作用

欲使电动机能够按照人们的要求运转，就必须设计正确、可靠、合理的控制线路。电动机在连续不断的运转中，有可能产生短路、过载等各种电气故障，所以对控制线路来说，除了承担电动机的供电和断电的重要任务外，还担负着保护电动机的作用。当电动机发生故障时，控制线路应该发出信号或自动切断其电源，以避免事故扩大。在自动化水平较高的生产机械上，是通过电气元件的自动控制来完成各道工序的，操作人员则完全摆脱了沉重、烦琐的体力劳动；这种情况下控制线路不但能够在电动机发生故障时起保护作用，并且在生产机械的某道工序处于异常状态时，还能够发出指示信号，并根据异常状态的严重程度，做出是继续运行还是立刻停机的选择。

随着电子技术的飞跃发展，电动机的控制必将进入一个新的阶段，但是它的基本线路，在任何复杂、先进的控制线路中，将始终占有举足轻重的地位。

1.1.2 控制电路的基本概念

异步电动机的控制线路，一般可以分为主电路和辅助电路两部分，而在高压异步电动机的控制线路中，主电路通常称为一次回路，辅助电路称为二次回路。

凡是流过电气设备负荷电流的电路，称主电路；凡是控制主电路通断或监视和保护主电路正常工作的电路，称辅助电路。主电路上流过的电流一般都比较大，而辅助电路上流过的电流则都比较小。

主电路的电压等级，通常都采用380V、220V，高压异步电动机的主电路则常采用

10kV、6kV 等电压。辅助电路的电压等级除了采用上述所说的 380V、220V 以外，也有采用 110V、48V、36V、24V、12V、6.3V 等电压等级的。在采用这些电压等级的时候，必须设置单独的降压变压器。辅助电路的电源通常选用主电路引来的交流电源，但是也有选用直流电源的，直流电源往往通过硅整流或晶闸管整流来获得。

主电路一般由负荷开关、空气自动开关、刀开关、熔断器、磁力启动器或接触器的主触点、自耦变压启动器、减压启动电阻、电抗器、电流互感器一次侧、热继电器发热部件、电流表、频敏变阻器、电磁铁、电动机等电气元件、设备和连接它们的导线组成。

辅助电路一般由转换开关、熔断器、按钮、磁力启动器或接触器线圈及其辅助触点、各种继电器线圈及其触点、信号灯、电铃、电笛、电流互感器二次侧线圈以及串联在电流互感器二次侧线圈电路中的热继电器发热部件、电流表等电气元件和导线组成。如果辅助电路采用的交流电压，不是 380V 或 220V，那么就需要设置降压变压器，若辅助电路采用的是直流电源，则还应该增加二极管或晶闸管等整流元件。

在主电路和辅助电路中，人们往往将那些联合完成某单项工作任务的若干电气元件，称为一个环节，有时也称为回路。

1.1.3 对控制电路的基本要求

为了确保生产机械在提高工作效率的同时能够安全、可靠地长期运行，对控制线路有如下三项基本要求。

(1) 能够满足生产机械的工艺条件

并且在操作上没有不合理的特殊要求。

(2) 结构简单，工作可靠

具体要求有以下 9 点。

① 取消一切可有可无的电气元件、触点。

② 对供电线路和电气设备可能出现的故障，有可靠的保护装置。

③ 线路处于正常的工作状态时，应该尽可能避免中间继电器、时间继电器等继电器线圈长期流过电流。

④ 只有在不影响线路可靠性的前提下，才允许线圈的相互串联与并联。

⑤ 在自动控制的线路中，要尽可能同时设置相应的手动控制运行方式。

⑥ 线路中的任何电气元件，在其完成使命后，应该立刻断开其电路；生产机械处于停机状态时，电气元件尽量避免长期通电的可能。

⑦ 凡是采用启动设备的控制线路，必须具有确保发挥启动设备作用的可靠手段。

⑧ 具有必要和可靠的联锁，同时线路不得存在产生隐患事故的可能。

⑨ 合理选用电气元件，并尽可能减少其品种和规格，以利备品、备件的储存。

(3) 便于施工与维修

1.1.4 电气图的布局

电气图的布局直接影响设计思想的表达。为了清楚地表明电气系统或设备各组成部分之间、各元器件之间的连接关系，并便于使用者了解其原理、功能和动作顺序，电气图要求布局合理、排列均匀、图面清晰、易于识读。本节将介绍图线及元件布置的规范和要求。

电气图的布局要求重点突出信息流及各级之间的功能关系，所以图线的布置应有利于识别各种过程及信息流向。对于因果关系清楚的电气图，其布局顺序应使信息的基本流向为自左至右或从上到下，例如电子线路图中，输入在左边，输出在右边。如不符合这一规定且流向不明显，应在信息线上加开口箭头。

在闭合电路中，前向通路上信号流的方向也应该是自左至右或从上到下，反馈通路的方向则与之相反。表示导线、信号通路、连接线等的图线一般应为直线，尽可能减少交叉和弯折。图线的布置通常有以下几种方法。

（1）图线的水平布置

水平布置的基本方法是将表示设备和元件的图形符号按横向布置，使得其连接线一般成水平方向，各类似项目应纵向对齐，如图 1-1 所示。

（2）图线的垂直布置

垂直布置是将表示设备或元件的图形符号按纵向排列，连接线成垂直方向，类似项目应横向对齐。如图 1-2 所示。

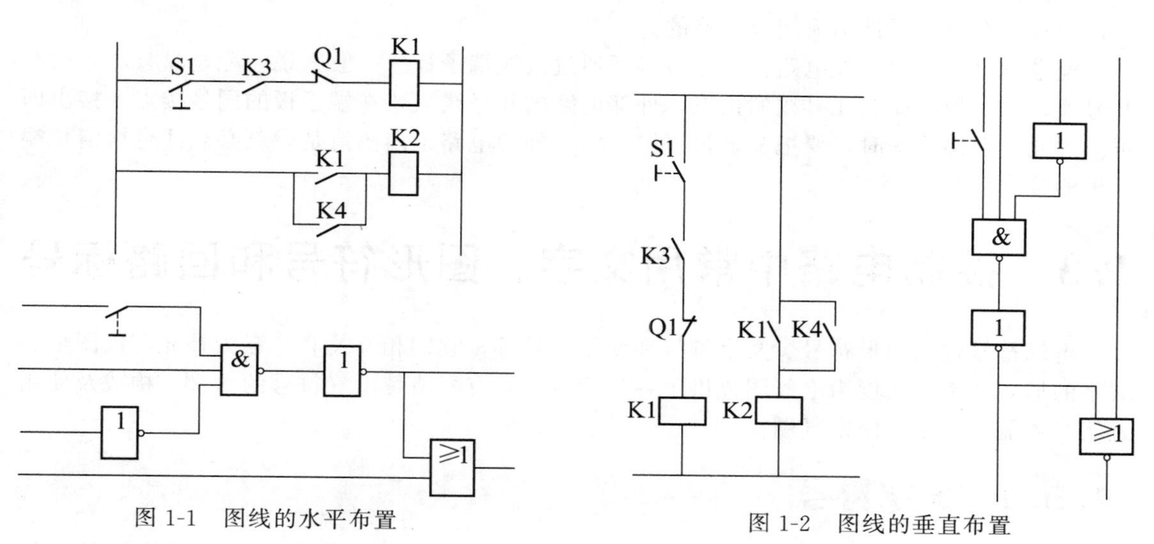

图 1-1　图线的水平布置　　图 1-2　图线的垂直布置

1.2　对控制电路的基本要求

看电路图，应弄清看图的基本要求，掌握好看图步骤，才能提高看图的水平，加快分析电路的速度。

在初步掌握电气图的基本知识和熟悉电气图中常用的图形符号、文字符号、回路标号以及电气图的主要特点的基础上，本节讲述看电气图的基本步骤，为以后看读、绘制各类电路图提供总体思路和引导。

（1）详看图纸说明

拿到图纸后，首先要仔细阅读图纸的主标题栏和有关说明，如图纸目录、技术说明、电气元件明细表、施工说明书等，结合已有的电工知识，对该电气图的类型、性质、作用有一个明确的认识，从整体上理解图纸的概况和所要表述的重点。

（2）看电路图

电路图是电气图的核心，也是内容最丰富、最难读懂的电气图纸。首先，看电路图要看有哪些图形符号和文字符号，了解电路图各组成部分的作用，分清主电路和辅助电路、交流回路和直流回路。其次，按照先看主电路、再看辅助电路的顺序进行看图。看主电路时，通常要从下往上看，即先从用电设备开始，经控制电气元件，顺次往电源端看；看辅助电路时，则自上而下、从左至右看，即先看主电源，再顺次看各条支路，分析各条支路电气元件的工作情况及其对主电路的控制关系，注意电气与机械机构的连接关系。通过看主电路，要搞清负载是怎样取得电源的，电源线都经过哪些电气元件到达负载和为什么要通过这些电气元件。通过看辅助电路，则应搞清辅助电路的构成，各电气元件之间的相互联系和控制关系及其动作情况等。同时还要了解辅助电路和主电路之间的相互关系，进而搞清楚整个电路的工作原理和来龙去脉。

(3) 电路图与接线图对照起来看

接线图和电路图互相对照起来看，可帮助搞清楚接线图。读接线图时，要根据端子标志、回路标号从电源端顺次查下去，搞清楚线路走向和电路的连接方法，搞清楚每条支路是怎样通过各个电气元件构成闭合回路的。

配电盘（屏）内、外电路相互连接必须通过接线端子板。一般来说，配电盘（屏）内有几号线，端子板上就有几号线的接点，外部电路的几号线只要在端子板的同号接点上接出即可。因此，看接线图时，要把配电盘（屏）内、外的电路走向搞清楚，就必须注意搞清楚端子板的接线情况。

1.3 控制电路中常用文字、图形符号和回路标号

电气符号包括图形符号、文字符号和回路标号等，它们相互关联、互为补充，以图形和文字的形式从不同角度为电气图提供了各种信息。只有弄清楚电气符号的含义、构成及使用方法，才能正确地看懂电气图。

1.3.1 文字符号

所谓文字符号就是表示电气设备、装置、元器件的名称、功能、状态和特征的字符代码。

(1) 文字符号的构成

文字符号分为基本文字符号和辅助文字符号两大部分。它可以用单一的字母代码或数字代码来表达，也可以用字母与数字组合的方式来表达。

① 基本文字符号

基本文字符号主要表示电气设备、装置和元器件的种类名称，包括单字母符号和双字母符号。

a. 单字母符号

在电气系统中，电气设备、装置、元器件种类繁多，国家标准将它们划分为23个大类，每个大类用一个大写拉丁字母表示（“I”、“J”、“O”除外）。如“R”表示电阻器类，包括电阻器、变阻器、电位器、热敏电阻器等；“S”表示开关选择器类，包括控制开关、按钮开关等。由于单字母符号简单、清晰，一般情况下均被优先采用。

b. 双字母符号

由于电气设备、装置、元器件的每一大类又有很多小类，为了更详细、更具体地表示某

个大类中的某个类别，就要使用双字母符号。双字母符号的第二位字母一般来源于以下两个方面。

ⓐ 选用该设备、装置、元器件英文名称的首位字母。例如，“G”表示电源类，若要表示蓄电池，则以蓄电池的英文名称“battery”的首位字母大写（“B”）作为双字母符号的第二位字母，因而蓄电池的文字符号为“GB”。

ⓑ 采用辅助文字符号中的第一位字母作为双字母符号中的第二位字母。

② 辅助文字符号

电气设备、装置、元器件中的种类名称用基本文字符号表示，而它们的功能、状态和特征则用辅助文字符号表示。

辅助文字符号通常用表示功能、状态和特征的英文单词的前一二位字母构成，也可采用常用缩略语或约定俗成的习惯用法构成，一般不能超过三位字母。例如，表示“启动”，应采用“START”的前两位字母大写（“ST”）作为文字符号；而表示“停止（STOP）”的辅助文字符号必须在“ST”基础上再加一个字母变为“STP”。辅助文字符号可与单字母符号组合成双字母符号，此时辅助文字符号一般采用表示功能、状态和特征的英文单词的第一个字母。例如，要表示时间继电器，可用表示继电器、接触器大类的“K”和表示时间的“T”二者组合成“KT”的双字母符号。

③ 数字代码

文字符号除有字母符号外，还有数字代码。数字代码的使用方法主要有以下两种。

a. 数字代码单独使用

数字代码单独使用时，表示各种元器件、装置的种类或功能，须按序编号，还要在技术说明中对代码意义加以说明。例如，电气设备中有继电器、电阻器、电容器等，可用数字来代表器件的种类：“1”代表继电器，“2”代表电阻器，“3”代表电容器。再如，开关有“开”和“关”两种功能，可以用“1”表示“开”，用“2”表示“关”。

b. 数字代码与字母符号组合使用

将数字代码与字母符号组合起来使用，可说明同一类电气设备、元器件的不同编号。例如，三个相同的继电器可以表示为“KA1”、“KA2”、“KA3”。

（2）文字符号的使用

文字符号可在具体的电气设备、装置、元器件附近标注，也可用于编制电气技术文件的项目代号。它在使用中有一定的规则，说明如下。

① 一般情况下，编制电气图及电气技术文件时，应优先选用基本文字符号、辅助文字符号以及它们的组合。而在基本文字符号中，应优先选用单字母符号。只有当单字母符号不能满足要求时方可采用双字母符号。基本文字符号不能超过两位字母，辅助文字符号不能超过三位字母。

② 辅助文字符号可单独使用，也可将首位字母放在表示项目种类的单字母符号后面组成双字母符号。

③ 当基本文字符号和辅助文字符号不够用时，可按有关电气名词术语国家标准或专业标准中规定的英文术语缩写进行补充。

④ 因拉丁字母“I”、“O”易与阿拉伯数字“1”、“0”混淆，所以不允许用这两个字母作文字符号。

⑤ 文字符号可作为限定符号与其他图形符号组合使用，以派生出新的图形符号。

⑥ 电气技术中的文字符号不适用于电气产品的型号编制及命名。

1.3.2 图形符号

文字符号提供了电气设备的种类和功能信息，但电气图中仅有文字符号是不够的，还需要有实物的信息。而在电气图中各种电气设备、装置及元器件不可能以实物表示，只能以一系列符号来表示，这就是图形符号，故图形符号是电气图的又一重要组成部分。尽管图形符号种类繁多，其构成却是有规律的，使用也有一定的规则。只要了解了图形符号的含义、构成规律及使用规则，就能正确识别图形符号，正确识图。图形符号通常用于图样或其他文件，以表示一个设备（如电动机）或概念（如接地）的图形、标记或字符。图形符号是构成电气图的基本单元，是电工技术文件中的“象形文字”，是电气工程语言的“词汇”和“单词”。因此，正确、熟练地理解、绘制和识别各种电气图形符号是绘制和看懂电气制图的基础。

(1) 图形符号的概念

图形符号通常由符号要素、一般符号和限定符号组成。

① 符号要素

符号要素是指一种具有确定意义的简单图形，通常表示电气元件的轮廓或外壳，见表 1-1。符号要素不能单独使用，而通过不同形式组合后，即能构成多种不同的图形符号。

表 1-1　符号要素

图形符号	说明	图形符号	说明
形式1 形式2 形式3	物件，例如： —设备 —器件 —功能单元 —元件 —功能 符号轮廓内应填入或加上适当的符号或代号表示物件的类别 如果设计需要，可以采用其他形状的轮廓	- - - - - - - - - -	边界线 此符号用于表示物理上、机械上或功能上相互关联的对象组的边界 长短线可任意组合
形式1 形式2	外壳（球或箱） 罩 如果设计需要，可以采用其他形式的轮廓 如果罩具有特殊的防护功能，可加注以引起注意 若肯定不会引起混乱，外壳可以省略。如果外壳与其他物件有连接，则必须表示出外壳符号 必要时，外壳可断开画出		屏蔽 护罩 例如，为了减弱电场或电磁场的穿透程度，屏蔽符号可以画成任何方便的形状
		*	防止无意识直接接触通用符号 星号应由具备无意识直接接触防护的设备或器件的符号代替

② 一般符号

一般符号是用以表示一类产品或此类产品特征的一种简单符号。一般符号可直接应用，也可加上限定符号使用。如“◯”为电动机的一般符号，“-□-”为接触器或继电器线圈的一般符号。图 1-3 所示的为常用元器件的一般符号。

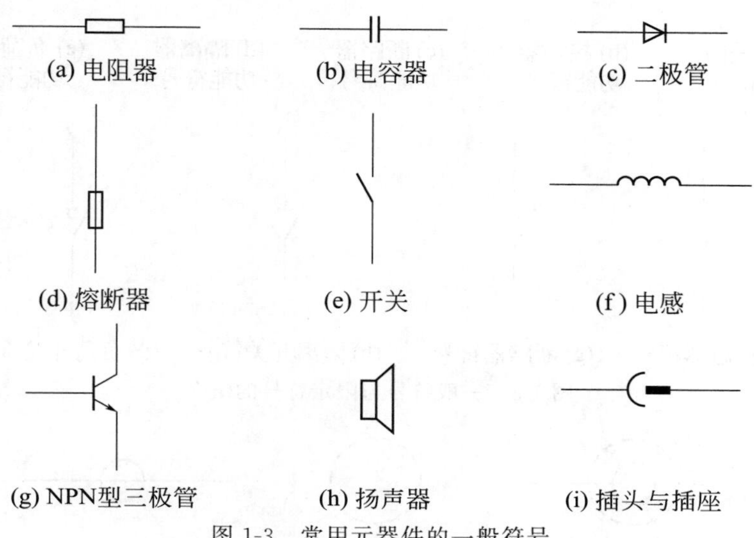

图 1-3　常用元器件的一般符号

③ 限定符号

限定符号是指用来提供附加信息的一种加在其他图形符号上的符号。限定符号一般不能单独使用，但一般符号有时也可用作限定符号，如电容器的一般符号加到扬声器符号上即构成电容式扬声器的符号。

限定符号的应用，使图形符号更具多样性。例如，在电阻器一般符号的基础上，分别加上不同的限定符号，则可得到可变电阻器、滑线变阻器、压敏电阻器、热敏电阻器、光敏电阻器和碳堆电阻器等。图 1-4 为延时动作的限定符号，图 1-4(a) 和图 1-4(b) 虽形式不同，但都指从圆弧向圆心方向移动的延时动作。限定符号通常不能单独使用，一般符号、文字符号有时也用作限定符号。

图 1-4　延时动作的限定符号

(2) 图形符号的构成

实际用于电气图中的图形符号，通常由一般符号、限定符号、符号要素等组成，图形符号的构成方式有很多种，低压电动机控制电路中最基本和最常用的有以下几种。

① 一般符号＋限定符号

在图 1-5 中，表示开关的一般符号［图 1-5(a)］，分别与接触器功能符号［图 1-5(b)］、断路器功能符号［图 1-5(c)］、隔离器功能符号［图 1-5(d)］、负荷开关功能符号［图 1-5(e)］这几个限定符号组成接触器符号［图 1-5(f)］、断路器符号［图 1-5(g)］、隔离开关符号［图 1-5(h)］、负荷开关符号［图 1-5(i)］。

② 符号要素＋一般符号

在图 1-6 中，屏蔽同轴电缆图形符号［图 1-6(a)］，由表示屏蔽的符号要素［图 1-6(b)］与同轴电缆的一般符号［图 1-6(c)］组成。

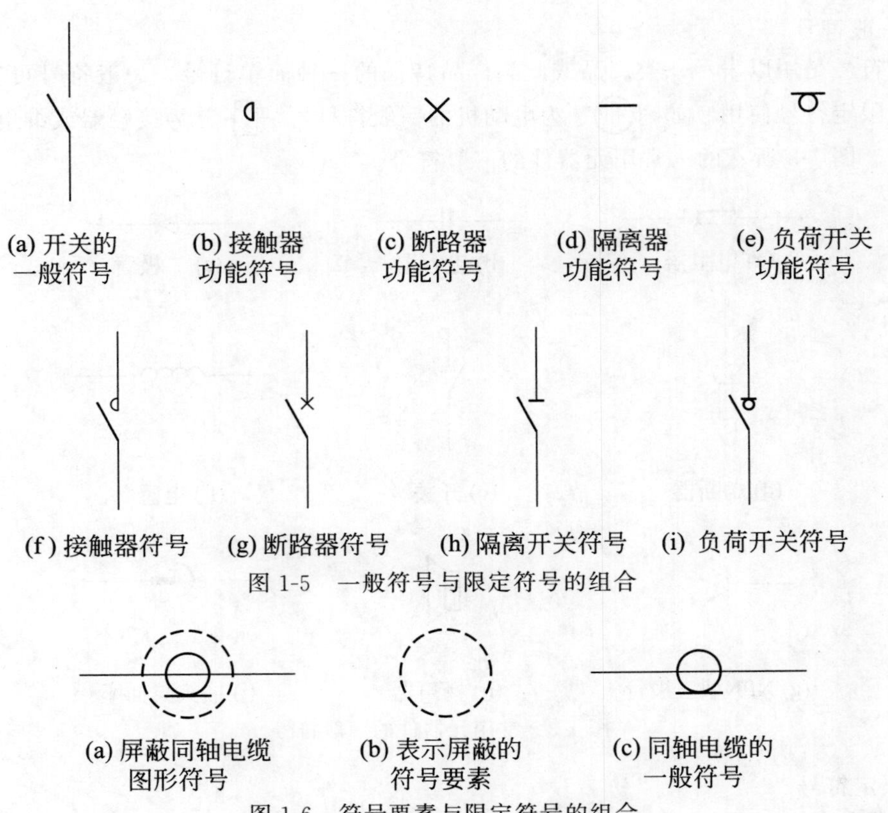

(a) 开关的一般符号　(b) 接触器功能符号　(c) 断路器功能符号　(d) 隔离器功能符号　(e) 负荷开关功能符号

(f) 接触器符号　(g) 断路器符号　(h) 隔离开关符号　(i) 负荷开关符号

图 1-5　一般符号与限定符号的组合

(a) 屏蔽同轴电缆图形符号　(b) 表示屏蔽的符号要素　(c) 同轴电缆的一般符号

图 1-6　符号要素与限定符号的组合

③ 符号要素＋一般符号＋限定符号

例如，图 1-7(a) 是表示自动增益控制放大器的图形符号，它由表示功能单元的符号要素［图 1-7(b)］与表示放大器的一般符号［图 1-7(c)］、表示自动控制的限定符号［图 1-7(d)］以及文字符号 dB（作为限定符号）构成。

(a) 自动增益控制放大器 (b) 符号要素 (c) 放大器的一般符号　(d) 自动控制的限定符号

图 1-7　符号要素＋一般符号＋限定符号组合

以上是图形符号的基本构成方式，在这些构成方式的基础上添加其他符号即可构成电气图常用图形符号。

电气图用图形符号还有一种方框符号，用以表示设备、元件间的组合及功能。它既不给出设备或元件的细节，也不反映它们间的任何连接关系，是一种简单的图形符号，通常只用于概略图。方框符号的外形轮廓一般应为正方形，如图 1-8 所示。

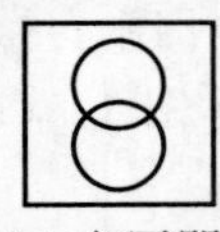

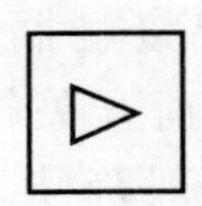

(a) 电动机　(b) 整流器　(c) 变压器　(d) 放大器

图 1-8　方框符号

（3）图形符号的使用

图形符号在使用中必须遵守一定的规则。下面从符号表示的状态以及符号的选择、大小、取向、引线几个方面分别加以说明。

① 符号表示的状态

图形符号是按无电压、无外力作用的常态画成的。继电器、接触器被驱动的动合触点处于断开位置，而动断触点处于闭合位置；断路器和隔离开关处于断开位置；带零位的手动开关处于零位位置，不带零位的手动开关处于图中规定的位置。机械操作开关或触点的工作状态与工作条件或工作位置有关，它们的对应关系应在图形符号的附近加以说明。按开关或触点类型的不同，采用不同的说明方法，对非电或非人工操作的开关或触点可用文字或坐标图形说明这类开关的工作状态。

a. 用文字说明

在各组触点的符号旁用字母代号或数字标注，以表明其运行方式，然后在适当位置用文字来注释字母或数字所代表的运行方式，如图1-9中文字说明置于图的右侧。

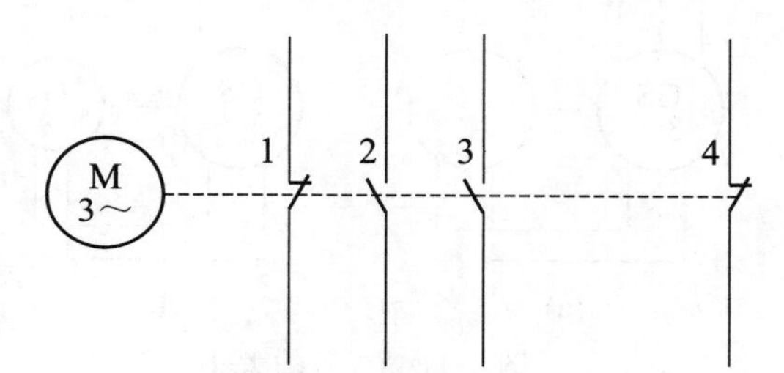

1—在启动位置闭合

2—在$100\text{r/min}<n<200\text{r/min}$时闭合

3—在$n\geqslant1400\text{r/min}$时闭合

4—未使用的一组触点

图1-9　开关或触点运行方式用文字说明

b. 用坐标图形表示

如表1-2所示，其中各坐标的垂直轴上，“0”表示触点断开，“1”表示触点闭合；水平轴表示改变运行方式的条件，如温度、速度、时间、角度、位置等。

表1-2　触点的运行方式用坐标图形表示

坐标图形	说明	坐标图形	说明
1　0　15　℃	当温度等于或超过15℃时，触点闭合	1　0　5　5.2 m/s	触点速度在0m/s时闭合，在5.2m/s或以上时断开，当速度降到5m/s闭合
1　0　20　35　℃	温度升至35℃时，触点闭合；然后降到20℃时，触点断开	1　0°　60°　180°　240°　330°	触点在60°到180°和240°到330°期间闭合

② 符号的选择

国家标准给定的符号，有的有几种图形形式，如何选择使用，有以下的一些原则。

a. 对于图形符号中的不同形式，可按需要选择使用，在同一套图中表示同一对象，应采用同一种形式。

b. 当同种含义的符号有几种形式时，应以满足表达需要为原则，例如在图 1-10 中，双绕组变压器符号的形式一如图 1-10(a) 所示，为单线式，适用于画单线图；形式二如图 1-10(b) 所示，为多线式，适用于需要示出变压器绕组、端子和其他标记的多线画法。

c. 有些结构复杂的图形符号除有普通形以外，还有简化形，在满足表达需要的前提下，应尽量采用最简单的形式。

③ 符号的大小

符号的大小和图线的宽度并不影响符号的含义，所以可根据实际需要缩小或放大。当符号内部要增加标注内容以表达较多的信息时，这个符号可以放大。当一个符号用来限定另一个符号时，则该符号常被缩小绘制，如图 1-11 所示，三相同步发电机中的励磁机符号（“G”），既可以画得与发电机符号（“GS”）一样大，如图 1-11(a) 所示，也可以画得较小一些，如图 1-11(b) 所示。

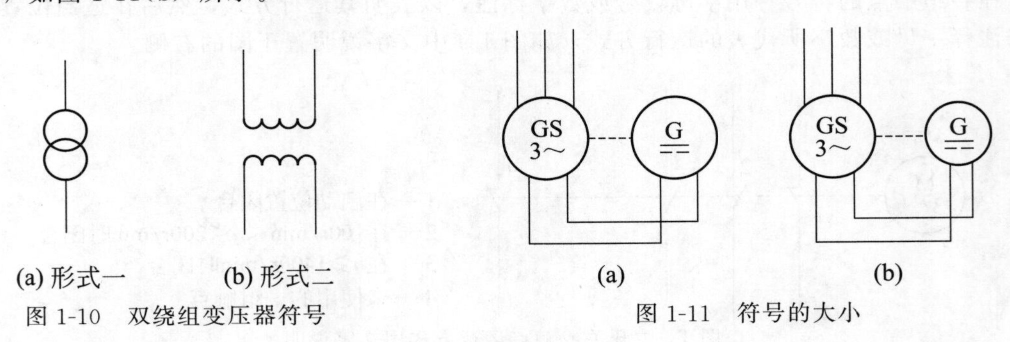

(a) 形式一　(b) 形式二

图 1-10　双绕组变压器符号

(a)　(b)

图 1-11　符号的大小

④ 符号的取向

图形符号的方位一般不是强制性的，在不改变图形符号含义的前提下，可根据图面布置的需要旋转或镜像放置，但文字和指示方向不能倒置，如图 1-12 所示。

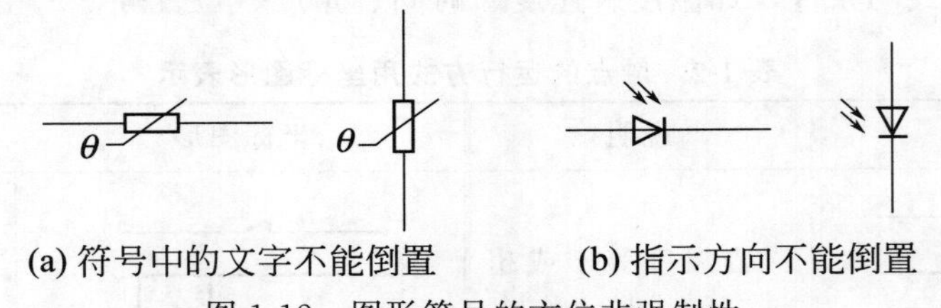

(a) 符号中的文字不能倒置　(b) 指示方向不能倒置

图 1-12　图形符号的方位非强制性

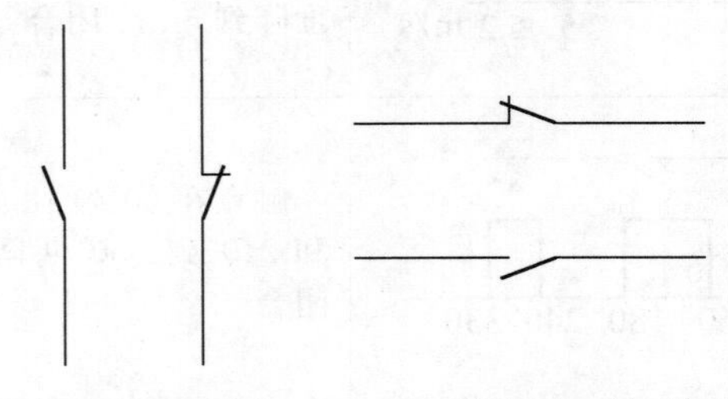

(a) 符号垂直布置　(b) 符号水平布置

图 1-13　开关、触点符号的方位

对方位有规定要求的符号为数很少，但其中包括在电气图中占重要地位的各类开关、触点，当符号呈水平形式布置时，必须将竖向布置的符号按逆时针方向旋转 90°后画出，即必须画出“左开右闭”或“上开下闭”的形式，如图 1-13 所示。

⑤ 符号的引线

图形符号所带的连接线不是图形符号的组成部分，在大多数情况下，引线位置仅用作示例。在不改变符号含义的原则下，引线可取不同的方向。例如，图 1-14 所示的变压器和扬声器的引线方式都是允许的。但是，当改变引线的位置会导致影响符号本身含义时，引线位置就不能改变，如图 1-15 所示，电阻器的引线是从矩形两

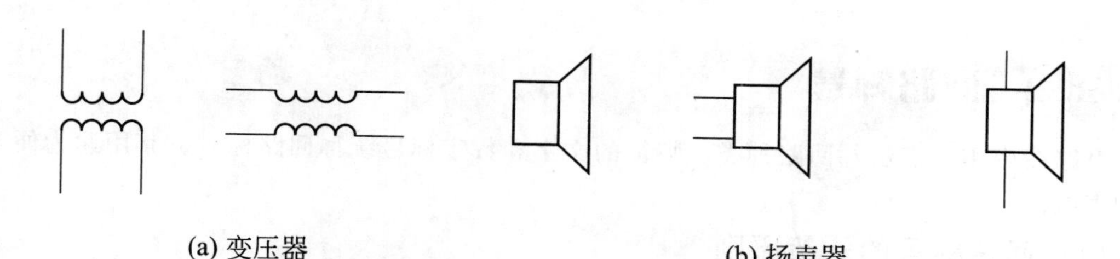

图 1-14 允许在不同位置引出线的符号的示例

短边引出，若改变引线为从矩形两长边引出，这样的图形符号就变成表示接触器线圈了。

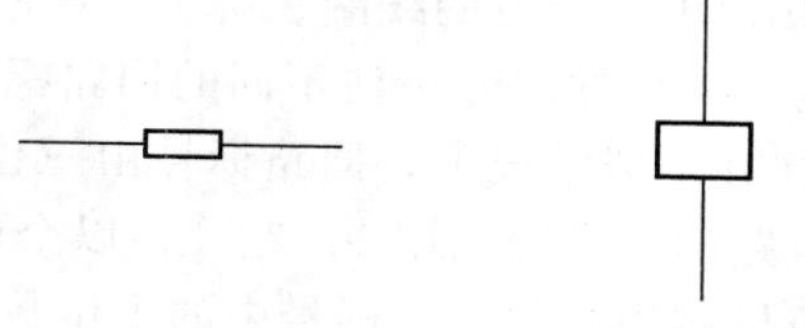

图 1-15 符号的引线影响符号含义

(4) 一图多义

有些图形符号由于其使用场合不同而具有不同含义，应注意区别和正确使用。例如，“·”在不同场合有多种含义，如图 1-16 所示。

再如，“×”既表示磁场效应符号，也表示消抹符号，还表示断路器功能符号。

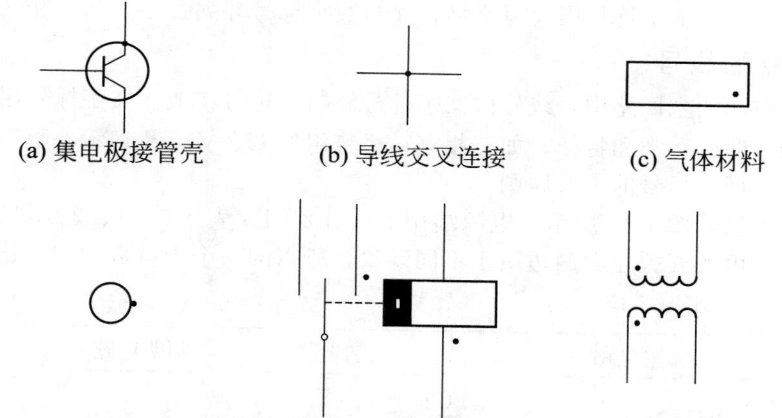

图 1-16 小黑圆点在不同场合的意义

(5) 易混淆的图形符号

有些图形符号相似，使用时容易混淆，所以应分辨清楚。如图 1-17(a) 中实心箭头在线端，表示力或运动方向；图 1-17(b) 中开口箭头在线中，表示信号与能量流动方向；图 1-17(c) 中的斜线带折，表示两根导线绞合；图 1-17(d) 中斜线带折，表示导线换位。

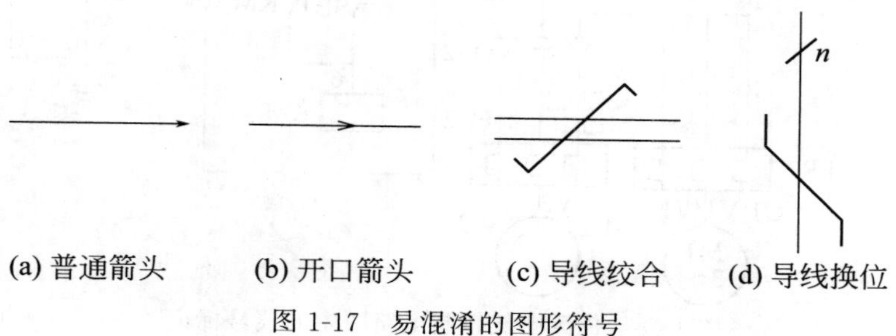

图 1-17 易混淆的图形符号

1.3.3 回路标号

电路图中用来表示各回路种类、特征的文字和数字标号统称回路标号。其用途为便于接线和查线。

(1) 回路标号的一般原则

① 回路标号按照"等电位"原则进行标注。"等电位"原则是指电路中连接在一点上的所有导线具有同一电位而标注相同的回路标号。

② 由电气设备的线圈、绕组、电阻、电容、各类开关和触点等电气元件分隔开的线段，应视为不同的线段，标注不同的回路标号。

③ 在一般情况下，回路标号由三位或三位以下的数字组成。以个位代表相别，如三相交流电路的相别分别用1、2、3；以个位奇偶数区别回路的极性，如直流回路的正极侧用奇数，负极侧用偶数。以标号中的十位数字的顺序区分电路中的不同线段。以标号中的百位数字来区分不同供电电源的电路。如直流电路中A电源的正、负极电路标号用"101"和"102"表示，B电源的正、负极电路标号用"201"和"202"表示。电路中若共用同一个电源。则百位数字可以省略。当要表明电路中的相别或某些主要特征时，可在数字标号的前面或后面增注文字符号，文字符号用大写字母，并与数字标号并列。

(2) 主回路的线号

在机床电气控制的主回路中，线号由文字标号和数字标号构成。文字标号用来标明主回路中电气元件和线路的种类和特征，如三相电动机绕组用U、V、W表示。数字标号由三位数字构成，并遵循回路标号的一般原则。

主回路标号方法如图1-18所示，电源端用L1、L2、L3表示，"1、2、3"分别表示三相电源的相别，因电源开关左右两边属于不同线段，所以加一个十位数"1"，这样，经电源开关后标号为L11、L12、L13。

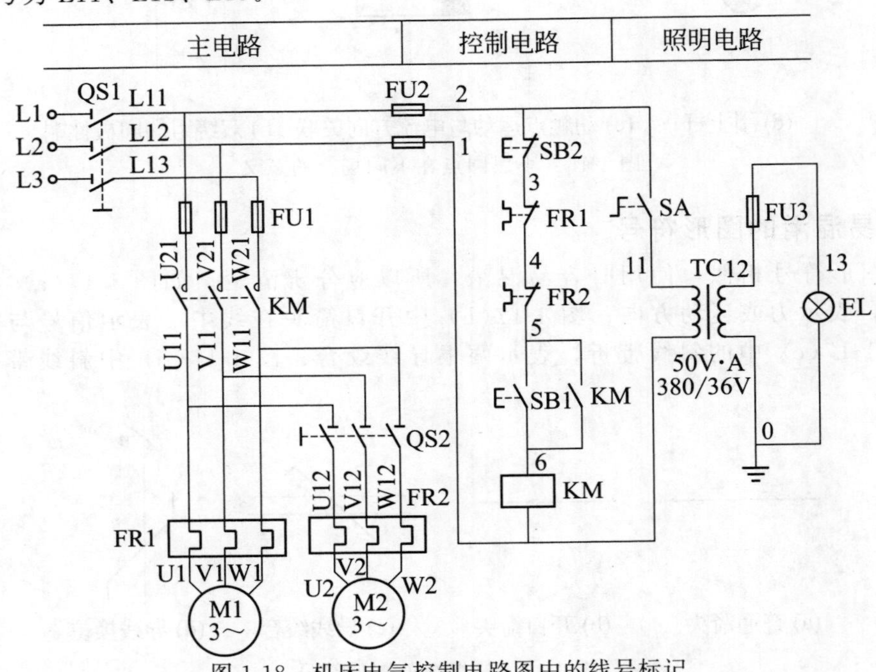

图1-18 机床电气控制电路图中的线号标记

电动机主回路的标号应从电动机绕组开始自下而上标号。以电动机 M1 的回路为例，电动机绕组的标号为 U1、V1、W1，在热继电器 FR1 的上触点的另一组线段，标号为 U11、V11、W11，再经接触器 KM 的上触点，标号变为 U21、V21、W21，经过熔断器 FU1 与三相电源线相连，并分别与 L11、L12、L13 同电位，故不用再标号。电动机 M2 回路的标号可由此类推。这个电路的回路因共用一个电源，所以省去了标号中的百位数字。若主回路是直流回路，则按数字标号的个位数的奇偶性来区分回路的极性：正电源侧用奇数，负电源侧用偶数。

(3) 控制回路的线号

无论是直流还是交流的控制回路，线号的标注都有以下两种方法。

① 方法一

常用的标注方法是首先编好控制回路电源引线线号，“1”通常标在控制线的最下方，然后按照控制回路从上到下、从左到右的顺序，以自然序数递增，每经过一个触点，线号依次递增，电位相等的导线线号相同，接地线作为“0”号线。

控制回路中往往包含多条支路，为留有余地，便于修改电路，当第一条支路线号依次标完后，第二条支路可不接着上面的线号数往下标，而从“11”开始依次递增。若第一条支路的线号已经标到 10 以上，则第二条支路可以从“21”开始，由此类推。

② 方法二

以压降元件为界，其两侧的不同线段分别按标号个位数的奇偶性来依序标号。有时回路中的不同线段较多，标号可连续递增到两位奇偶数，如“11、13、15”、“12、14、16”等。压降元件包括接触器、继电器线圈、电阻、照明灯和铃等。

在垂直绘制的回路中，线号采用自上而下或自上至中、自下至中的方式，这里的“中”指压降元件所在位置，线号一般标在连接线的右侧。在水平绘制的回路中，线号采用自左而右或自左至中、自右至中的方式，这里的“中”同样是指压降元件所在位置，线号一般标注于连接线的上方，图 1-19 是垂直绘制的直流控制回路，K1、K2 为一耗能元件，故它们上、下两侧的线号分别为奇偶数。与正电源相连的是 1 号线，在 K1 支路中，从上至 K1 元件，经一个触点后线段的标号为 3，再经一个触点后的标号为 5；在 K1 下侧与负电源相连的线段的标号为 2，经一个触点后线段的标号为 4。在 K2 的支路中，也在 K2 元件两侧按奇偶数依照 K1 支路的顺序继续编号。

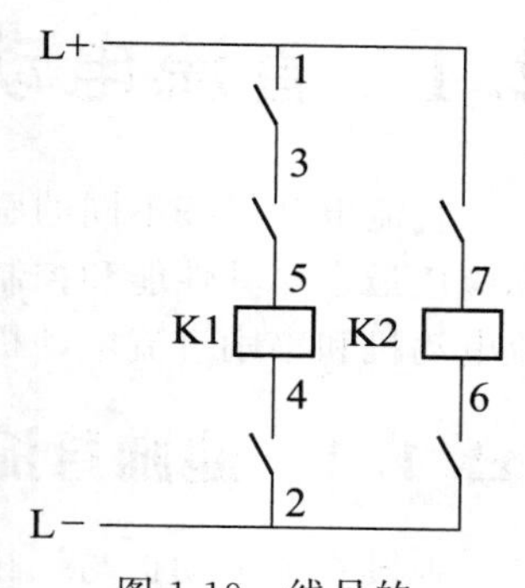

图 1-19 线号的奇偶数标记法

无论采用哪种标号方式，电路图与接线图上相应的线号应一致。

第2章 直流电动机和单相异步电动机的控制电路

2.1 直流电动机的基本控制电路

直流电动机按不同的励磁方式分为他励、并励、串励和复励四种。他励与并励电动机实际应用最多，其性能和控制线路接近。串励直流电动机的应用也不少。本章重点介绍他励直流电动机和串励直流电动机的启动、制动、反转和调速的基本控制线路。

2.1.1 他励直流电动机的启动控制线路

他励直流电动机与三相笼形异步电动机的不同点之一是他励直流电动机是由电枢绕组和励磁绕组两个不同绕组构成的。必须有两个直流电源分别对电枢绕组与励磁绕组进行供电。

他励直流电动机在启动时应注意以下两个问题：

① 必须先给励磁绕组加上电压再加电枢电压，若没有励磁就加电枢电压，电机不但不能启动运转，而且电枢回路电流大大超过其额定电流值，电动机会被烧毁。

② 启动时不得把电动机额定电压直接加到电枢上去，应逐渐升高电枢电压直至其额定值。因为在刚启动瞬间，电动机转速 $n=0$，此时，在电枢两端所加的额定电压的作用下，通过电枢的电流（即全压启动电流）将很大，其数值能高出额定电流十几倍，致使电动机、控制电器和线路过热而烧毁。所以，直流电动机除小容量外，一般不允许全压直接启动。

电动机的换向器和电刷间产生强烈的火花，有可能烧毁换向器、电刷和电枢绕组。同时还由于电动机的电磁转矩正比于电枢电流，电动机直接启动时，由于电流很大，电动机将产生很大的转矩，这会使传动机构和生产机械受到撞击而损坏。

为了获得较大的启动转矩而又不使换向器和传动机构等受到损伤，通常规定，直流电动机电枢的瞬时电流不得大于其额定电流的 1.5～2.5 倍，因此，在电动机启动时必须限制电枢电流。限制电动机启动时电枢电流的方法很多，它们是由各种不同的启动控制线路来实现的。常用的启动控制线路有减小电枢电压的启动控制线路和电枢回路串接启动电阻的启动控制线路两种，下面分别加以介绍。

(1) 减小电枢电压的启动控制线路

减小电枢电压的启动是在电动机启动时人为地将加在电动机电枢两端的电压降低。一般从 0V 开始，在电机启动过程中，随着转速的增加，逐步提高加在电枢两端的电压，直至电动机的额定电压值。此时，电动机的转速也从零升到额定转速。完成以上启动过程的控制线路叫作减小电枢电压的启动控制线路。这种线路是直流电动机应用最广的一种启动电路。

减小电枢电压的启动控制线路是将一个电压可调的直流电源加到电动机电枢两端，对电动机供电。使用较普遍的是大功率晶体二极管和晶闸管组成的可控整流电路供电给直流电动机，简称晶闸管整流器—直流电动机系统。

图 2-1 是晶闸管整流器—直流电动机系统启动控制线路原理简图。图中 R_g 是给定电位器，M 是直流电动机。移动 R_g 的动触头，使给定电压值 U_g 增加，电动机 M 的转速便随着上升。

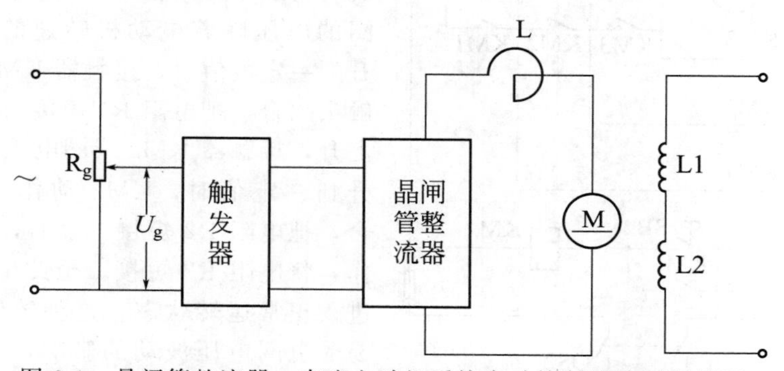

图 2-1　晶闸管整流器—直流电动机系统启动控制线路原理简图

在电动机刚启动时，转速 $n=0$，由于人为地减小了电枢电压 U，所以电枢电流也不大。在电动机启动过程中，逐步提高电枢电压，随着转速升高，电枢电流在电动机启动全过程中都将保持在允许数值以内。

启动电动机时，可以手动逐步升高电枢电压，也可以自动逐步升高电枢电压。手动调电压时应注意调压旋钮不要旋得过快，随着转速的升高，应逐渐加大电枢电压，否则电枢电压升得过快会使电枢电流超过允许值而烧坏电枢绕组。有的控制线路装有电流调节器，就不必担心由于旋钮旋得过快而烧毁电机。因为电流调节器可使电动机在启动过程中能自动调节电枢电流，使之保持在允许值以内。许多电力拖动系统都是自动完成启动的。启动时，只要按“启动”按钮，电动机便自动升速到预先给定的转速，并做到启动电流不超过允许值。

(2) 电枢回路中串接启动电阻的启动控制线路

图 2-2 在电枢回路串接启动电阻 R_q 后，电动机的机械特性变软，就是说，在负载转矩不变的情况下，电动机转速降低了。

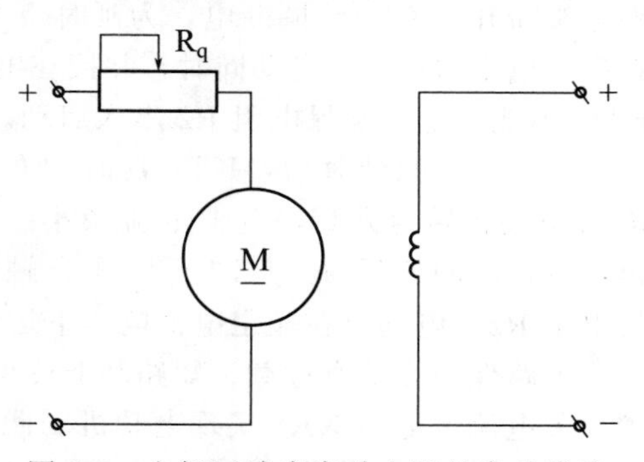

图 2-2　电枢回路串启动电阻的启动线路

电枢回路串接启动电阻 R_q 后，限制了启动电流，但是由于机械特性变软，在原负载不变的情况下，电动机的稳定运行速度将低于其额定转速，如果还需要得到额定转速，就必须在启动后，把启动电阻 R_q 短路。一般是将接触器常开触头并接在启动电阻 R_q 的两端，用以短接 R_q。为使电动机启动时的电枢电流不致波动过大，也就是为保证启动的平滑性，常采用多级启动，即将启动电阻分成几段，逐级切除它们。

在没有可调直流电源的场合，如城市电动机车、工厂车间公用直流电源的辅助机械等，都使用以上多级启动方法限制启动电流。一般情况下，启动电阻大约是电机电枢绕组电阻的 4～9 倍。

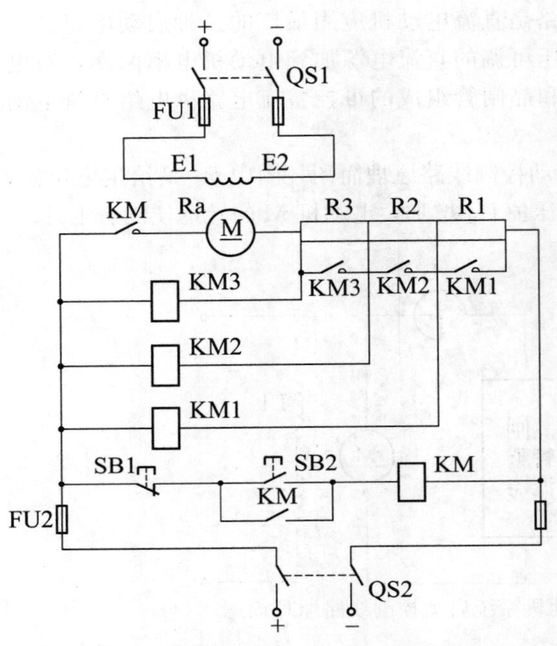

图 2-3　他励直流电动机三级降压启动控制线路图

图 2-3 是他励直流电动机分三级启动的控制线路，本线路工作原理如下：

合上开关 QS1、QS2，电机励磁绕组 E1、E2 被接到直流电源上，按下启动按钮 SB2，电动机电枢绕组串入三组电阻 R1、R2、R3 后，接到直流电源上，开始降压启动，电动机转速从零开始上升，此时，接触器 KM1 线圈的电压随着电动机转速的上升逐渐升高，升到一定数值时，接触器 KM1 动作，其常开触头闭合，把电阻 R1 短接。电动机转速继续上升，接触器 KM2 线圈电压也随着上升，上升到一定值时，KM2 动作，其常开触头闭合，把电阻 R2 短接。最后，接触器 KM3 动作，将电阻 R3 短接。至此电动机启动完毕，进入正常运转状态。这种控制线路的缺点是易受电网电压波动的影响，一般用于小功率的机床控制线路中。

图 2-4 是用时间继电器来自动控制他励直流电动机二级降压启动控制线路。控制线路的工作原理介绍如下。

合上电枢电源开关 Q1 和励磁与控制电路电源开关 Q2，励磁回路通电，KA2 线圈通电吸合，其常开触头闭合，为启动做好准备；同时，KT1 线圈通电，其常闭触头断开，切断 KM2、KM3 线圈电路，保证串入电阻 R1、R2 启动。按下启动按钮 SB2，KM1 线圈通电并自锁，主触头闭合，接通电动机电枢回路，电枢串入两级启动电阻启动；同时 KM1 常闭辅助触头断开，KT1 线圈断电，为延时使 KM2、KM3 线圈通电和短接电阻 R1、R2 做准备。在串入电阻 R1、R2 启动同时，并接在电阻 R1 两端的 KT2 线圈通电，其常开触头断开，使 KM3 不能通电，确保电阻 R2 串入启动。

经一段时间延时后，KT1 延时闭合触头闭合，KM2 线圈通电吸合，主触头短接电阻 R1，电动机转速升高，电枢电流减小。就在电阻 R1 被短接的同时，KT2 线圈断电释放，再经一定时间的延时，KT2 延时闭合触头闭合，KM3 线圈通电吸合，KM3 主触头闭合短接电阻 R2，电动机在额定电枢电压下运转，启动过程结束。

电路保护环节有过载、短路和弱磁保护，过电流继电器 KA1 实现电动机过载和短路保护；欠电流继电器 KA2 实现电动机弱磁保护；电阻 R3 与二极管 VD 构成励磁绕组的放电回路，实现过电压保护。

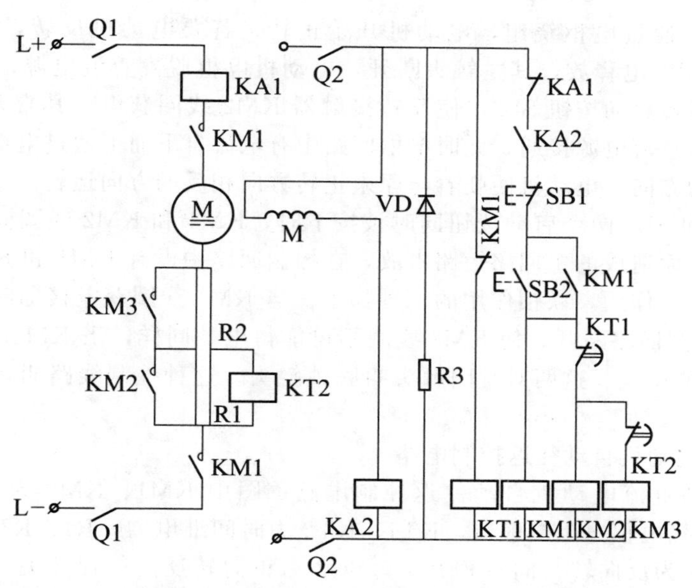

图 2-4　他励直流电动机二级自动降压启动控制线路图

2.1.2　他励直流电动机的正反转控制线路

直流电动机的旋转方向是由电枢电流方向与励磁电流的磁场方向根据左手定则来确定的。因此，改变直流电动机的旋转方向有以下两种方法：一是改变电枢电流方向；二是改变励磁电流的磁场方向。现将两种方法的控制线路分别叙述如下。

(1) 改变电枢绕组中的电流方向

这种方法是保持励磁绕组中的电流方向不变，而改变电枢电流的方向使电动机反转。

① 他励直流电动机正反转控制线路

图 2-5 是改变电枢绕组中电流方向的正反转控制线路原理图。

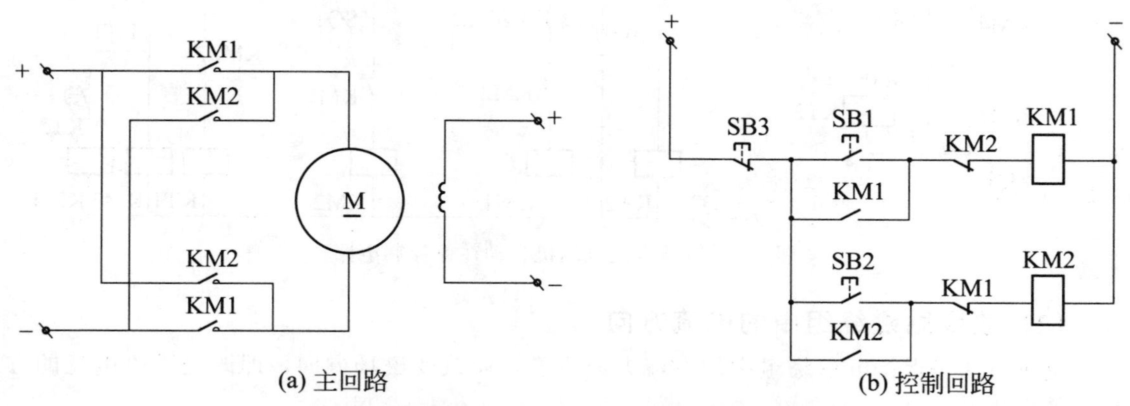

图 2-5　改变电枢绕组中电流方向的正反转控制线路图

图 2-5 所示电路是使用电动机正转接触器 KM1 与电动机反转接触器 KM2 组成的电动机正反转电路来改变电枢绕组中的电流方向。若要电动机正转，按下正转启动按钮 SB1，则正转接触器 KM1 线圈获电，其常开主触头闭合，电动机电枢与直流电源接通，在电枢回路

中有电流自上而下通过电枢绕组，电动机开始正转。若要电动机反转，先按下停止按钮SB3，则KM1线圈断电释放，其主触头断开，电动机电枢脱离直流电源，使电动机停止运转。然后再按下反转启动按钮SB2，使反转接触器KM2线圈获电，其常开主触头KM2闭合，电动机电枢与直流电源接通，此时电枢回路中有电流自下而上通过电枢绕组，改变了正转时的电枢电流的方向，电动机便朝着与原来正转方向相反的方向运转。

为避免SB1和SB2两个启动按钮同时被按下时，KM1和KM2线圈同时获电，它们的常开触头同时闭合而造成的主回路短路事故，在控制回路中设有KM1和KM2的常闭触头，起联锁（或称互锁）作用。联锁作用的原理如下：当KM1线圈获电接通时；其常闭辅助触头便将KM2的线圈回路断开，使KM2线圈不可能得电，同样，当KM2线圈获电接通时，KM1线圈也不可能得电。这两对常闭触头叫联锁触头。这种控制线路叫接触器联锁的正反转控制线路。

② 他励直流电动机自动往返控制电路

图2-6为他励直流电动机自动往返控制电路，图中KM1、KM2为正、反转接触器，KM3、KM4为短接电枢电阻接触器，KT1、KT2为时间继电器，R1、R2为启动电阻，R3为放电电阻，SQ1为反向转正向行程开关，SQ2为正向转反向行程开关。启动时电路工作情况与图2-4电路相同，但启动后，电动机将按行程原则实现电动机的正、反转，拖动运动部件实现自动往返运动。

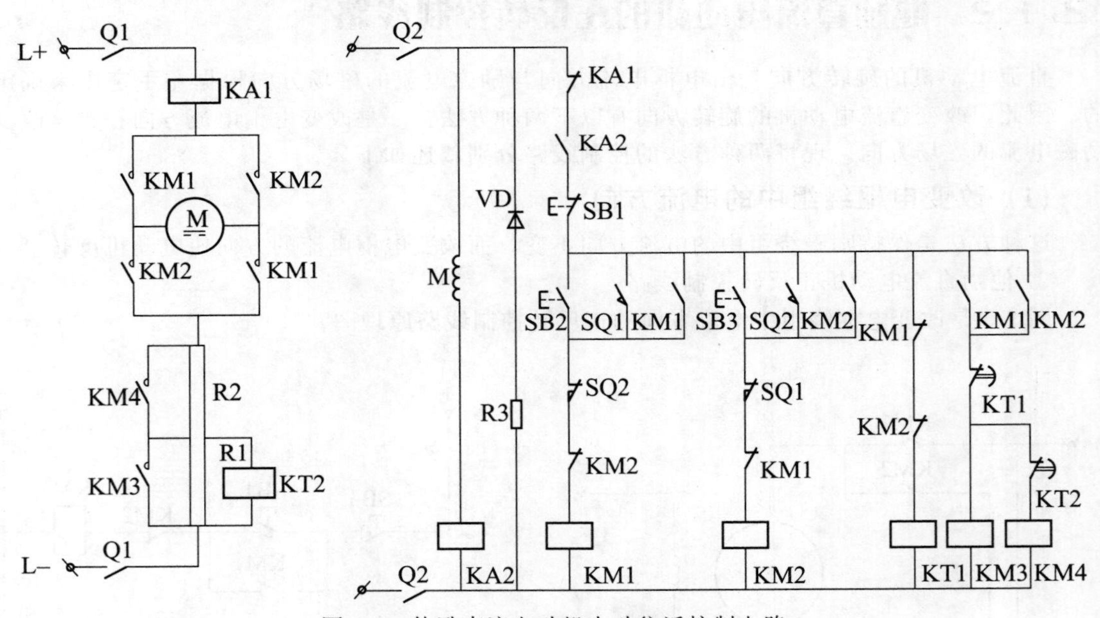

图2-6 他励直流电动机自动往返控制电路

(2) 改变励磁绕组中的电流方向

这种方法是保持电枢绕组中的电流方向不变，而改变磁场方向，即改变励磁电流的方向，使电机反转。

图2-7是改变励磁绕组电流方向的正反转控制线路原理图。图2-7中，电动机电枢直接与直流电源相接，励磁绕组通过正向接触器KM1和反向接触器KM2的常开主触头接到直流电源上，用来改变励磁方向，以达到电动机正反转控制。本图只示出了主回路，其控制回路与图2-5(b)相同。

改变励磁方向使电动机改变转向的原理如下，先断开电枢电源，使电动机停车，然后按下反向励磁按钮，使励磁反向，再接通电枢电源，电动机便开始反向运转。所以操作起来，这种方法不如改变电枢电流方向的方法简单，在实际应用中，一般不采取改变励磁电流方向的方法来改变直流电动机的旋转方向，其原因是励磁绕组的匝数多、电感大，在将励磁绕组从电源上断开时，会产生较大的自感电动势，容易烧坏电路中的电器或把励磁绕组的绝缘击穿；还由于改变励磁电流方向所花时间较长，使换向过程缓慢。更主要的是，励磁磁通由正向变到反向时要经过零点，电动机有可能出现飞车现象。由于以上这些原因，所以一般情况下，多采用改变电枢两端的电压极性来改变电动机的旋转方向。

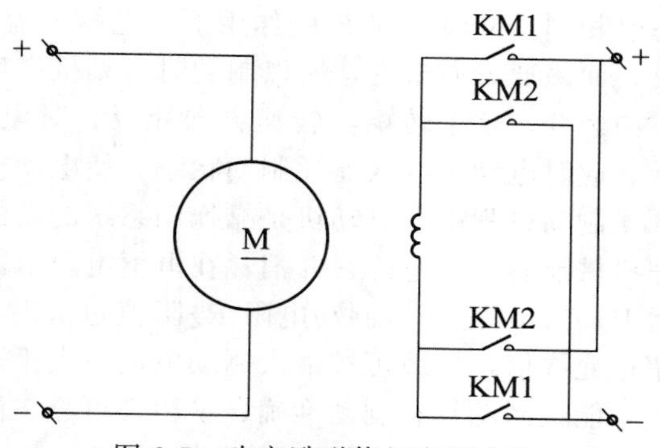

图 2-7　改变励磁绕组电流方向的正反转控制线路原理图

2.1.3　他励直流电动机的制动控制线路

直流电动机的制动方法与交流三相异步电动机相似。有机械制动和电力制动两种，机械制动使用最广的是电磁抱闸，电力制动是通过电动机的作用将拖动系统的机械能转化为电能，消耗在电枢电路的电阻中或反馈回电网，这样，拖动系统的运行速度必然迅速下降，从而达到制动的目的。由于电力制动力矩大、操作方便、无噪声，所以应用较广。电力制动常用的方法有三种，即能耗制动、反接制动和发电制动。

(1) 能耗制动线路

能耗制动是把正在作电动运转的他励直流电动机的电枢从电源上断开，再接上一个外加电阻 R_Z 组成回路，并维持电动机励磁不变。

图 2-8(a) 示出了电动机处于电动状态时各参量的方向，此时电动机的电磁转矩 M 与转速 n 同方向，都是顺时针方向，电枢电流方向向下，即自上而下通过电枢，反电势 E 的方向向上。

图 2-8(b) 示出了电动机处于能耗制动状态时各参量的方向。电动机制动时，其励磁的大小和方向维持不变，接触器 KM 的常开主触头断开，使电枢脱离直流电源，同时 KM 的常闭触头闭合，把电枢接到外加制动电阻 R_Z 上去，此时，电动机依靠惯性转动。由于惯性原因，电动机转速的方向仍旧与电动机电动状态时相同，因而反电势 E 的方向也与电动状

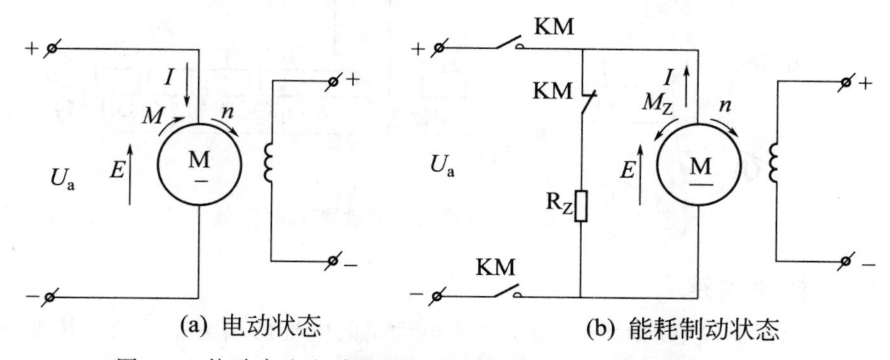

图 2-8　他励直流电动机的电动状态与能耗制动状态的原理图

态时相同，此时，在 E 的作用下，电枢电流 I 的方向发生了变化，其方向与电动状态时相反，而磁通方向未变，所以制动时电动机产生的转矩 M 与电动状态时的转矩相反，而转速方向未变，这个转矩与转速方向相反，对电动机起制动作用成为制动转矩，用符号 M_Z 表示。此时电动机进入能耗制动状态，使电动机减速。

制动过程中，电动机是靠拖动系统的动能发电，处于发电状态，相当于一个发电机，它把机械能转变成电能，并消耗在电枢电阻 R_a 和外加制动电阻 R_Z 上，故称能耗制动。制动电阻 R_Z 要选择适当，制动电阻 R_Z 阻值过大时，制动缓慢，R_Z 阻值过小时，电枢中的电流将超过允许值，一般可按最大制动电流不大于 2 倍额定电枢电流来选择。

能耗制动具有制动准确、平稳、可靠、能量消耗少和控制线路简单等优点。能耗制动的弱点是制动力矩弱、低速时制动力矩小。

图 2-9 为直流电动机单向旋转能耗制动电路。图中 KM1、KM2、KM3、KA1、KA2、KT1、KT2 作用与图 2-7 相同，KM4 为制动接触器，KV 为电压继电器。电路工作原理如下，电动机启动时电路工作情况与图 2-5 相同，不再重复。停车时，按下停止按钮 SB1，KM1 线圈断电释放，其主触头断开电动机电枢电源，电动机以惯性旋转。由于此时电动机转速较高，电枢两端仍建立足够大的感应电动势，使并联在电枢两端的电压继电器 KV 经自锁触头仍保持通电吸合状态，KV 常开触头仍闭合，使 KM4 线圈通电吸合，其常开主触头将电阻 R4 并联在电枢两端，电动机实现能耗制动，使转速迅速下降，电枢感应电动势也随之下降，当降至一定值时电压继电器 KV 释放，KM4 线圈断电，电动机能耗制动结束，电动机自然停车。

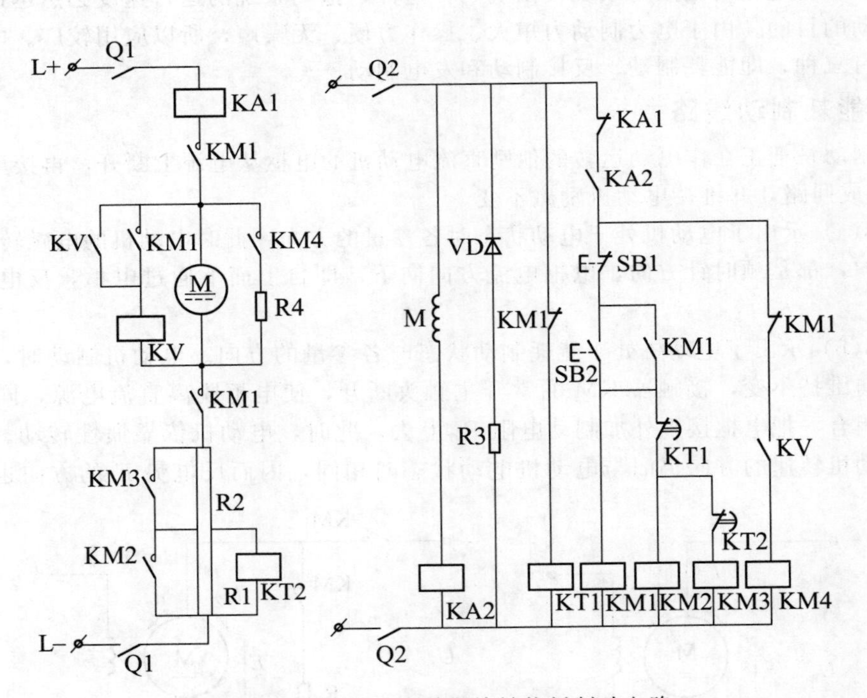

图 2-9　直流电动机单向旋转能耗制动电路

（2）反接制动线路

反接制动是把正在作电动运转的他励直流电动机的电枢两端突然反接，并维持其励磁电流方向不变的制动方法。

图 2-10 是他励直流电动机反接制动原理图。反接制动时，突然断开正转接触器主触头 KM1，并闭合反转接触器主触头 KM2，于是直流电源便反接到电枢两端，与此同时，在电枢电路中接入外加制动电阻 R_Z 这是为了防止反接电流过大。图 2-10 中，虚线箭头表示电动机处于电动状态时的电枢电流 I 和电磁转矩 M 的方向，实线箭头表示反接制动时的电枢电流 I_Z 与制动转矩 M_Z 的方向。

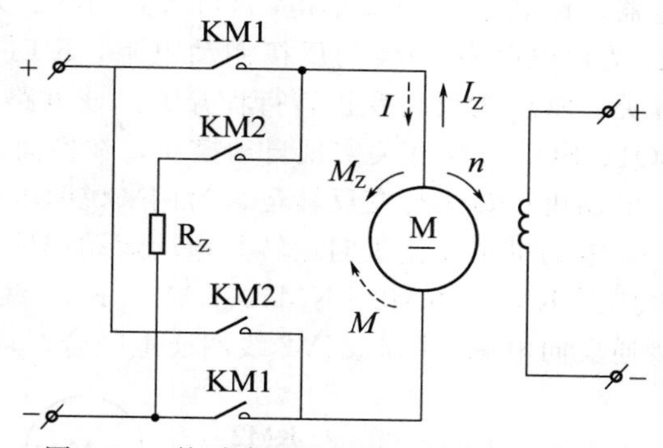

图 2-10　他励直流电动机反接制动原理图

反接制动时，电枢电流的方向发生了变化，转矩也因之反向，然而电动机因惯性原因，转速 n 的方向未变，于是转矩与转速 n 反向，成为制动转矩，使电动机处于制动状态。制动时的电枢电流值是由电枢电压与反电势之和建立的，因此数值较大，为使制动时的电枢电流在允许值以内，串入的制动电阻 R_Z的阻值要比能耗制动串入的制动电阻值几乎大一倍。

反接制动的优点是制动力矩大、制动快。缺点是制动准确性差（准确性由速度继电器决定）、制动过程中冲击强烈、易损坏传动零件。此外，反接制动时，电动机既吸取机械能又吸取电源电能，并将这两部分能量消耗于电枢绕组的电阻 R_a 和外加制动电阻 R_Z上，因此，能量消耗较大、不经济。所以，反接制动一般适用于不经常启动与制动的场合。

使用反接制动时，应注意在电动机转速到零之前，用控制线路使电动机电枢脱离电源，否则电动机将反向运转。

图 2-11 为直流电动机可逆旋转反接制动控制电路。图中 KM1、KM2 为电动机正反转接触器，KM3、KM4 为短接启动电阻接触器，KM5 为反接制动接触器，KA1 为过电流继

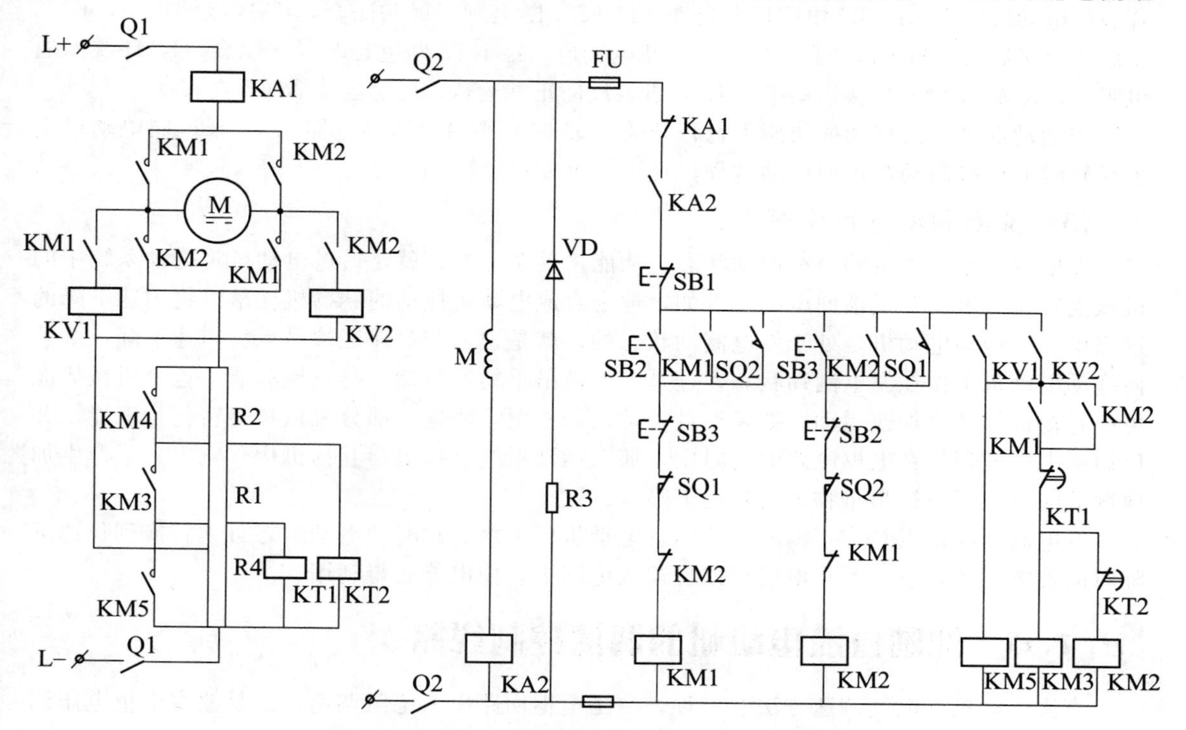

图 2-11　直流电动机可逆旋转反接制动控制电路

电器，KA2 为欠电流继电器，KV1、KV2 为反接制动电压继电器，R1、R2 为启动电阻，R3 为放电电阻，R4 为反接制动电阻，KT1、KT2 为时间继电器、SQ1 为正转变反转行程开关，SQ2 为反转变正转行程开关。该电路为按时间原则两级启动，能实现正反转并通过 SQ1、SQ2 行程开关实现自动换向，在换向过程中能实现反接制动，以加快换向过程。下面以电动机正转运行变反转运行为例来说明电路工作情况。

电动机正在作正向运转并拖动运动部件作正向移动，当运动部件上的撞块压下行程开关 SQ1 时 KM1、KM3、KM4、KM5、KV1 线圈断电释放，KM2 线圈通电吸合。电动机电枢接通反向电源，同时 KV2 线圈通电吸合，反接时的电枢电路如图 2-12 所示。

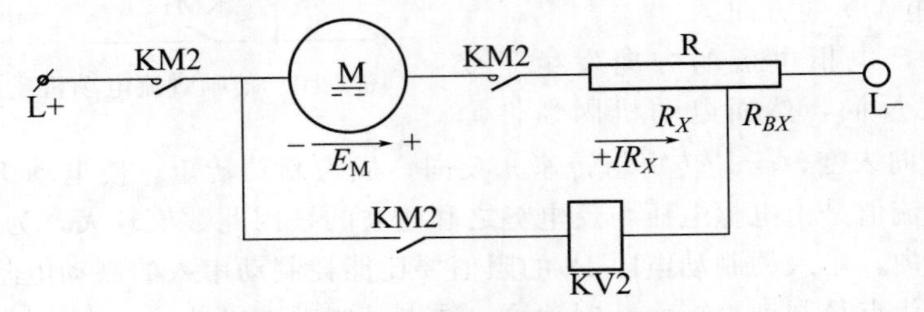

图 2-12　反接时的电枢电路

由于机械惯性，电动机转速及电动势 E_M 的大小和方向来不及变化，且电动势 E_M 方向与电枢串电阻电压降 IR_x 方向相反，此时加在电压继电器 KV2 线圈上的电压很小，不足以使 KV2 吸合，KM3、KM4、KM5 线圈处于断电释放状态，电动机电枢串入全部电阻进行反接制动，电动机转速迅速下降，随着电动机转速的下降，电动机电动势 E_M 迅速减小，电压继电器 KV2 线圈上的电压逐渐增加，当 $n \approx 0$ 时，$E_M \approx 0$，加至 KV2 线圈电压加大并使其吸合动作，常开触头闭合，KM5 线圈通电吸合。KM5 主触头短接反接制动电阻 R4，同时 KT1 线圈断电释放，电动机串入 R1、R2 电阻反向启动，经 KT1 断电延时触头闭合，KM3 线圈通电，KM3 主触头短接启动电阻 R1，同时 KT2 线圈断电释放，经 KT2 断电延时触头闭合，KM4 线圈通电吸合，KM4 主触头短接启动电阻 R2，进入反向正常运转，拖动运动部件反向移动。

当运动部件反向移动撞块压下行程开关 SQ2 时，则由电压继电器 KV1 来控制电动机实现反转时的反接制动和正向启动过程，这里不再复述。

(3) 发电制动（再生制动）

发电制动是电动机的一种制动状态。从能量关系上看，就是通过电动机将拖动系统中的机械能转化为电能并反馈回电网。例如，他励直流电动机拖动的卷扬机在吊重物匀速下降的过程中，其拖动电动机是处于发电制动状态的，就是说，若要保证被吊重物匀速下降，必须使拖动电动机工作在发电制动状态。这是因为被吊重物本身储藏有机械势能，这个机械势能可使卷扬机构产生加速运动，如果通过电动机的作用，将这一部分机械势能转化为电能，并反馈回电网或消耗在电枢电路的电阻中，那么运动系统（这里指卷扬机构）就失去了产生加速度的能源，因而被吊重物就会匀速下降。

发电制动的优点是，不需改变线路，电动机便可由启动时的电动状态自动转换到稳速下降时的发电制动状态，而且电能可以反馈入电网中，使电能获得利用。

2.1.4　他励直流电动机的调速控制线路

直流电动机的电气调速方法有三种，一是电枢回路串入电阻调速；二是改变电枢电压调速；三是改变励磁电流调速。

下面分别介绍直流电动机的三种调速方法。

（1）电枢回路串入电阻调速线路

电枢回路串入电阻调速是在电动机电枢回路中串接外加调速变阻器 R_S，调节 R_S 的阻值大小，就可以改变电动机的转速。

图 2-13 是他励直流电动机电枢回路串入电阻调速原理图。这种调速方法只能向低于电动机额定转速的方向调节，不能超过电动机的额定转速。它的调速范围不大，一般为 1.5∶1。转速可调范围的大小与负载转矩 M_C 的大小有关，M_C 越小，速度可调范围越小。

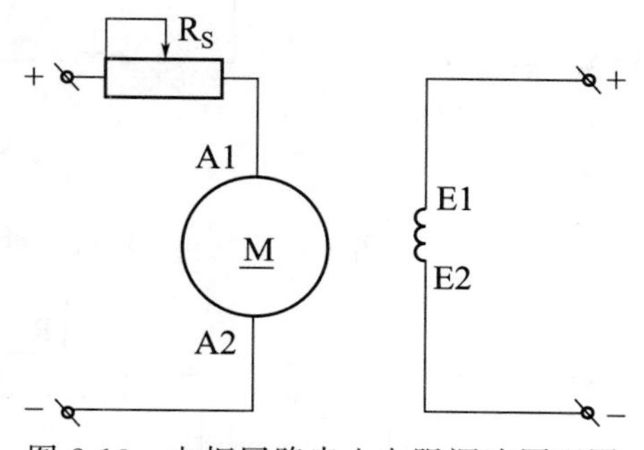

图 2-13　电枢回路串入电阻调速原理图

这种调速方法的缺点是：稳定性差、特别是低速时，稳定性更差，低速时负载稍有增加，电动机就可能停转。其次是能量损耗大。拖动系统工作速度越低，所串的电阻 R_S 越大，机械特性越软，能量损失也越大，故不经济。

电枢回路串入电阻调速的方法不适用于长期工作的电动机和大容量电动机。

由于以上原因，所以生产上使用这种调速方法较少。但是由于这种调速方法所需的设备简单、操作方便，因而，对于功率不太大的电动机和机械特性硬度要求不太高的设备，如起重机械、蓄电池搬运车、无轨电车、电池铲车及吊车等场合，这种调速方法还是被广泛采用的。

（2）改变电枢电压调速线路

这种调速方法的调速范围宽广。因为电网电压一般是不变的，所以要改变电枢电压 U，就必须要有专用的直流电源调压设备。

在一定负载转矩作用下，直流电动机的稳定运行速度随电枢电压的下降而降低，因此调节电枢电压的大小，可以改变电动机的转速，以达到电气调速的目的。

改变电枢电压调速的优点：调速的平滑性好，可实现无级调速，调速范围宽广，稳定性好。缺点：使用设备多、投资大、设备维修较复杂。在调速要求较高的生产机械上都使用这种方法调速，如龙门刨床、龙门铣床及重型镗床等。改变电枢电压调速是目前直流电动机中应用最广的调速方法。

改变电枢电压调速的控制线路种类很多，下面简要介绍使用较多的晶闸管-直流电动机调速系统的线路。

晶闸管-直流电动机系统是使用晶闸管整流电路获得可调节的直流电压，供电给直流电动机，用来调节电动机转速。晶闸管整流电路的种类很多，有单相的、三相的、半控的、全控的、桥式的，等等。

图 2-14 示出了三相半控桥式整流电路的晶闸管-电动机系统。

图中 M 为直流电动机；T 为三相变压器，将电源电压变换成适应于电动机的额定电压；VT 为晶闸管，用来调节输出的直流电压；VD 为整流二极管，用于整流；L 为滤波电感，用来抑制整流电路中的谐波分量。

（3）改变励磁调速

改变磁通 Φ 的大小，便可以调节直流电动机转速的大小。为此，在励磁电路中串接一个调速变阻器 R_S，如图 2-15 所示。

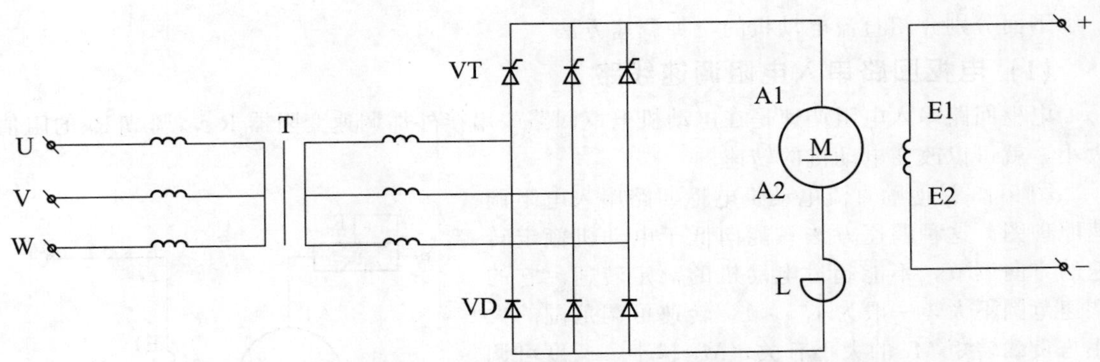

图 2-14　三相半控桥式整流电路的晶闸管-直流电动机系统原理图

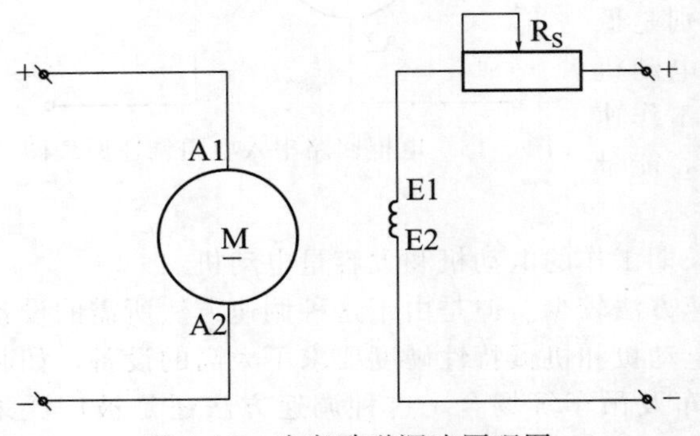

图 2-15　改变励磁调速原理图

改变励磁调速时，只能利用减弱励磁来提高电动机的转速。这种调速方法只能把电动机转速往高处调，但转速太高，则电动机振动大，转动部件可能出现飞车的危险。另外，转速高时电动机换向条件恶化，因此，用这种方法调速时的最高转速，一般在 3000r/min 以下。

改变励磁调速是在励磁回路中进行，由于励磁电流小，控制方便，在调速变阻器 R_S上的能量损耗小。这是改变励磁调速的优点，但是由于励磁绕组匝数多、电磁惯性大，使调速的过渡过程时间较长。

2.1.5　并励直流电动机的调速控制线路

并励直流电动机的调速方法与他励直流电动机基本一致，因为并励直流电动机的转速公式与他励直流电动机相同，因此，可在并励电动机的电枢回路中，串接调速变阻器 R_S进行调速，如图 2-16 所示。也可以改变并励电动机励磁进行调速，为此在励磁电路中串接调速变阻器 R_S，如图 2-17 所示。

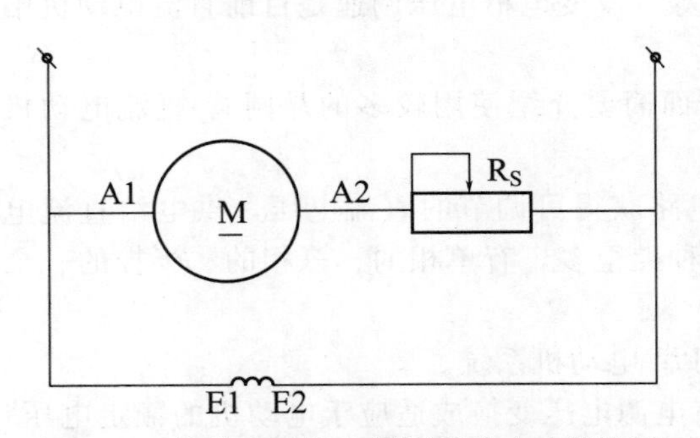

图 2-16　并励电动机电枢回路串入电阻调速

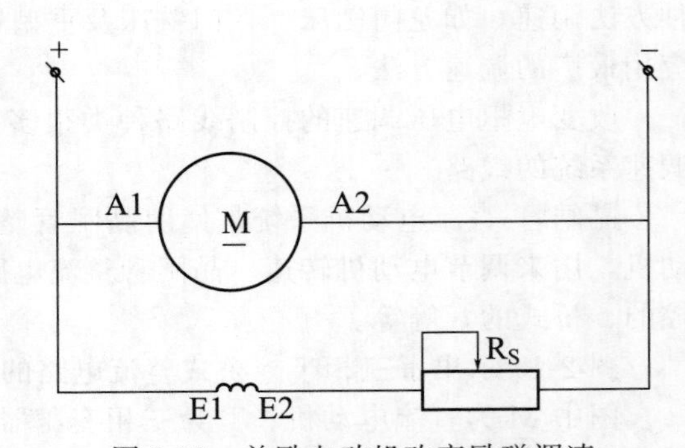

图 2-17　并励电动机改变励磁调速

他励直流电动机的三种调速方法中只有以上两种方法适用于并励直流电动机。他励直流电动机改变电枢电压的调速方法，不能用于并励直流电动机，因为这种方法是在励磁保持一定的条件下进行调速的。而在并励直流电动机中改变电枢电压时，它的励磁也将随着改变，不能保持为定值。

2.1.6 串励直流电动机的控制线路

串励直流电动机的励磁绕组和电枢绕组是相串联的。它的主要特点是具有软的机械特性，即电动机转速随转矩增加而显著下降。因此串励电动机特别适用于起重机械和运输机械。例如，起重机起吊重物时，负载转矩大，电动机转速低，可保证吊物时的安全，起吊轻物时，负载转矩小，电动机的转速高，可提高工作效率。

使用串励直流电动机时，切忌空载运行，因为它的空载转速很高，过大的惯性离心力会损坏电动机，所以，启动时要带的负载不得低于 20%～30%的额定负载。同时，电动机与生产机械间禁止使用皮带传动，以防止皮带滑脱而发生事故。

下面分别介绍串励直流电动机的启动、制动和调速。

(1) 启动

串励直流电动机有良好的启动特性，因为串励直流电动机的电磁转矩与电枢电流的平方成正比。也就是说，在同样大的启动电流下，串励电动机的启动转矩要比并励或他励电动机大得多。因此，启动转矩大、启动时间短和可以过载（负载阻力矩增加一倍时，电枢电流只增加 40%左右）等优点都是串励直流电动机的重要特性。所以，在带大负载启动或启动很困难的场合，宜采用串励电动机，如电机车、起吊闸门或重物等。

串励直流电动机常使用的启动方法是电枢串入电阻启动。其启动线路如图 2-18 所示。图中 R1、R2、R3 分别为三级启动电阻；KM1、KM2、KM3 为三个接触器的主触头，用于短接 R1、R2、R3 三个电阻。

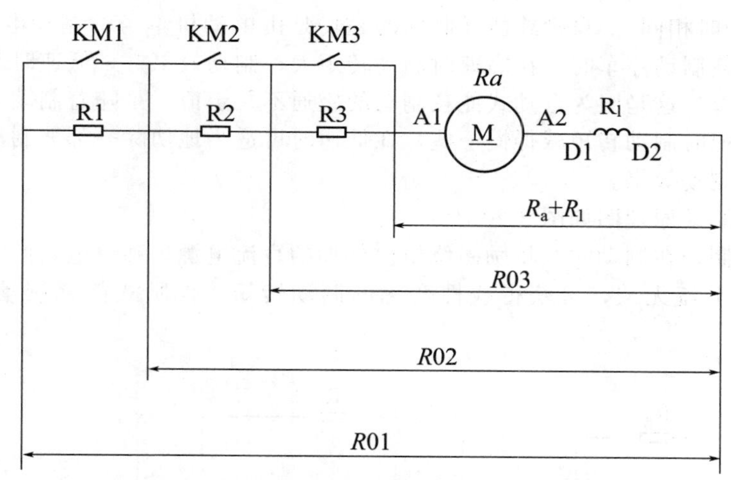

图 2-18　串励电动机电枢串入电阻启动线路图

串励电动机串入三级电阻启动的过程与他励电动机相似，随着电动机转速的升高，逐级切除电阻 R1、R2、R3。

(2) 制动

串励直流电动机只有反接制动和能耗制动两种制动方法。由于它的理想空载转速趋于无穷大，运行中不可能满足发电反馈制动的条件，因此，无法实现发电反馈制动。

① 反接制动

与他励直流电动机一样，串励直流电动机的反接制动同样可能在下列两种情况下发生。

a. 运行在电动状态下的电动机电枢被突然反接。

b. 位能负载转矩强迫电枢反转。

由于串励电动机的励磁电流就是它的电枢电流，在采用电枢反接的方法来实现制动时，必须注意，通过电枢绕组的电流和励磁绕组中的励磁电流不能同时反向。如果直接将电源电压极性反接，则由于电枢电流和磁通同时反向，而由它们建立的电磁转矩的方向却不变，结果电动机转速仍处于原来的方向，未能实现反接制动。所以，一般只将电枢反接。

位能负载转矩强迫电动机反转的工作状态就是转速反向的反接制动状态。多用于下放重物的时候。

电动机电枢反接制动主要用于制动停车及电动机反转的情况。

与他励电动机一样，为了限制制动电流，串励电动机在反接制动时，电枢回路也要串入阻值较大的电阻 R_Z。如图 2-19 所示。

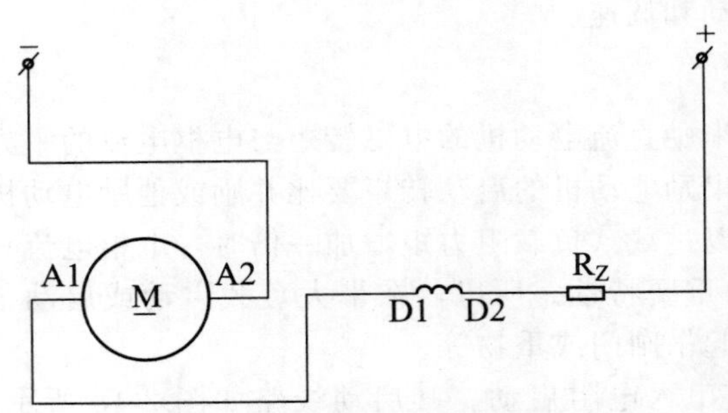

图 2-19 串励电动机反接制动原理图

② 能耗制动

串励直流电动机的能耗制动分为自励式和他励式两种。

自励式能耗制动是将运行着的电动机的电源切除，用附加电阻将励磁绕组和电枢绕组接通。电动机在惯性作用下，处于自励发电状态，使电流及转矩的方向改变，成为制动转矩。必须注意，在制动时，应将励磁绕组与电枢绕组反向串联，否则无法产生制动转矩（原因与反接制动时相同）。自励式能耗制动的磁场是由电动机本身的制动电流励磁产生的。这种制动用于能耗制动停车时，在高速时制动转矩大，制动效果好，低速时制动转矩衰减很快，制动效果变差。这是因为自励式能耗制动的磁通不是定值，是随着制动电流的减小而减小的。为了使低速时制动转矩减得慢一些，在低速时可适当地切除一部分制动电阻，以增大制动转矩，提高制动效果。

自励式能耗制动原理图如图 2-20 所示。

他励式能耗制动在制动时，将励磁绕组由外加的直流电源单独供电。此时电动机的励磁为定值，与制动电流无关，可获得线性变化的制动转矩。他励式能耗制动原理如图 2-21 所示。

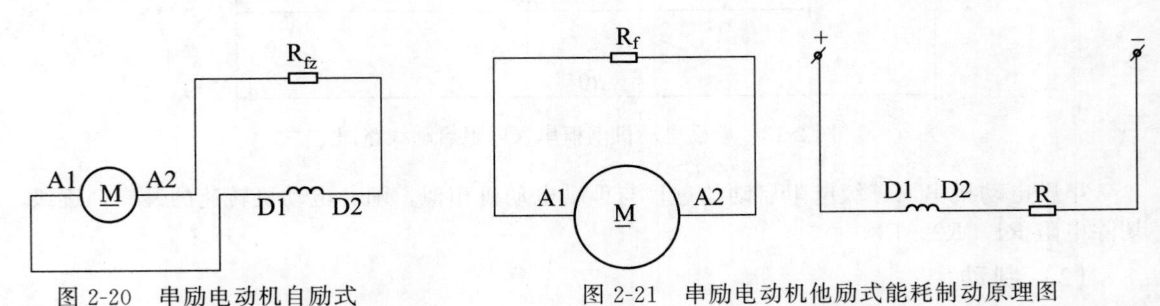

图 2-20 串励电动机自励式能耗制动原理图

图 2-21 串励电动机他励式能耗制动原理图

（3）调速

串励电动机的调速方法与他励电动机的调速方法相同。有电枢回路串入电阻调速、改变电枢电压调速和改变励磁电流调速。其调速性能也与他励电动机相似。

串励电动机改变励磁调速时，往往在励磁绕组两端并联分流电阻 R_S，如图 2-22 所示。当调节分流电阻 R_S的阻值大小时，可以改变电动机的磁通大小，从而调节电动机转速。R_S的阻值越小，R_S中电流的就越大，因此励磁绕组中电流越小，磁通就越小，电动机转速越高。相反，增加 R_S的阻值时，电动机转速降低。在大型电动机车上常采用这种调速方法。

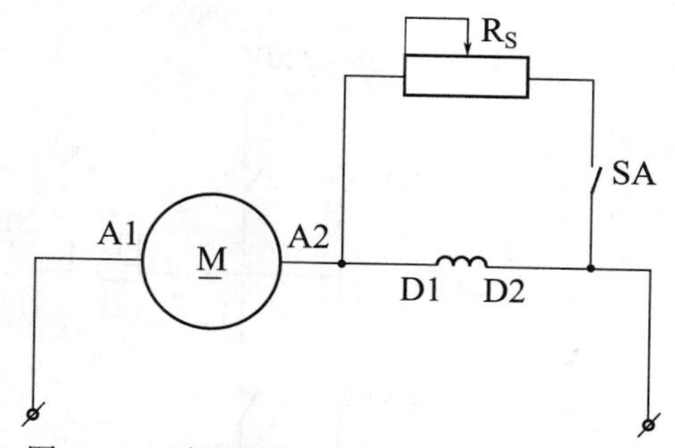

图 2-22　励磁绕组并分流电阻调速原理图

在小型电动机车上，常采用改变励磁绕组匝数或改变励磁绕组接线方式改变磁通，以实现调速。

2.2　单相交流异步电动机的控制线路

2.2.1　单相交流异步电动机基本控制线路

单相感应电动机分为分相式和罩极式两种。单相分相式感应电动机又分为电阻分相式和电容分相式两种。本文只介绍单相分相式异步电动机控制原理。

为了解决单相电动机不能自启动的问题，单相分相式感应电动机（以下简称单相感应电动机），在定子绕组上有两套绕组，主绕组 U1—U2 和辅绕组 V1—V2。这两套绕组的电流相位差为 90°。辅绕组串联适当的电阻或电容再与主绕组并联，接在单相交流电源上。辅绕组一般按短时通电设计，通常在辅绕组上串接离心开关或继电器触点。电动机转速达到额定转速的 75%～80%时，开关自动断开，使辅绕组脱离电源，以后由主绕组单独运行。单相交流异步电动机基本控制线路见图 2-23。合上开关 SW，电动机主绕组与启动绕组获得 220V 交流电压，通过电流相位差为 90°，转子导体与旋转磁场交链作用，产生转动力（转矩），使转子导体感应出电压，并有电流通过，电动机获得 220V 交流电压，由于旋转磁场和转子电流之间的作用，从而使转子旋转。

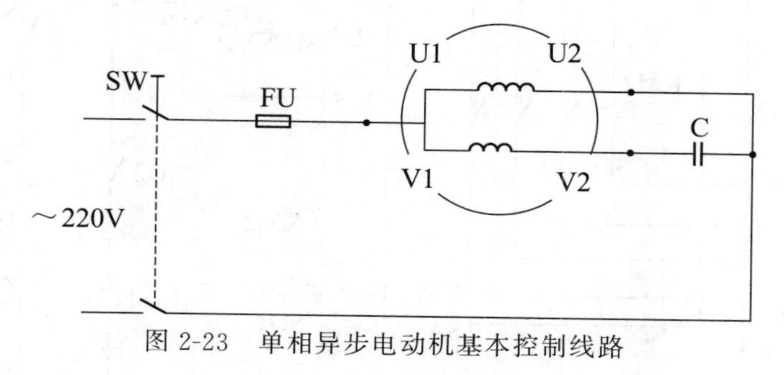

图 2-23　单相异步电动机基本控制线路

2.2.2　接触器控制单相异步电动机启动线路

采用接触器控制的单相电动机正转接线如图 2-24 所示。断路器 QF 的容量不宜选择过大，为电动机额定电流的 2～2.5 倍即可。需要连续运转时，应接停止按钮 SB2 和接触器 KM 的自保触点。

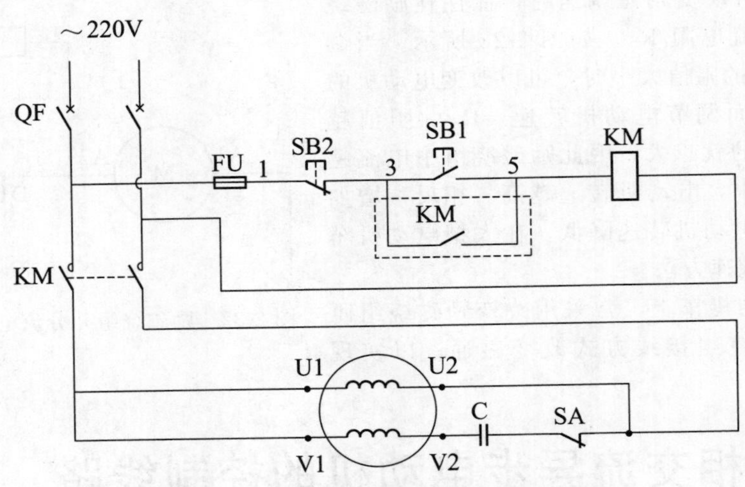

图 2-24　接触器控制的单相电动机正转

按下 SB1 启动按钮，电动机运转。需要停车时，按下停止按钮 SB2，其常闭触点断开，接触器 KM 线圈断电释放，主触点断开，电动机断电停转。

点动运行时，直接启动按钮 SB1（点画线框内的 KM 常开触点不接）。按下 SB1 时，电动机运转，松手电动机停。

2.2.3　单相电容启动自动往返运行控制电路

(1) 单相电容启动自动往返运行控制电路

单相电容启动自动往返运行控制电路如图 2-25 所示。

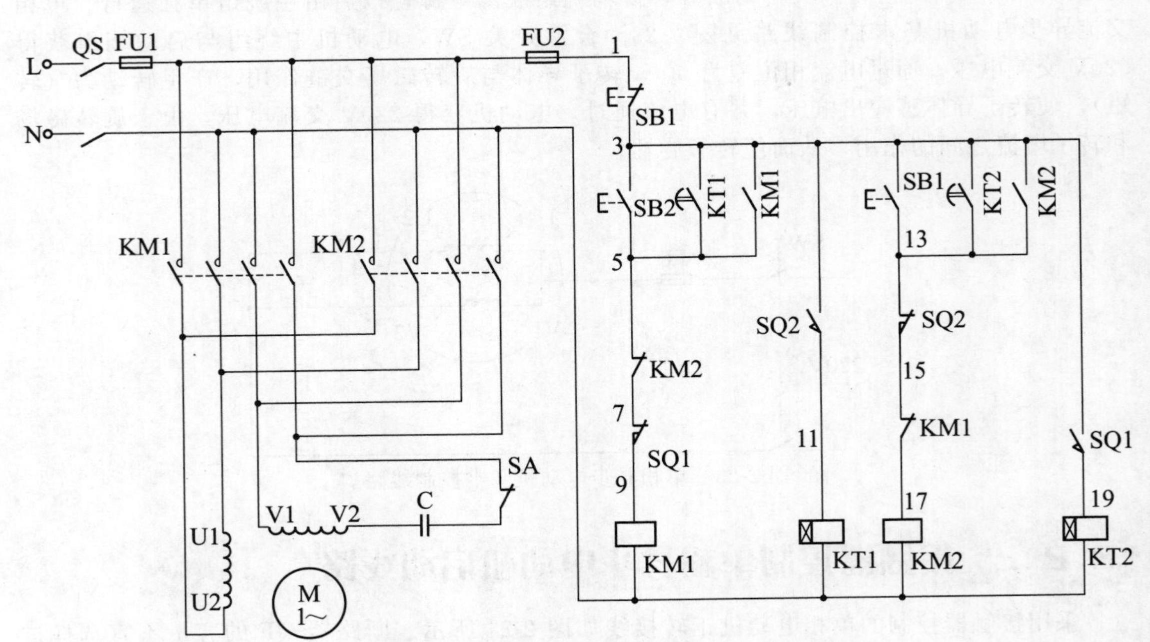

图 2-25　单相电容启动自动往返运行控制电路

(2) 控制原理

合上电源开关 QS，按下正转或反转启动按钮，如按下 SB2，则接触器 KM1 得电吸合，电动机正向启动运转，并带动设备（如小车）运行，当运行到正向限位点时，机械挡铁碰到行程开关 SQ1，SQ1 触点动作，KM1 失电释放；同时使通电延时时间继电器 KT2 得电吸合，经过一段延时后（小电动机约 1s，大电动机长一些，可视实际情况调整），电动机转速降低甚至停转，离心开关 SA 闭合，KT2 的延时闭合常开触点也闭合，接触器 KM2 得电吸合，电动机反向启动运转。如此周而复始，达到连续自动正、反转运行的目的。

2.2.4 单相电动机能耗制动电路

(1) 单相电动机能耗制动电路

单相电动机能耗制动电路如图 2-26 所示。

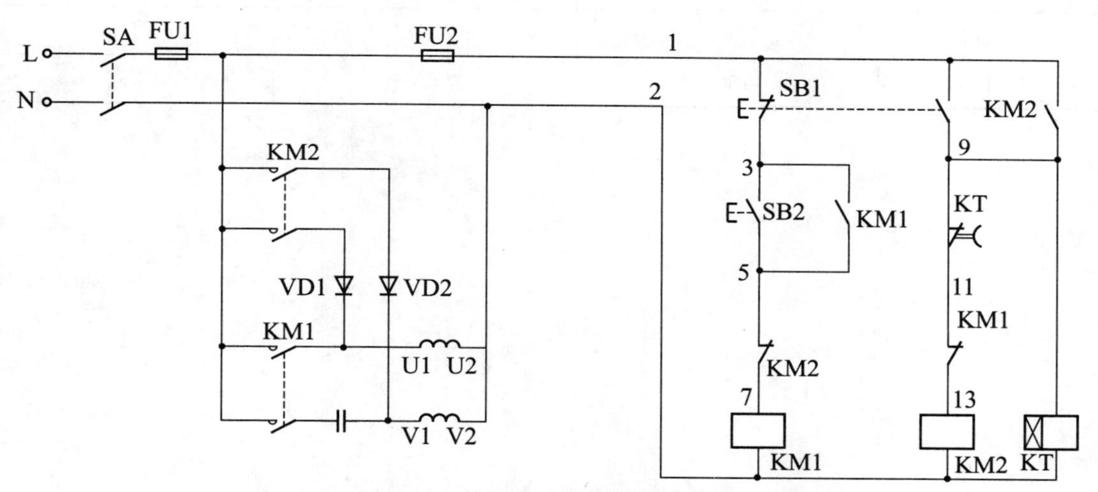

图 2-26 单相电动机能耗制动电路

(2) 控制原理

合上电源开关 SA，按下启动按钮 SB2，接触器 KM1 得电吸合并自锁，电动机接入 220V 交流电源运行。

停机时，按下停止按钮 SB1，其动断触点 SB1（1—3）断开，使 KM1 失电释放；其动合触点 SB1（1—9）闭合，KM1 的动断触点 KM1（11—13）复位闭合，使接触器 KM2 得电吸合并自锁，其主触点闭合，220V 交流电源经二极管 VD1、VD2 整流后，向电动机主、辅绕组提供直流制动电流，电动机进入制动状态。在 KM2 辅助动合触点闭合后，使时间继电器 KT 得电吸合，经过一段延时（0.2～1s，可调），其延时断开的动断触点断开，KM2 失电释放，其动合触点断开，电动机脱离直流电源，同时 KT 失电释放，电动机制动过程结束。二极管 VD1、VD2 的耐压值应大于 600V。

2.2.5 单相异步电动机启动电容匹配

一般情况，在单相电容启动式电动机中，启动绕组中串联的电容容量增加 1 倍，启动转矩只能增加 50%，而启动电流却要增加 200%，电动机长时间处于过载状态，容易烧坏绕组。电容器一般主要选择金属膜纸质电容器。另外应注意电容的耐压值一定要高于400V，以防击穿。常见单相异步电动机容量与电容器容量匹配见表2-1。

表2-1 单相异步电动机容量与电容器容量匹配表

型号	电动机功率/W	启动电流/A	配用电容器容量/μF
XD90	90	2	8
XD120	120	2.5	9
XD180	180	4	12
XD250	250	5.5	16
KBD-1	750	31	12.5
KBD-2A	1100	36	20
KBD-2B	1100	35	20
KBD-3	560	27	12.5
KBD-4	1500	51	35

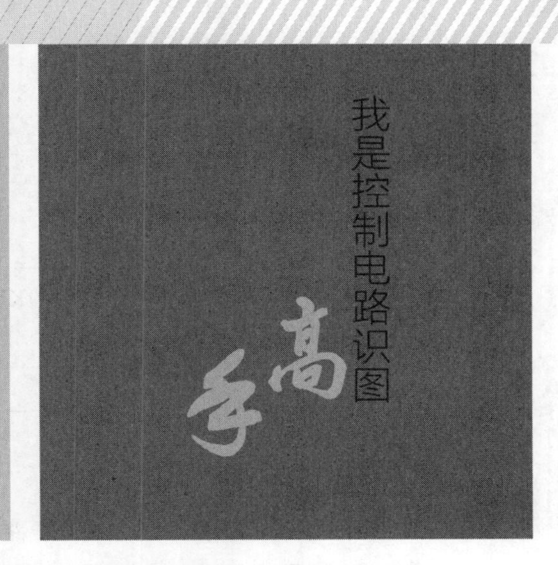

第3章

三相笼形异步电动机的全压启动控制电路

三相笼形感应电动机的启动方式分直接启动与降压启动两种。笼形感应电动机直接启动是指电动机定子线圈直接加全压进行启动的一种方式。它是一种简便、经济的启动方法。因其控制线路简单、投资少、技术含量不高，在电动机容量相对于变压器供电容量比较小且没有特殊启动要求时基本上都采用全压启动方式。

全压启动控制电路主要有：点动控制电路、单向运行控制电路、正反转运行控制电路、自动往返运行控制电路、顺起逆停控制线路等。

3.1　点动控制电路

生产机械中不仅需要电动机能够连续运行，同时为调整机械和工艺的需要，还要求电动机能够间歇运行，这就要采用点动控制电路。

最基本的电动机点动控制电路见图 3-1 所示，由电源开关 QF、交流接触器 KM、热继电器主触点 FR 组成主电路。控制电路由点动按钮 SB、热继电器辅助触点 FR 和接触器线圈组成。

工作原理如下：

按下点动按钮 SB 时，接触器 KM 线圈通电吸合，主触点闭合，电动机 M 接通电源运行。当手松开按钮 SB 时，其常开触点在复位弹簧下复位，接触器 KM 断电释放，主触头断开，电动机 M 电源被切断而停止运行。

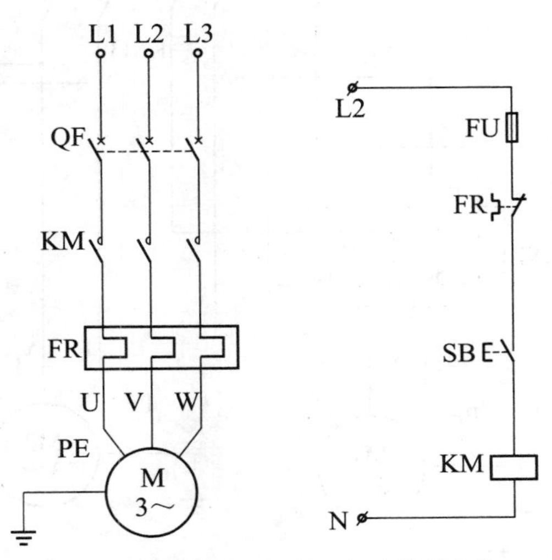

图 3-1　最基本的电动机点动控制电路

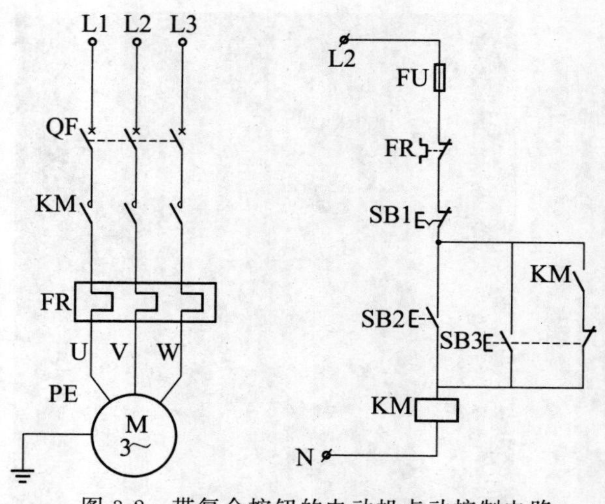

图 3-2 带复合按钮的电动机点动控制电路

图 3-2 为带复合按钮的点动控制电路，此电路可由操作不同按钮选择电动机实现连续运行或实现点动运行。

工作原理如下：

先合上电源开关 QF，需点动运行时，按下点动按钮 SB3，其常闭触点先断开接触器 KM 的自锁触点，其常开触点闭合，KM 线圈得电，主触点闭合，电动机 M 启动运行。当松开点动按钮 SB3 时，其常开触点先行断开，KM 线圈断电，主触点断开，电动机 M 停止运行。而在点动按钮 SB3 常闭触点后行闭合时，KM 线圈已断电不能由其自锁点实现自锁，从而实现电动机的点动功能。

需连续运行时，按下启动按钮 SB2，接触器 KM 线圈接入自锁点，实现电动机 M 的连续运行功能。

停止时，按下停止按钮 SB1，接触器 KM 线圈断电，电动机 M 停止运行。

图 3-3 所示为点动控制电路在 QK20Z 系列 5-10T 电动葫芦控制电路中的应用。

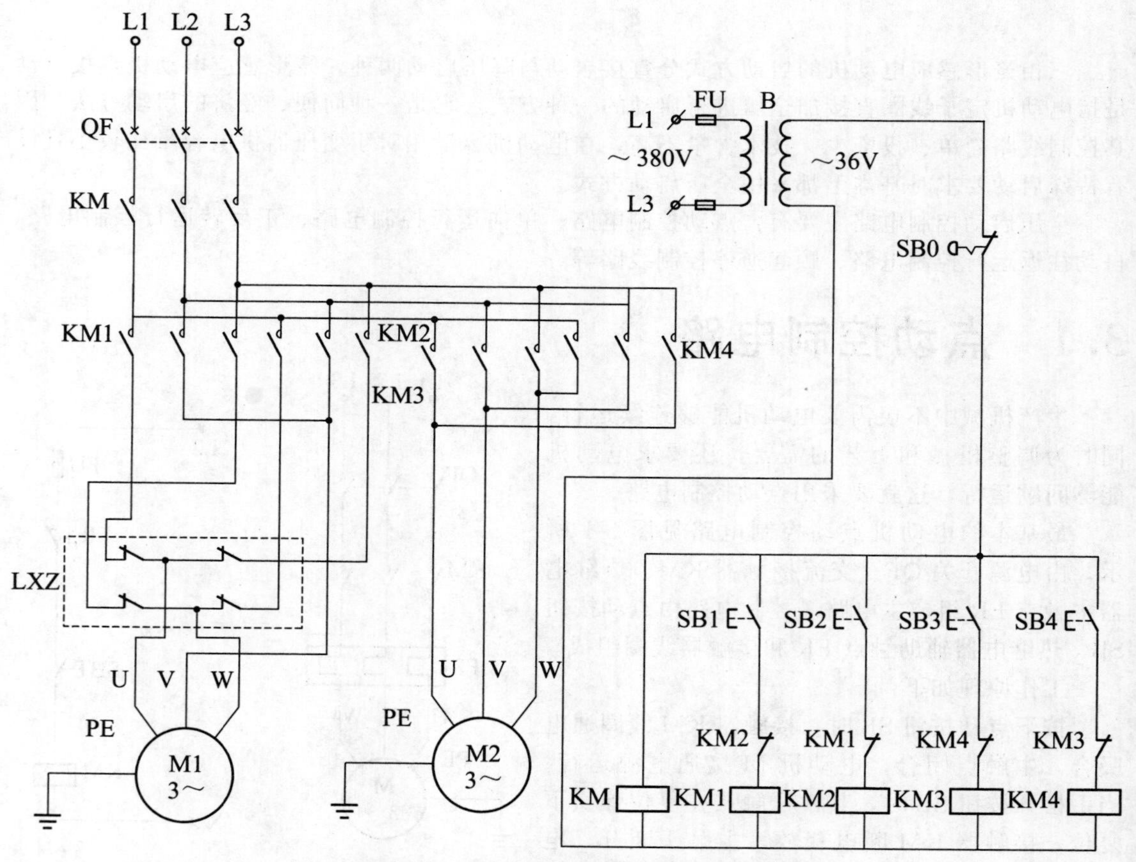

图 3-3 QK20Z 系列 5-10T 电动葫芦控制箱电路图

此电路利用控制按钮实现在地面控制电动葫芦电动机单速升降，单速运行。电路主回路由断路器 QF，接触器 KM、KM1、KM2、KM3、KM4，断火限位器 LXZ，电动机 M1、M2 组成。QF 为电源开关，起线路过载和短路保护之用；总接触器 KM 为总电源接触器，可起急停和欠压保护之用；电动机 M1 控制电动葫芦升降；电动机 M2 控制电动葫芦运行；断火限位器 LXZ 起电动葫芦上下限位作用，可直接分断升降主电机 M1 的主回路；断火限位器 LXZ 触点接线如图 3-3 虚线框中所示。

控制回路由熔断器 FU，变压器 B，控制按钮 SB0，点动按钮 SB1、SB2、SB3、SB4，交流接触器 KM、KM1、KM2、KM3、KM4 线圈及其常闭触点组成。FU 起短路保护作用；变压器 B 将控制电路交流接触器电源电压由交流 380V 变换为安全电压 36V；SB0 是带锁扣的按钮，SB1、SB2、KM1、KM2 分别控制电动机 M1 的正转（上升）与反转（下降）；SB3、SB4、KM3、KM4 分别控制 M2 的正转（前进）与反转（后退）。

工作原理如下：

先合上电源开关 QF，按下按钮 SB0。

(1) 上升

按下点动按钮 SB1，接触器 KM1 线圈得电吸合，主触点闭合，电动机 M1 正向运转，电葫芦作提升运行；同时 KM1 的辅助常闭触点动作，断开 KM2 线圈回路实现电气联锁。如果没有松开按钮 SB1，当电动葫芦吊钩达到上升极限限位时，导绳器拨动停止块，带动限位杆，推动断火限位器动作，使电动机 M1 主电路断电，电动机停止运转。

(2) 下降

按下点动按钮 SB2，接触器 KM2 线圈得电吸合，主触点闭合，电动机 M1 反向运转，电葫芦作下降运行；同时 KM2 的辅助常闭触点动作，断开 KM1 线圈回路实现电气联锁。同样，当电动葫芦吊钩达到下降极限限位时，导绳器拨动停止块，带动限位杆，拉动断火限位器动作，使电动机 M1 主电路断电，电动机停止运转。

(3) 前进

按下点动按钮 SB3，接触器 KM3 线圈得电吸合，主触点闭合，电动机 M2 正向运转，电葫芦作前进运行；同时 KM3 的辅助常闭触点动作，断开 KM4 线圈回路实现电气联锁。

(4) 后退

按下点动按钮 SB4，接触器 KM4 线圈得电吸合，主触点闭合，电动机 M2 反向运转，电葫芦作后退运行；同时 KM4 的辅助常闭触点动作，断开 KM3 线圈回路实现电气联锁。

当断火限位器在一个方向上动作，分断主回路后，本方向上工作失效，只有按下反方向点动按钮，进行反方向操作，当断火限位器复位后就又能在原方向上正常工作。

3.2 单向运行控制电路

3.2.1 典型单向运行控制电路

三相笼形电动机单向运行控制电路是一个常用的最简单、最基本的控制电路，其他复杂线路都是在其基础之上转化而来，可用开关或接触器进行控制。这种电路适用于不频繁启动的小容量电动机，但不能实现远距离控制和自动控制。在工厂中常被用来控制三相电风扇和砂轮机等设备。接触器控制三相电动机单向运行基本控制线路如图 3-4 所示。

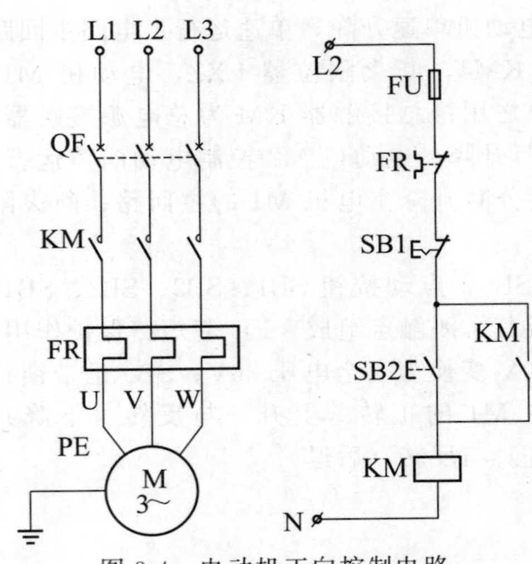

图 3-4　电动机正向控制电路

图 3-4 主要由电源开关 QF、接触器 KM、热继电器 FR 主触点与电动机 M 构成主电路。由启动按钮 SB2、停止按钮 SB1、接触器 KM 的线圈及其常开辅助触头、热继电器 FR 的常闭触头和熔断器 FU 构成控制回路。

工作原理如下：

（1）启动

合上电源开关 QF 引入三相电源，按下启动按钮 SB2，其常开触点闭合，交流接触器 KM 线圈通电吸合，其主触点闭合，电动机接通三相电源直接启动运转。同时与启动按钮并联的接触器 KM 的辅助常开触点闭合，使接触器 KM 线圈有两条路通电。当松开能够自动复位的启动按钮 SB2 时，接触器 KM 线圈仍可通过自身的辅助常开触点保持通电，从而保持电动机 M 的连续运行。

这种依靠接触器自身辅助触点保持线圈通电的现象称为自锁或自保。这一对起自锁作用的接触器辅助触点则称为自锁触点，像这种具有自锁现象的电路称为自锁电路。

（2）停止

按下停止按钮 SB1，接触器 KM 线圈断电释放，KM 接触器主触点与辅助触点均断开，切断电动机主电路与控制回路，电动机停止运行。

当手松开按钮后，SB1 的常闭触点在复位弹簧的作用下，虽又恢复到原来的常闭状态，但接触器 KM 线圈已不能依靠自锁触点通电，因为作为自锁的接触器辅助常开触点已因接触器线圈的失电而断开。

3.2.2　多地控制单向运行电路

在工厂生产中，电气设备有时需要多地进行控制，一般最常用的是两地控制电路，为了了解现场情况是否具备开车条件，一地控制需要设在现场，另一地控制则设在主操作室以便于集中控制。这种能在两地或多地控制同一台电动机的控制方式叫电动机的多地控制。电动机两地控制电路图如图 3-5 所示。

图 3-5 中，主电路主要由电源开关 QF、交流接触器 KM、热继电器 FR 主触点和三相交流异步电动机 M 组成。控制电路由启动按钮 SB1、SB2、停止按钮 SB3、SB4、热继电器 FR 辅助常闭触点和接触器 KM 线圈及其自锁点组成。

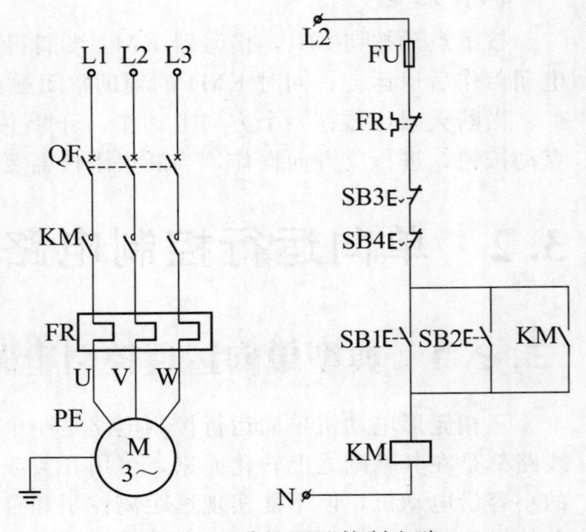

图 3-5　电动机两地控制电路

工作原理如下。

（1）启动

合上电源开关 QF 引入三相电源，按下两地中的任一个启动按钮 SB1 或 SB2，其常开触点闭合，交流接触器 KM 线圈都能有回路通电吸合，其主触点闭合，电动机接通三相电源直接启动运转。同时与启动按钮并联的接触器 KM 的辅助常开触点闭合，使接触器 KM 线圈有两条路通电。当松开能够自动复位的启动按钮 SB1 或 SB2 时，接触器 KM 线圈仍可通过自身的辅助常开触点保持通电，从而保持电动机 M 的连续运行。

（2）停止

按下两地中的任何一个停止按钮 SB3 或 SB4，接触器 KM 线圈都能断电释放，KM 接触器主触点与辅助触点均断开，切断电动机主电路与控制回路，电动机停止运行。当手松开按钮后，SB1 或 SB2 的常闭触点在复位弹簧的作用下，虽又恢复到原来的常闭状态，但接触器 KM 线圈已不能依靠自锁触点通电，因为作为自锁的接触器辅助常开触点已因接触器线圈的失电而断开。

本控制电路的特点是：两地控制的启动按钮 SB1、SB2 要并联接在一起；停止按钮 SB3、SB4 要串联在一起。这样就可以分别在两地启动和停止同一台电动机，达到工厂生产工艺要求的控制目的。

3.2.3　带工艺或 DCS 联锁的控制电路

带工艺或 DCS（分散控制系统）联锁的控制电路见图 3-6 所示。

图 3-6 中，主电路主要由电源开关 QF、交流接触器 KM、热继电器 FR 主触点和三相交流异步电动机 M 组成。控制电路由启动按钮 SB2、SB4；停止按钮 SB1、SB3；热继电器 FR

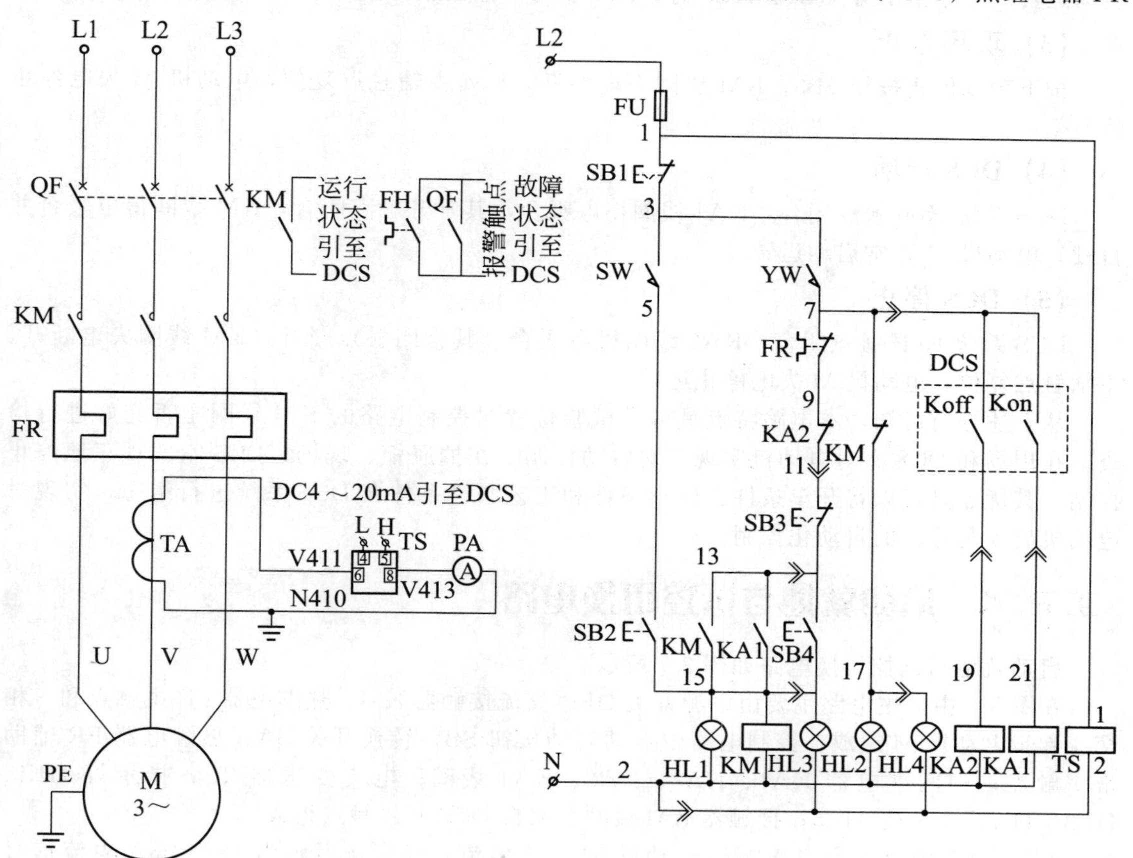

图 3-6　带工艺或 DCS 联锁的控制电路

辅助常闭触点；中间继电器 KA1、KA2 线圈；电流变送器 TS；指示灯 HL1、HL2、HL3、HL4；限位开关 SW、YW；接触器 KM 线圈；来自 DCS 的开停触点组成。

TS 通过电流互感器 TA 测试电动机 M 二次电流，经变送后转为 4～20mA 电流信号传送给 DCS；还有 KM 一对常开触点将运行状态送至 DCS；QF 一对常开报警触点与 FR 常开触点并联后将故障状态引至 DCS。PA 是现场电流表。

SW 在试验位置时导通 KM 得电通路。YW 在运行位置时导通 KM 得电通路。KA1 为 DCS 开车信号，其常开触点并联在启动按钮两端。KA2 为 DCS 停车信号，其常闭触点串联在停止按钮和 KM 线圈得电通路上。HL1 为操作柜上开车指示，HL3 为现场操作柱上开车指示。HL2 为操作柜上停车指示，HL4 为现场操作柱上停车指示。

工作原理如下：

(1) 空试点动

抽屉推至试验位，SW 限位开关闭合。按下试验按钮 SB2，KM 线圈得电吸合，开车指示灯 HL1、HL3 亮。由于 KM 自锁触点闭合后因运行限位开关 YW 没有导通，KM 不能自锁，只能点动操作。又因电源开关 QF 没有合上，KM 主触点虽闭合，电动机 M 不会启动运转。

(2) 现场启动

先合上电源开关 QF。抽屉推至运行位，YW 限位开关闭合，停车指示灯 HL2、HL4 亮。按下现场启动按钮 SB4，KM 线圈得电吸合并自锁，KM 主触点闭合，电动机 M 正常启动运转。开车指示灯 HL1、HL3 亮。KM 一对常开触点闭合，运行状态送至 DCS。

(3) 现场停止

按下现场停止按钮 SB3，KM 线圈失电断开，KM 主辅触点复位，电动机 M 失电停止运转。

(4) DCS 启动

DCS 系统 Kon 触点闭合，KA1 线圈得电吸合，其常开触点闭合，KM 线圈得电吸合并自锁，电动机 M 正常启动运转。

(5) DCS 停止

DCS 系统 Koff 触点闭合，KA2 线圈得电吸合，其常闭触点断开，KM 线圈失电断开，主辅触点复位，电动机 M 失电停止运转。

从上述分析可知，本电路特点是可在试验位置对控制电路的 KM 线圈是否完好进行检查。在现场和 DCS 室对电动机实现二地启动控制。在抽屉柜、现场、DCS 室实现三地停止控制。其优点是可以将开车条件、停车条件和工艺联锁条件在 DCS 系统进行组态，实现对电动机启动与停止的自动化控制。

3.2.4 启动就地与远控切换电路

启动就地与远控切换电路如图 3-7 所示。

在图 3-7 中，主电路主要由电源开关 QF、交流接触器 KM、热继电器 FR 主触点和三相交流异步电动机 M 组成。控制电路由点动启动按钮 SB；转换开关 SA；热继电器 FR 辅助常闭触点；中间继电器 KA1、KA2、KA3、KA4 线圈；电流变送器 TS；指示灯 HL1、HL2、HL3、HL4、HL5；接触器 KM 线圈；来自 DCS 开停触点组成。

TS 通过电流互感器 TA 测试电动机 M 二次电流，经变送后转为 4～20mA 电流信号给 DCS。

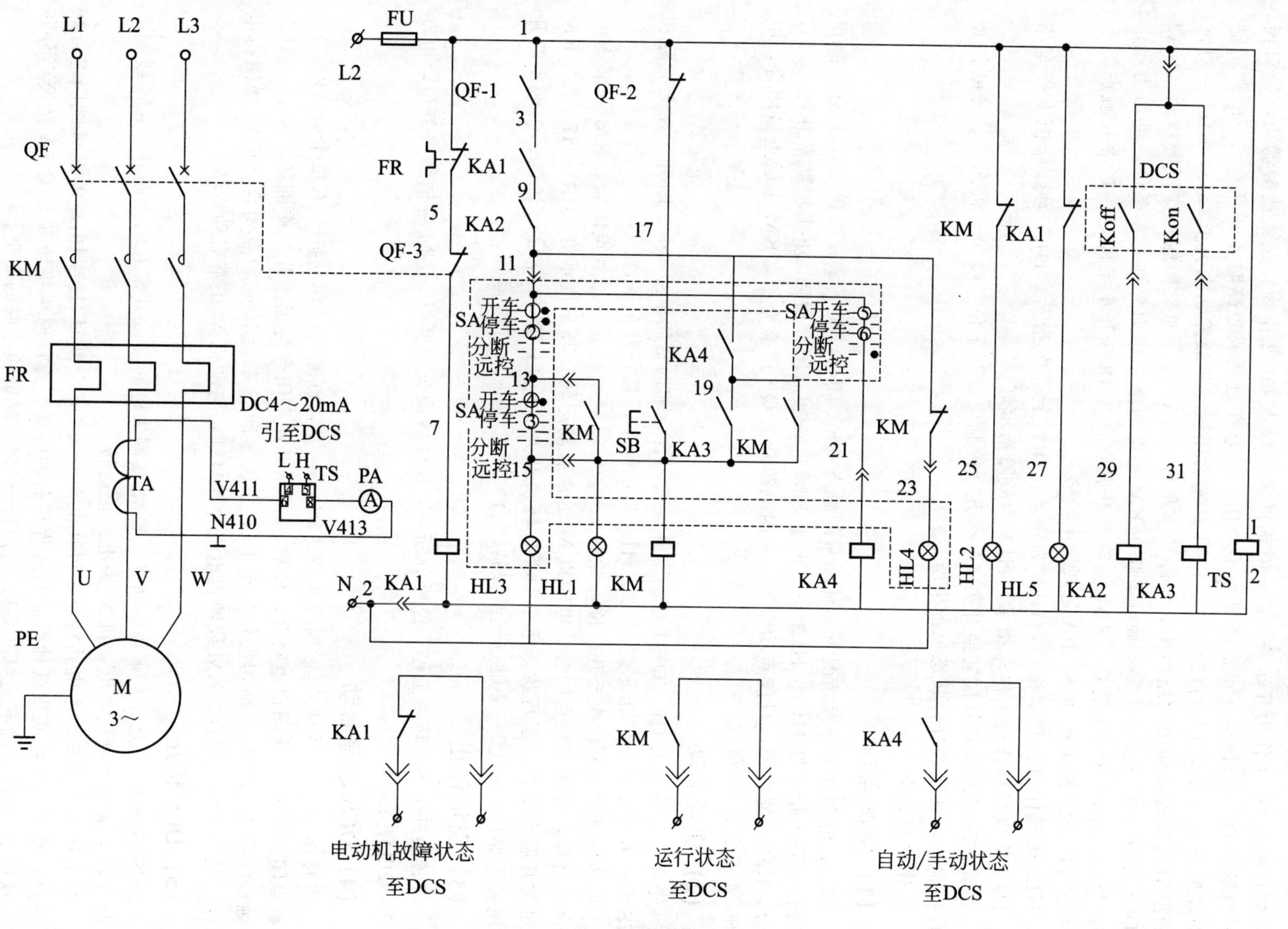

图 3-7　启动就地与远控切换电路

KM一对常开触点将运行状态送至DCS，KM的另一对常开触点为自锁触点。QF一对辅助常开触点QF-1作为开车条件，一对辅助常闭触点QF-2作为空试主接触器用，一对辅助报警触点QF-3（该接点正常情况下不动作，只有在过载或短路时才断开）与FR常闭触点串联后导通KA1，作为报警条件。KA1一对常闭触点将故障状态引至DCS，KA1一对常开触点串联在KM得电回路中作为允许开车条件，KA1另一对常闭触点作报警指示。KA2为DCS允许开车信号，其常开触点串联在KM得电回路中作为允许开车条件，可作为停止信号。KA3为DCS开车信号。KA4一对常开触点作为DCS开车条件，一对常开触点将手动状态与自动状态引至DCS。PA是现场电流表。

HL1为操作柜上开车指示，HL3为现场操作柱上开车指示。HL2为操作柜上停车指示，HL4为现场操作柱上停车指示，HL5为故障指示灯。

安装在现场的带自复位转换开关SA有五个控制位：开车位、O位、停车位、分断位和远程控制位，其触点分合状态见图中所示。

工作原理如下。

(1) 空试点动

在QF电源开关分断情况下，辅助常闭触点QF-2闭合，按下试验按钮SB，KM线圈得电吸合，开车指示灯HL1、HL3亮。由于KM自锁触点闭合后因QF-1辅助常开触点没有闭合，KM不能自锁，只能点动操作。又因电源开关QF没有合上，KM主触点虽闭合，电动机M不会启动运转。

(2) 现场启动

先合上电源开关QF。QF-1辅助常开触点闭合，辅助常闭触点QF-2断开。在无故障和DCS允许开车条件下，指示灯HL2、HL4显示停车，具备开车条件。

将转换开关SA转换至开车位，此时SA①—②触点与③—④触点闭合，KM线圈得电吸合并自锁，KM主触点闭合，电动机M正常启动运转。开车指示灯HL1、HL3亮。KM一对常开触点闭合，运行状态送至DCS。转换开关SA复位至O位后，SA③—④触点断开实现失压保护，SA①—②触点继续保持闭合实现电动机M连续运转。

(3) 现场停止

将转换开关SA转换至停车位或分断位，KM线圈失电断开，KM主辅触点复位，电动机M失电停止运转。

(4) DCS远程启动

将转换开关SA转换至远程控制位，SA①—②触点断开，现场操作不起作用。SA⑤—⑥触点闭合，KA4线圈得电吸合，KA4一对常开触点闭合为远控开车作准备，KA4一对常开触点闭合送远控与手动切换信号至DCS系统。DCS系统Kon触点闭合，KA3线圈得电吸合，其常开触点闭合，KM线圈得电吸合并自锁，电动机M正常启动运转。

(5) DCS停止

DCS系统Koff允许开车触点断开，KA2线圈失电断开，其常开触点断开，KM线圈失电断开，主辅触点复位，电动机M失电停止运转。

从上述分析可知，本电路特点是可在电源开关QF分断时对控制电路的KM线圈进行好坏检查，并可在现场实现就地控制与远程控制的转换。检修时可将转换开关SA转换至分断位，这样DCS系统就不能对电动机进行启动操作，保证检修时的安全。

3.2.5　单向运行控制电路的保护环节

(1) 控制电路中的保护类型

① 短路保护

常用的短路保护电器是熔断器和低压断路器。熔断器的熔体与被保护的电路串联，当电路工作正常时，熔断器的熔体不起作用，相当于一根导线，其上面的压降很小，不影响电器运行，可忽略不计。当电路短路时，很大的短路电流流过熔体，使熔体立即熔断，切断电动机电源，电动机停转。同样，若在电路中接入低压断路器，当出现短路时，低压断路器会立即动作，切断电源使电动机停转。因低压断路器不但能起到短路保护作用，而且可以作为开关分断电源，在短路动作后能多次恢复使用并具有操作安全等优点，现在低压断路器已基本取代熔断器。

② 过载保护

常用的过载保护电器是热继电器。当电动机的工作电流等于额定电流时，热继电器不动作；当电动机短时过载或过载电流较小时，热继电器不动作，或经过较长时间才动作；当电动机过载电流较大时，串接在主电路中的热元件会在较短的时间内动作，使串接在控制回路中的常闭触头断开，先后切断控制电路中接触器线圈电源和主电路中电动机电源，使电动机停止运行。

③ 欠压保护

当电网电压降低时，电动机便在欠压状态下运行。由于电动机负载没有改变，所以欠压下电动机转速下降，定子绕组的电流增加。因为电流的增加幅度还不足以使熔断器和热继电器动作，所以这两种电器起不到保护作用。如不采取措施，时间一长将会使电动机过热损坏或烧毁。另外，欠压将引起一些电器因电压不足释放，使电路不能正常工作，也可能导致人身或设备事故。因此，应避免电动机在欠压状态下运行。

实现欠压保护的电器是接触器和电磁式电压继电器。在大多数控制电路中，由于接触器已有欠压保护功能，所以不必再加设欠压保护器。一般当电网电压降低到额定电压的 85% 以下时，接触器线圈产生的电磁吸力将小于复位弹簧的拉力，动铁芯被迫释放，其主触头和自锁触头同时断开，切断主电路和控制电路电源，使电动机停转。

④ 微机综合保护

采用双金属片的热保护和电磁保护的这种传统保护方式已经越来越不适应生产发展和电动机保护的要求。随着电气控制技术的发展以及控制灵敏度、精度的提高和不同需求的出现，低压电动机保护在控制电路中已采用多功能电子式或微机式综合保护器。在一个综合保护器中能够同时实现电动机的过载、短路、断相及堵转瞬间保护。近年来出现的综合保护器装置品种很多，性能各异，但其基本原理是相同的。

综合保护器控制电动机原理如图 3-8 所示。

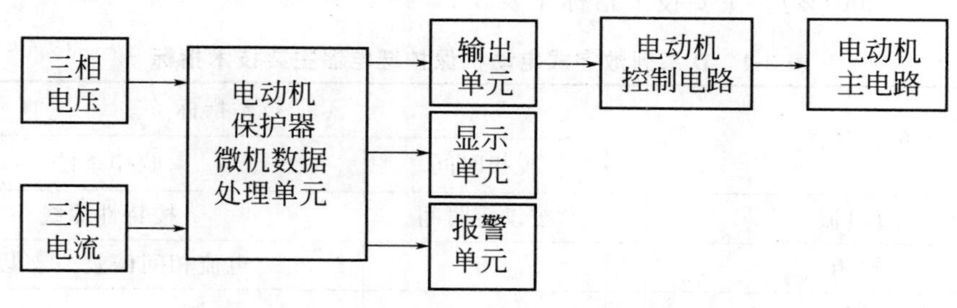

图 3-8　综合保护器控制原理

由控制原理图 3-8 可知，综合保护器控制原理是对电动机主回路的三相电压和三相电流进行采样，在故障状态下其内部电路进行运算后由出口继电器输出接点切断控制电路和主电路电源，同时发出报警信号。

(2) 过载保护控制电路

① 热继电器过载保护控制电路

热继电器是作为电动机长期或间断长期工作时交流异步电动机的过载保护元件和启动过程中的过热保护元件。从最初二相热继电器对电动机进行过载保护，到三相热继电器对电动机进行过载保护，再到带断相保护的三相热继电器，其原理都是主触点串在电动机主电路中，利用双金属片的发热系数不同，在电动机过载情况下，一定时间内发生动作，通过串在控制回路中的热继电器常闭触点分断，从而断开电动机电源。

② 数字式过载保护电路

本书中的大多数控制电路都是以传统的热继电器作为过载保护元件，在以下章节中会逐步介绍，本节重点介绍将取代它们的数字式电动机保护继电器作为过载保护元件的电路。这类电动机保护器主要以单片机作控制器，可实现电动机的智能化综合保护，有的还具有远程通信功能，可在 PC（personal computer，个人计算机）机上实现对多达 256 台联网的电动机在线综合监视与控制，在采样和整定精度方面有质的飞跃，可对采样信号进行软件非线性校正，并可实现有效值计算，从而极大地降低了被测信号波形畸变的影响，真正实现了高精度采样。因为采用了单片机，就使得在相同硬件条件下集多种功能于一体的综合保护器的出现成为可能。

现以韩国 LG 集团生产的 D 系列数字式电动机保护继电器说明其对电动机实现过载保护的功能。

a. D 系列数字式电动机保护继电器功能

D 系列数字式电动机保护继电器采用世界领先的 MCU（微控制单元）技术，通过实时高精度的数据处理技术，使产品可靠性大大提高，并具备以下功能。

ⓐ 能实现多重保护功能：过电流、欠电流、缺相、逆相、三相平衡、堵转、接地、锁止。

ⓑ 故障记忆及显示功能：便于检查及迅速处理故障。

ⓒ 在电动机运转时显示负载率，便于确认电动机工作状态。

ⓓ 三相数字电流表功能，通过简单按键即可实现。

ⓔ 可根据用户要求选择反时限特性或定时限特性。

ⓕ 脱扣曲线精确，不受环境影响。

ⓖ 与传统的热继电器相比寿命更长，工作更可靠。

ⓗ 可用在逆变器回路，具有极强的抗高次谐波干扰特性，使之能适用于逆变器控制回路（频率为 20～200Hz）。主要技术指标见表 3-1。

表 3-1　D 系列数字式电动机保护继电器主要技术指标

项目名称	技术指标	
	脱扣时间	脱扣条件
过电流	按设定时间	按特性曲线
缺相	3s	电流相间偏差 70%以上
逆相	0.1s	

续表

项目名称	技术指标	
	脱扣时间	脱扣条件
三相不平衡	5s	电流相间偏差 50%以上
堵转	5s	额定电流的 180%以上
欠电流	3s	设定额定电流的 30%～70%
接地	0.05～1s(可选)	接地电流大于灵敏电流(100～2500mA)
锁止	0.5s 以内	设定额定电流的 200%～900%
复位方式	手动	
启动延时	0～60s	
工作电源	110V 或 220V(可选),50Hz	
允许误差	电流误差为±5%,时间误差为±5%	
辅助触点	3A/250V,AC 电阻负载	
绝缘电阻	DC 500V,100MΩ	
冲击强度 IEC 1000-3-5	1.2×50μs×6kV,适用标准波	
脉冲强度 IEC 1000-3-5	2.5kV/min	
使用环境	温度－25～70℃;相对湿度 30%～90%RH,无结冰	
国际质量认证	UL,CUL,CE,ISO9001	
安装方式	35mm 卡轨或螺钉	

b. D 系列数字式电动机保护继电器参数设定

ⓐ 功能设置说明

D 系列数字式电动机保护继电器是通过操作面板进行功能设置和参数显示。D 系列数字式电动机保护继电器如图 3-9 所示。

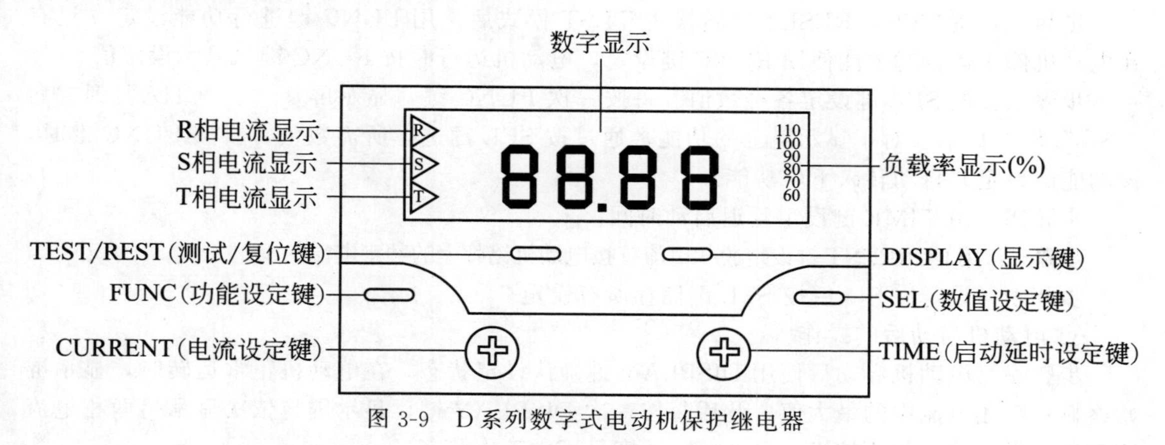

图 3-9　D 系列数字式电动机保护继电器

D 系列数字式电动机保护继电器功能设置说明见表 3-2。

表 3-2 D系列数字式电动机保护继电器功能设置说明

FUNC	Sel	功能说明	备注
1 CHA	1nu/dEF	选择反时限特性或定时限特性	反时限为出厂设置
2 dEF	0～30	定时限特性时间设定	选择定时限时才显示
3 r. P	OFF/ON	选择逆相保护功能	"OFF"为出厂设置
4 Und	OFF/ON(30%～70%)	选择欠电流保护功能	"OFF"为出厂设置
5ALt	OFF/ON(60%～110%)	报警功能选择	"OFF"为出厂设置
6 StL	OFF/ON	选择及设定堵转功能	"OFF"为出厂设置
7 Loc	OFF/ON(200%～900%)	选择及设定锁止功能	"OFF"为出厂设置
8 CT	1～120	设定外加CT变比	1∶1为出厂设置
9 P. F	ON/OFF	选择缺相保护功能	"ON"为出厂设置
10 Sto	Sto	储存	

D系列数字式电动机保护继电器选型见表3-3。

表 3-3 D系列数字式电动机保护继电器选型

型号		电流调整范围		操作电压		接线方式		类型	
代号	说明	代号	说明	代号	说明	代号	说明	代号	说明
D3	普通型	06	0.5～6A	V380	AC 380V	S	端子型	E	分离型
D4	带接地型	60	5～60A	V220	AV 220V	T	穿线型	—	一体型
D5	增安型			V110	AC 110V				
				V110D	DC 110V				
				V24D	DC 24V				

ⓑ 电动机启动前的参数设定

步骤一：按TEST/RESET键进行测试。首先确认接线方式是否正确；按下TEST/RESET键保护器脱扣；再次按下TEST/RESET键保护器正常；为防止脱扣事故，电动机运行时TEST/RESET键不起作用。

步骤二：按TEST/RESET键转换为TEST模式后，用FUNC键进行功能设定（只有在电动机停止运行时才能使用FUNC键设定，电动机运行时按FUNC键只显示设定值）。

步骤三：按SEL键设定各种数值。每按一次FUNC键，显示屏从"1 CHA"到"10 Sto"依次显示。对于显示屏上的功能，通过按SEL键选择所需数值，再按FUNC键时，该功能会设定并自动转入下一功能。

步骤四：用TIME键设定延迟启动时间。

步骤五：用CURRENT键设定脱扣电流（按电动机铭牌上的额定电流的110%～115%设定）。

步骤六：设定完Sto后按SEL键储存所有设定。

ⓒ 电动机启动后的操作

步骤一：电动机启动后使用DISPLAY键确认设定状态。在电动机正常运转时，显示屏始终显示三相电流中的最大值，此后每按一次DISPLAY键，显示屏将依次显示另两相电流值和各种设定值。如不按键，过3～4s后恢复正常工作状态。

步骤二：保护脱扣时，故障原因会显示在显示屏上并以0.5s的间隔闪动，此时按下

DISPLAY 键，显示屏将依次显示另两相电流值和各种设定值，以便确认事故值。

ⓓ 注意事项

设定欠电流时要设定为 350mA 以上；

60 型 CT 变比出厂设定为 10：1，请不要更改；

在设定模式下不操作任何键时，保护器将始终处于“继续设定模式”；

在“1　CHA”选择 1nu（反时限）时将跳过“2　dEF”而直接显示“3　r. P”；

保护器外加 CT 时变比设定：按 FUNC 键找到“8　CT”，然后输入变比数值（如 200：5 时输入 40）；

报警功能设定：在额定负载的 60%～110%中选择一个数值，当实际负载超出设定值时，AL 继电器每一秒反复关/开一次，执行报警功能。

c. D 系列数字式电动机保护继电器控制电路

用 D3 系列数字式电动机保护继电器控制电动机的控制电路，如图 3-10 所示。

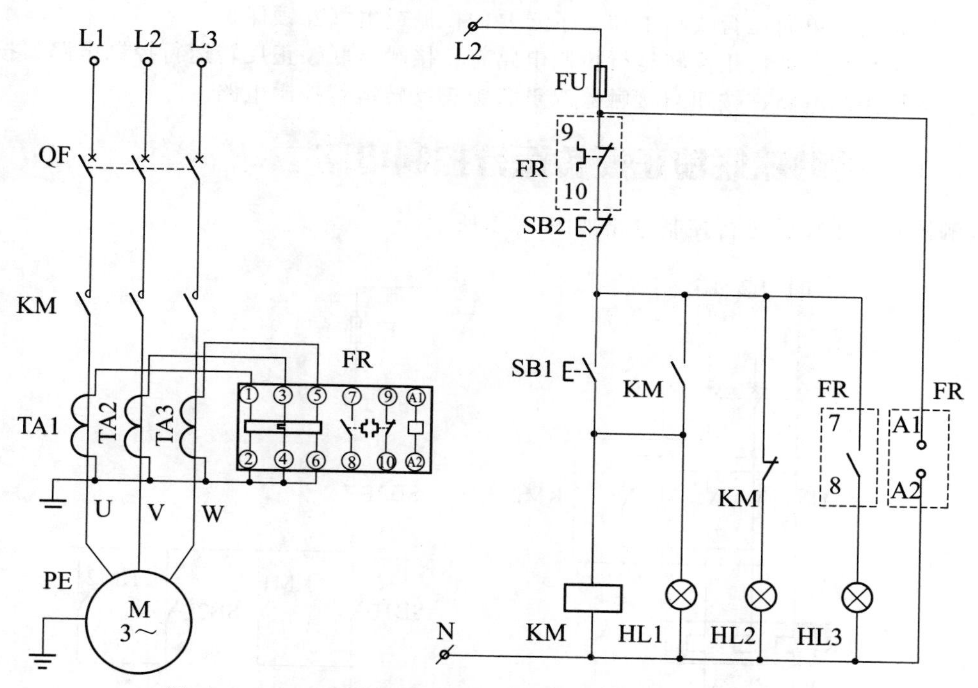

图 3-10　D3 系列数字式电动机保护继电器控制电动机电路

本电路中，D3 系列数字式电动机保护继电器 FR 主触点通过串接三个互感器 TA1、TA2、TA3 的二次电流来测试电动机一次运行电流，在运行前必须输入外加电流互感器变比。FR 有一对常闭触点（9—10）串在控制电路中，当保护跳闸时分断，接触器 KM 失电，断开电动机 M 电源；同时另一对常开点闭合（7—8），故障指示灯发报警信号。

工作原理如下：

先合电源开关 QF。

ⓐ 启动　按下开车按钮 SB1，接触器 KM 线圈得电吸合并自锁，主触点接通电动机 M 电源，电动机启动运行。同时 HL1 开车指示灯亮。FR 开始检测电动机工作状态。

ⓑ 停止　按下停止按钮 SB2，接触器 KM 线圈失电，主触点断开电动机 M 电源，电动机停止运转。HL2 停车指示灯亮。

当 FR 保护动作时，常闭触点（9—10）分断，断开 KM 线圈电源，电动机停止运转；同时 FR 常开触点闭合（7—8），FR 显示屏闪动报警，HL3 故障指示灯也发故障指示。当故障排除人工复位后又开始可以启动运行。

3.3 正反转运行控制电路

单向控制电路只能使电动机朝一个方向旋转，带动生产机械的运动部件朝一个方向运行，但在许多生产加工过程中，往往要求电动机能够实现可逆运行。如起重机上下吊钩，左右小车运行、工作台的前进与后退等场合。这些机械要求电动机控制电路可以实现正转和反转控制。

由电动机原理可知，若改变三相电动机的电源任意两相相序即可反转，所以正反转运行控制电路实质上是两个单向运行控制电路的组合。但为防止误动作引起电源相间短路，又在这两个相反方向的单向运行线路中加设了必要的机械或电气互锁保护。

常用三相异步电动机正反转运行控制电路有：接触器联锁正反转运行控制电路、按钮联锁正反转运行控制电路、按钮与接触器双重联锁正反转运行控制电路。

3.3.1 接触器联锁正反转运行控制电路

接触器联锁正反转运行控制电路如图 3-11 所示。

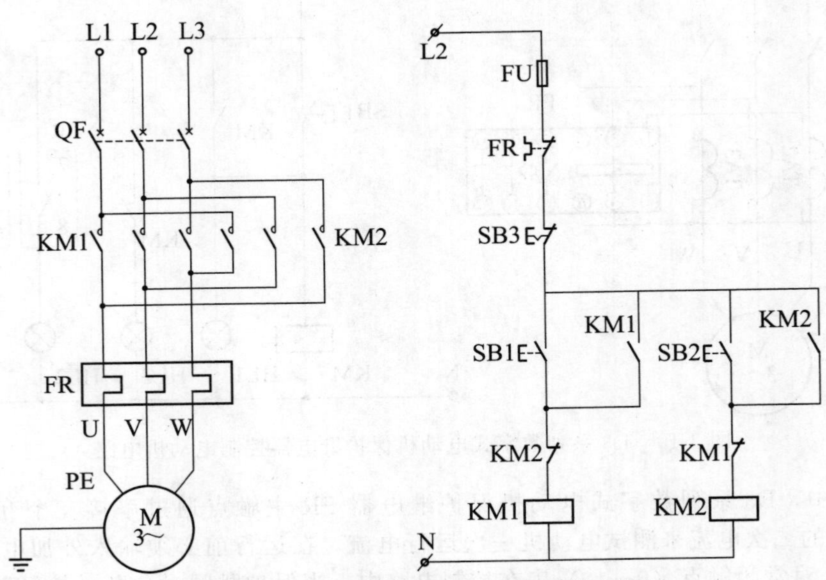

图 3-11 接触器联锁控制电动机正反转电路图

图 3-11 主电路由电源开关 QF、接触器 KM1、接触器 KM2、热继电器 FR 和电动机 M 组成。从电路中可以看出，本电路采用了两个接触器，正向用 KM1，反向用 KM2，它们分别由正向按钮 SB1 和反向按钮 SB2 控制。这两个接触器的主触点所接通的电源相序不同，KM1 按 L1-L2-L3 相序接线，实现电动机 M 正转；KM2 则按 L3-L2-L1 相序接线，实现电动机 M 反转。相应的控制电路有两条，一条是由按钮 SB1 和接触器 KM1 线圈等组成的正向控制电路；另一条则是由按钮 SB2 和接触器 KM2 线圈等组成的反向控制电路。

接触器 KM1 与 KM2 的主触点绝不允许同时闭合，否则将造成两相电源 L1 相与 L3 相短路事故。为避免接触器 KM1 和 KM2 同时得电吸合，就在正反转控制电路接触器线圈中分别串接了对方接触器的一对常闭辅助触点，这样，当一个接触器得电吸合时，通过其常闭辅助触点使另一个接触器不能得电吸合，形成相互制约的控制。接触器间这种相互制约的作用称为联锁（互锁）。这种由接触器或继电器常闭触点构成的联锁称为电气联锁。实现互锁作用的常闭触点称为联锁触点。

电路工作原理如下：

先合上电源开关 QF。

(1) 正转控制

按下按钮 SB1→接触器 KM1 线圈得电吸合→接触器 KM1 自锁触点闭合自锁；接触器 KM1 联锁触点对接触器 KM2 线圈电路实现联锁；接触器 KM1 主触点闭合→电动机 M 启动正向运行。

(2) 反转控制

先按下按钮 SB3→接触器 KM1 线圈失电断开→接触器 KM1 自锁触点解除自锁；接触器 KM1 联锁触点解除对接触器 KM2 线圈联锁；接触器 KM1 主触点断开→电动机 M 失电停转。

再按下按钮 SB2→接触器 KM2 线圈得电吸合→接触器 KM2 自锁触点闭合自锁；接触器 KM2 联锁触点对接触器 KM1 线圈电路实现联锁；接触器 KM2 主触点闭合→电动机 M 启动反向运行。

(3) 停止

按下停止按钮 SB3→控制电路失电→接触器 KM1（或 KM2）失电→电动机 M 停止运行。

由上述分析可知，接触器联锁正反转控制电路的优点是工作安全可靠，缺点是操作不便。因电动机从一个方向转为另一个方向时，必须先按下停止按钮后，才能按反向启动按钮，否则因接触器的联锁作用，不能实现反向。这就构成正-停-反的操作顺序。为克服此电路的不足，可采用按钮联锁或按钮和接触器双重联锁的正反转控制电路，实现正-反-停的操作顺序。

3.3.2 按钮联锁正反转运行控制电路

为克服接触器联锁正反转运行控制电路操作不便的缺点，把正向按钮 SB1 和反向按钮 SB2 换成两个复合按钮，并使两个复合按钮的常闭触点代替接触器的联锁触点，就构成了按钮联锁的正反转控制电路，如图 3-12 所示。

按钮联锁正反转运行控制电路与接触器联锁的正反转控制电路的工作原理基本相同，优点是当电动机从一个方向向另一个方向改变时，可直接按下相应方向按钮即可实现，不必先按下停止按钮。因为当按下一个方向的按钮时，串接在另一个方向控制电路中本按钮的常闭触点先分断，使另一方向接触器线圈失电，其主触点和自锁触点分断，电动机失电，惯性运转。在一个方向按钮常闭触点分断后，其常开触点随后闭合，接通本方向控制电路，电动机运转。保证两个方向的接触器线圈不会同时得电。

这种线路的优点是操作方便。缺点是容易产生电源两相短路故障。当正向接触器 KM1 发生主触点熔焊或被杂物卡住等故障时，即使 KM1 线圈失电，主触点也分断不开，这时若

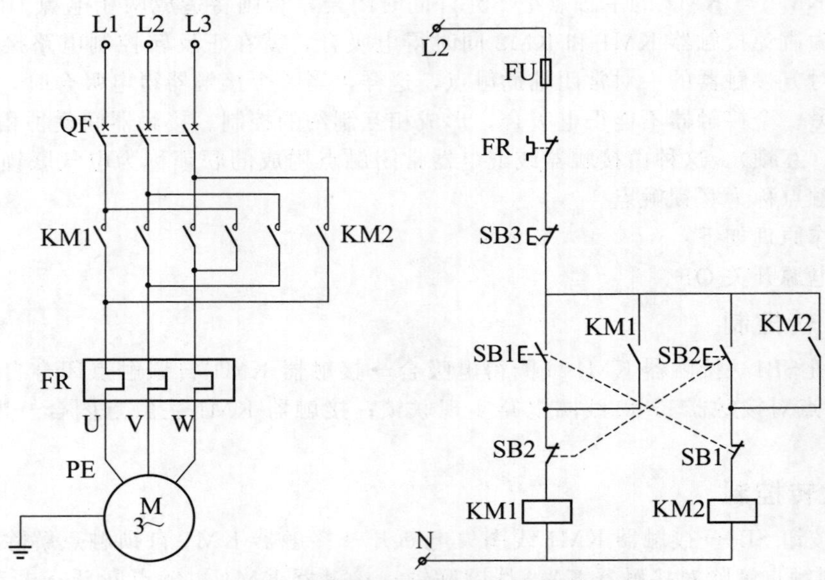

图 3-12 按钮联锁控制电动机正反转电路

直接按下反转按钮 SB2，KM2 得电动作，触点闭合，必然造成电源两相短路故障。所以此电路有一定的安全隐患。在实际工作中，经常采用按钮、接触器双重联锁的正反转控制电路。

3.3.3 按钮、接触器双重联锁正反转运行控制电路

为克服接触器联锁正反转控制电路和按钮正反转控制电路的不足，在按钮联锁的基础上，又增加了接触器联锁，构成按钮、接触器双重联锁正反转控制电路，如图 3-13 所示。

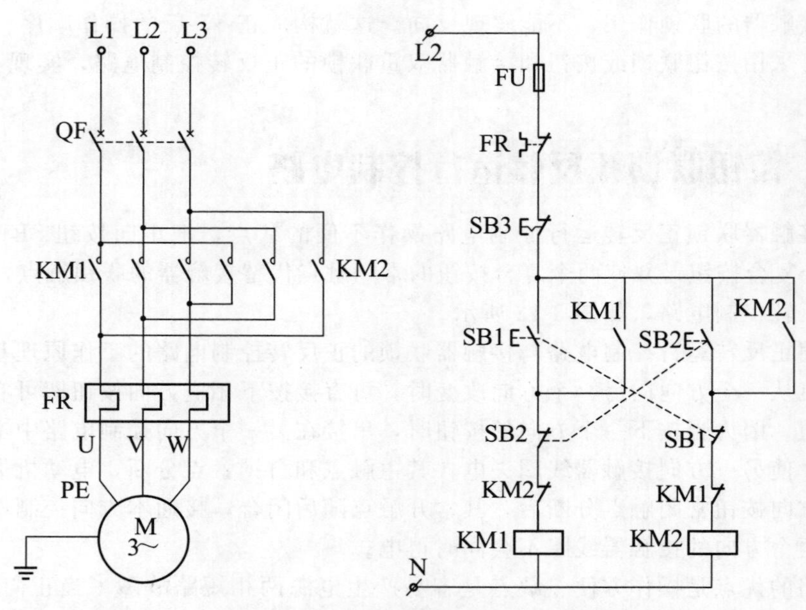

图 3-13 按钮、接触器双重联锁控制电动机正反转电路

工作原理如下：

合上电源开关 QF。

(1) 正转控制

按下 SB1→SB1 常闭触点先分断对 KM2 联锁→切断反转控制电路→SB1 常开触点闭合→KM1 线圈得电→KM1 自锁触点闭合自锁；KM1 联锁触点分断对 KM2 联锁，切断反向控制电路；KM1 主触点闭合→电动机 M 启动后连续正转运行。

(2) 反转控制

按下 SB2→SB2 常闭触点先分断对 KM1 联锁→KM1 线圈失电→KM1 自锁触点解除自锁；KM1 主触点分断→电动机 M 失电。

SB2 常开触点闭合→KM2 线圈得电→KM2 自锁触点闭合自锁；KM2 联锁触点实现对 KM1 的联锁，分断 KM1 正向控制电路；KM2 主触点闭合→电动机 M 启动后连续反转运行。

(3) 停止

按下 SB3→整个控制电路失电，接触器主触点分断，电动机 M 失电停止运行。

此电路兼有两种联锁控制电路的优点，具有电气、按钮互锁，既可实现正-停-反操作，又可实现正-反-停的操作，操作方便，工作安全可靠，为电力系统所常用。

3.4 自动往返运行控制电路

生产实践中，有些生产机械的工作台需要自动往复运动，如龙门刨床、导轨磨床等，以便实现对工件进行连续加工，提高生产效率。这要求电气线路对电动机的正反转能够自动实现往返控制。最为基本的自动往复控制电路，它是利用行程开关实现往复运动控制的，通常被叫作行程控制原则。由位置开关控制的自动往返控制电路如图 3-14 所示。

图 3-14 中 SQ1 为电动机正向转反向行程开关，SQ2 为电动机反向转正向行程开关，实现工作台自动往返行程控制。SQ3 为电动机正向极限位置行程开关，SQ4 为电动机反向极

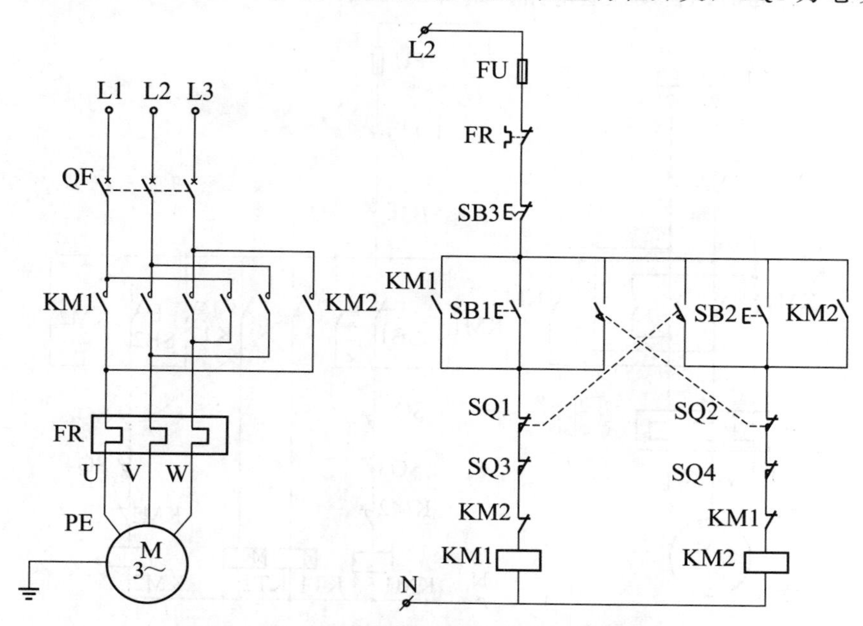

图 3-14　位置开关控制电动机自动往返电路

限位置行程开关，实现终端保护，以防 SQ1、SQ2 失灵，工作台越过限定位置而造成事故。工作台上装有两块挡铁，挡铁 1 只能和 SQ1、SQ3 相碰撞，挡铁 2 只能和 SQ2、SQ4 相碰撞。工作台与 4 个限位开关位置布置示意图见图 3-15 所示。

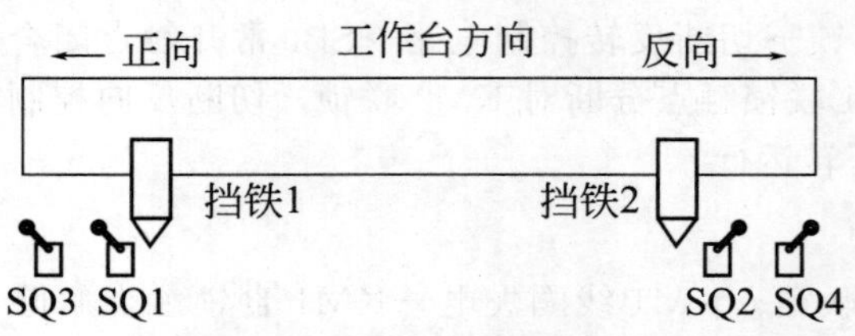

图 3-15　工作台与 4 个限位开关位置布置示意图

工作原理如下：

先合上电源开关 QF，按下 SB1 正向启动按钮。

KM1 线圈得电自锁，同时联锁触点对 KM2 实行互锁；主触点闭合→电动机 M 正转→工作台正向运行→至限定位置挡铁 1 碰 SQ1→SQ1 常闭触点先断开→KM1 线圈失电→KM1 解除自锁，解除对 KM2 的互锁；KM1 主触点断开→电动机停止正转→工作台运行停止→SQ1 常开触点闭合→KM2 线圈得电→KM2 自锁，同时联锁触点对 KM1 实行联锁；主触点闭合→电动机 M 反转→工作台反向运行→至限定位置挡铁 2 碰 SQ2→SQ2 常闭触点先断开→KM2 线圈失电→KM2 解除自锁和对 KM1 的互锁；KM2 主触点断开→电动机停止反转→工作台运行停止→SQ2 常开触点闭合→KM1 线圈得电→KM1 自锁，同时联锁触点对 KM2 实行联锁；KM1 主触点闭合→电动机 M 正转→工作台正向运行。

以后重复上述过程，工作台就在限定的行程内自动往返运动。

停止时：按下停止按钮 SB3→整个控制电路失电→无论正向接触器 KM1 或反向接触器 KM2 在得电状态都失电→电动机 M 失电停转→工作台停止运动。

若启动时，先按下启动按钮 SB2，则电动机 M 先反向运动，然后实现自动往返。

由上述控制情况看出，运动部件每经过一个自动循环，电动机要进行两次反接制动过程，将出现较大的制动电流和机械冲击。因此，这种线路只适用于电动机容量较小、循环周期较长、电动机转轴具有足够刚性的拖动系统中。另外，在接触器容量选择时应比常规大一到两个规格。在往返控制电路中可采用带时间继电器实现往返延时以缓解反接制动对电动机的影响。

带时间继电器延时的自动往返电路，如图 3-16 所示。

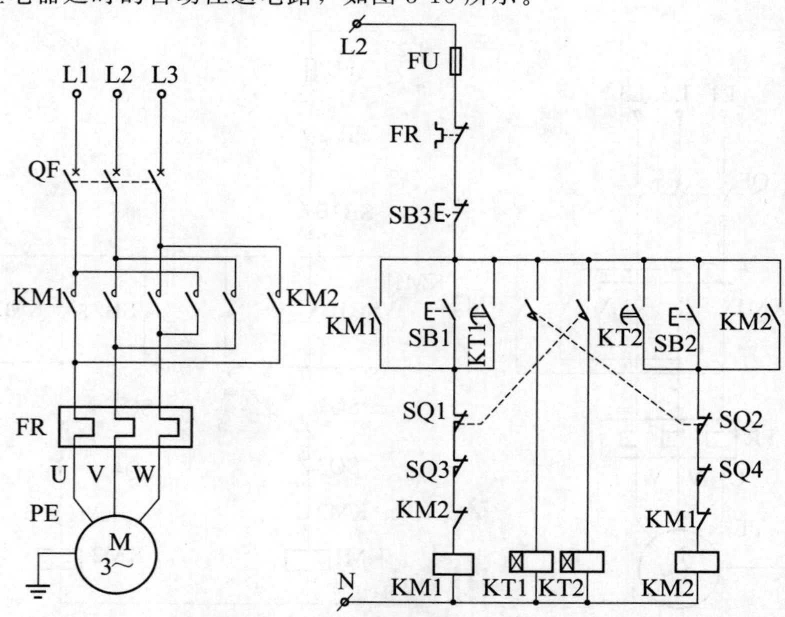

图 3-16　带时间继电器延时的自动往返电路

图3-16与图3-14相比增加了两只时间继电器KT1、KT2，当小车正向运行至行程开关SQ1后，SQ1常闭触点先分断，正向接触器KM1线圈失电，电动机M停止运转；SQ1常开触点闭合，时间继电器KT2得电吸合开始延时。当KT2延时到整定时间后，KT2延时常开触点闭合，KM2线圈得电并自锁，电动机M反向运转，反向运转后SQ1行程开关触点复位，KT2触点随之复位，为下一次正向运转作准备。

当小车反向运行至行程开关SQ2后，SQ2常闭触点先分断，反向接触器KM2线圈失电，电动机M停止运转；SQ2常开触点闭合，时间继电器KT1得电吸合开始延时。当KT1延时到整定时间后，KT1延时常开触点闭合，KM1线圈得电并自锁，电动机M正向运转，正向运转后SQ2行程开关触点复位，KT1触点随之复位，为下一次反向运转作准备。如此自动延时往返，直至按下停止按钮SB3。

3.5　顺序控制电路

在装有多台电动机的生产机械上，各电动机所起作用是不同的，有时因工序需求须按一定的顺序启动和停止，才能保证操作正确、工作安全。像这种要求几台电动机启动或停止必须按一定先后顺序来完成的控制方式，叫电动机的顺序控制。可分为主电路实现顺序控制和控制电路实现顺序控制两种电路。

3.5.1　主电路实现顺序控制电路

两台电动机主电路用插接装置实现顺序控制的电路如图3-17所示。

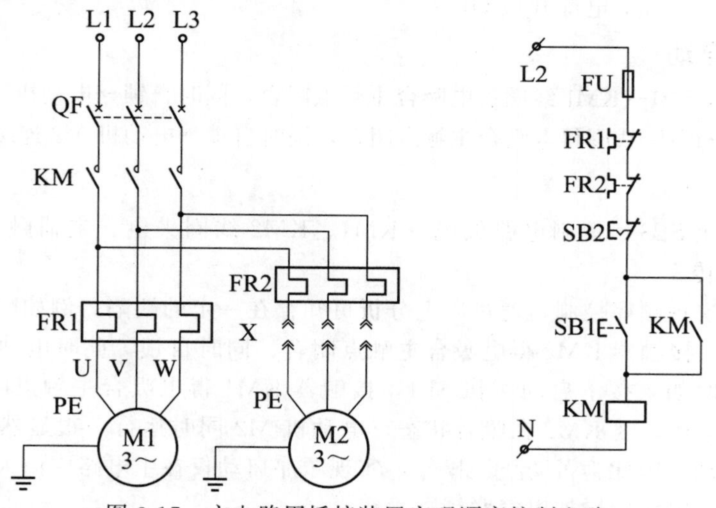

图3-17　主电路用插接装置实现顺序控制电路

图3-17电路由电源开关QF、接触器KM、热继电器FR1和FR2主触点、接插装置X、电动机M1和M2组成。控制电路由熔断器FU、接触器KM辅助触点、热继电器FR1和FR2辅助触点、启动按钮SB1、停止按钮SB2、接触器KM线圈组成。电动机M1与M2共用一个接触器KM，电动机M2是通过接插装置X接在接触器KM主触点下面，只有当KM得电吸合，电动机M1启动运行后，接插X装置后，电动机M2才可接通电源运行。两台电动机各有一个热继电器保护，当任意一台电动机故障热继电器动作时，都能切断控制电路，交流接触器失电断开，两台电动机失电停止运行。

主电路用接触器实现顺序控制电路如图 3-18 所示。

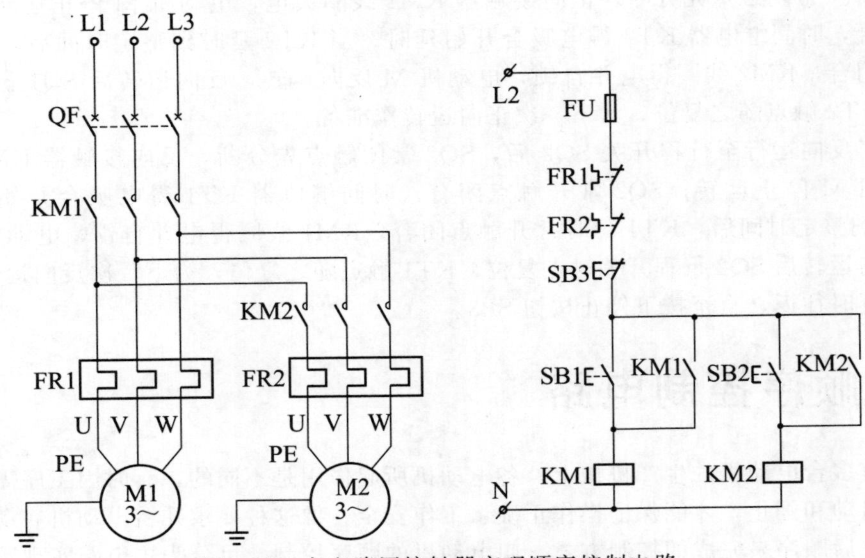

图 3-18　主电路用接触器实现顺序控制电路

图 3-18 主电路比图 3-17 主电路多用一个接触器 KM2。电动机 M1 和 M2 分别由接触器 KM1 和 KM2 控制，接触器 KM2 的主触点上端接在接触器 KM1 下面，当 KM1 主触点闭合、电动机 M1 运行后，电动机 M2 才可接通电源运行。

工作原理如下。合上电源开关 QF。

（1）顺序启动

按下启动按钮 SB1→KM1 线圈得电吸合主触点闭合，同时自锁→电动机 M1 连续运行→按下启动按钮 SB2→KM2 线圈得电吸合主触点闭合，同时自锁→电动机 M2 连续运行。

（2）停止

按下停止按钮 SB3→控制电路失电→KM1、KM2 线圈失电、主辅触点断开→电动机 M1、M2 同时停转。

在主电路中实现顺序控制，通过以上分析可知存在一定的缺陷。例如因操作失误，先操作启动按钮 SB2，接触器 KM2 得电吸合主触点闭合、同时自锁，此时电动机 M2 因无电源不能运行；但此时如果按下启动按钮 SB1，接触器 KM1 得电吸合主触点闭合、同时自锁，电动机 M1 得电运行，因 KM2 在吸合状态，电动机 M2 同时运行。很显然没有实现顺序启动，而是同时启动，因此为了防止误操作，实现顺序启动仅在主电路中由人为操作控制并不可靠，还应在控制电路中增加电气联锁。

3.5.2　控制电路实现顺序控制电路

用一只停止按钮对两台电动机实现顺序控制电路如图 3-19 所示。

图 3-19 主电路由电源开关 QF、接触器 KM1 和 KM2、热继电器 FR1 和 FR2 主触点、电动机 M1 和 M2 组成。控制电路由熔断器 FU、接触器 KM1 和 KM2、热继电器 FR1 和 FR2 辅助触点、启动按钮 SB1、启动按钮 SB2、停止按钮 SB3、接触器 KM1 和 KM2 线圈组成。

本电路特点：两台电动机 M1、M2 分别由各自交流接触器 KM1、KM2 控制，配有各

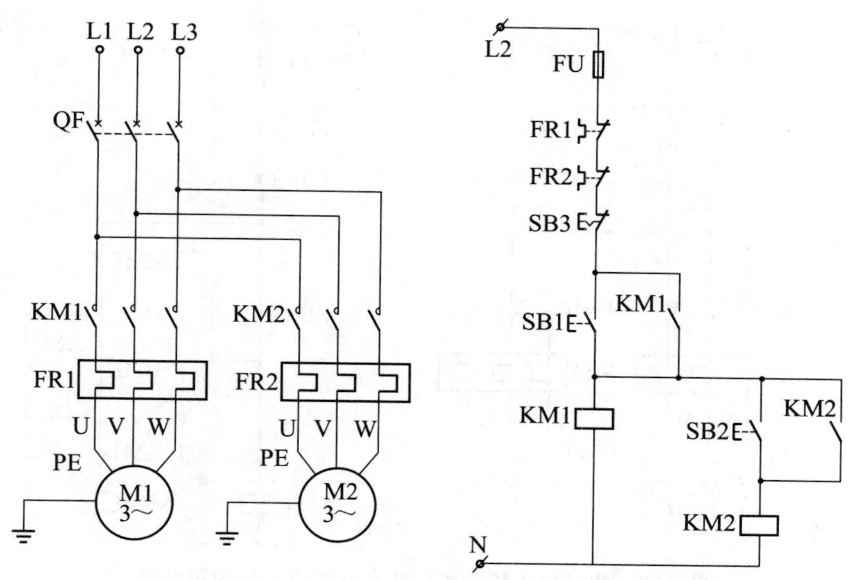

图 3-19　一只停止按钮实现两台电动机顺序控制电路

自的热保护 FR1、FR2。控制两台接触器 KM1、KM2 的顺序吸合即可实现电动机顺序启动运行。电动机 M2 的控制电路先与接触器 KM1 的线圈并接后再与 KM1 的自锁触点串接，即使按下启动按钮 SB2，接触器 KM2 也不会得电吸合，防止了误操作，这样就保证了 M1 启动后，M2 才能启动的顺序控制要求。

工作原理如下：

合上电源开关 QF。

(1) 顺序启动

按下启动按钮 SB1→KM1 线圈得电吸合主触点闭合，同时自锁→电动机 M1 连续运行→按下启动按钮 SB2→KM2 线圈因 KM1 的自锁得电吸合主触点闭合，同时自锁→电动机 M2 连续运行。

(2) 停止

按下停止按钮 SB3→控制电路失电→KM1、KM2 线圈失电，主辅触点断开→电动机 M1、M2 同时停转。

由以上分析可知，本电路能够实现两台电动机的顺序启动，但在停止时停止按钮 SB3 是同时停止两台电动机，不能实现 M2 的单独停止。既能够实现两台电动机顺序启动又能保证 M2 单独停止的电路如图 3-20 所示。

图 3-20 所示控制电路特点是：在电动机 M2 的控制电路中串接了接触器 KM1 的常开辅助触点。只要 KM1 不得电吸合，即使按下 SB2，由于 KM1 的常开辅助触点未闭合，KM2 线圈也不能得电，从而保证了 M1 启动后，M2 才能启动的控制要求。与图 3-19 相比增加了电动机 M2 的单独停止按钮 SB4。

3.5.3　顺起逆停控制电路

在某些生产设备中，几台电动机因工艺需要控制电路不仅要实现顺序启动，还要实现反向停止，这就是顺起逆停控制电路。如皮带机对物料的运输，顺序启动以防止物料在皮带上堆积；而逆序停止则可防止物料在皮带上残留。

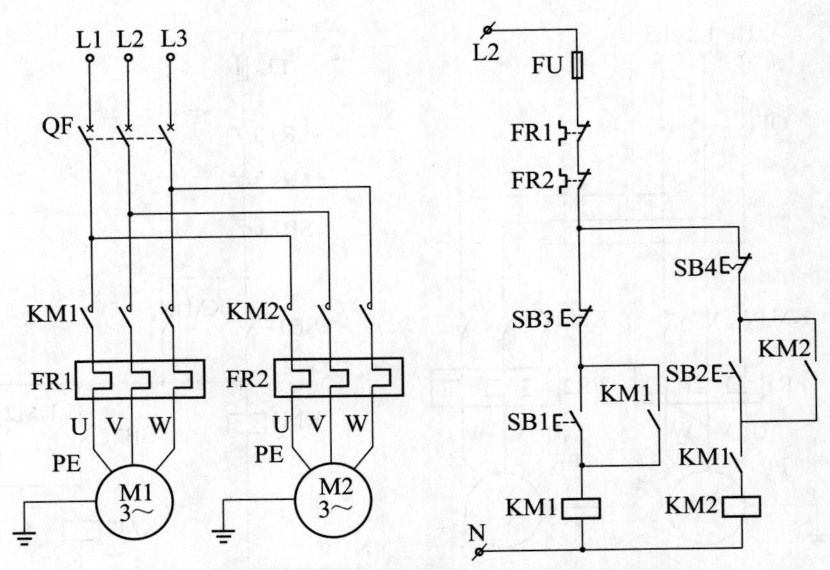

图 3-20　两只停止按钮实现两台电动机顺序控制电路

如图 3-21 为两台电动机实现顺起逆停控制电路。

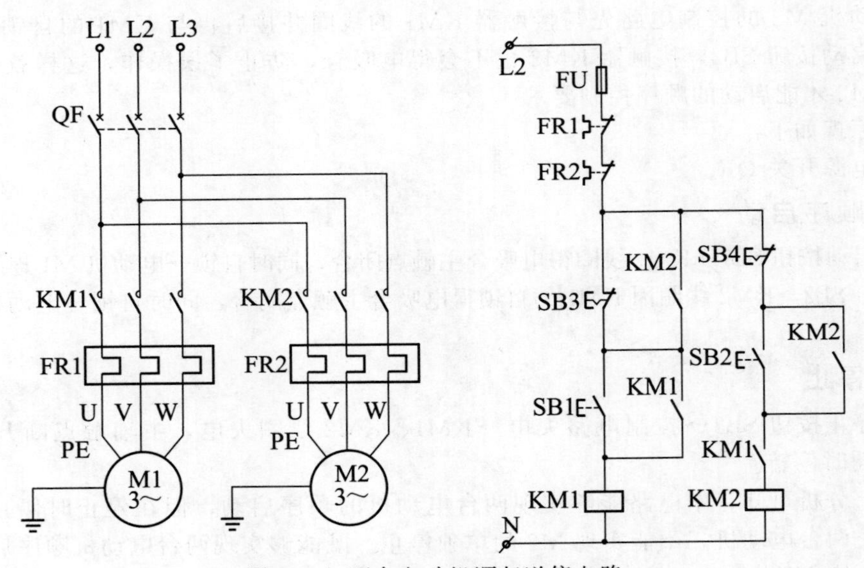

图 3-21　两台电动机顺起逆停电路

图 3-21 控制电路是在图 3-20 所示电路中的停止按钮 SB3 的两端并接了接触器 KM2 的常开辅助触点，因接触器 KM2 在吸合状态其常开触点闭合，当按下停止按钮 SB3 时，接触器 KM1 不能失电断开，电动机 M1 正常运行。只有当按下停止按钮 SB4，接触器 KM2 失电断开，其常开触点断开，这时按下停止按钮 SB3 才能断开接触器 KM1。从而实现了 KM1 得电吸合，电动机 M1 启动后，KM2 得电吸合，电动机 M2 才能启动；而 KM2 失电断开，电动机 M2 停止后，KM1 才能失电断开，电动机 M1 才能停止的要求，最终实现两台电动机 M1、M2 的顺启动逆停止。

三台电动机 M1、M2、M3 顺序启动：M1→M2→M3，逆向停止：M3→M2→M1，控制电路如图 3-22 所示。

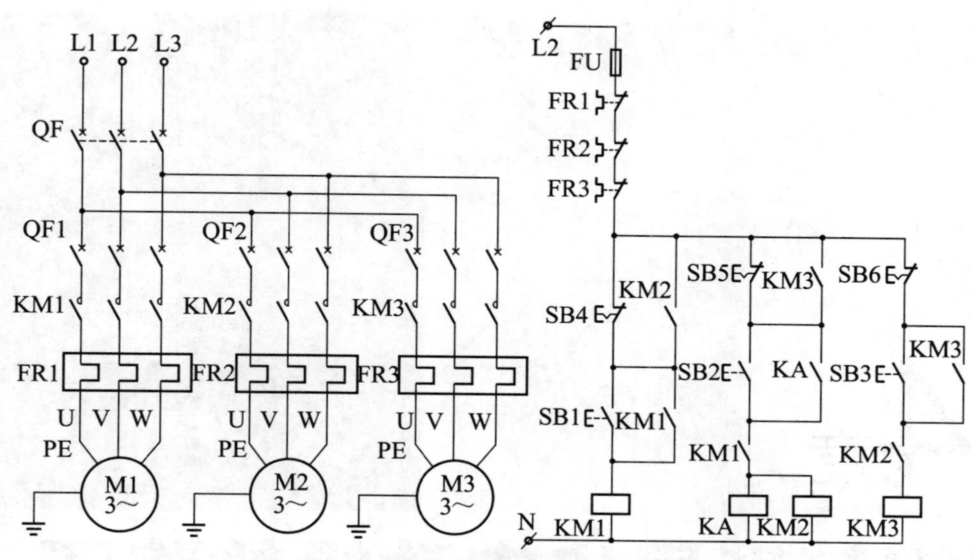

图 3-22　三台电动机顺起逆停电路

图 3-22 主电路由电源开关 QF、QF1、QF2、QF3，接触器 KM1、KM2 和 KM3 主触点，热继电器 FR1、FR2 和 FR3 主触点，电动机 M1、M2 和 M3 组成。控制电路由熔断器 FU、接触器 KM1、KM2 和 KM3 辅助触点，中间继电器 KA 辅助触点，热继电器 FR1、FR2 和 FR3 辅助触点、启动按钮 SB1、SB2、SB3，停止按钮 SB4、SB5、SB6，接触器 KM1、KM2、KM3 线圈和中间继电器 KA 线圈组成。

因常用交流接触器辅助触点为两常开两常闭，增加中间继电器 KA 是为了扩展接触器 KM2 的辅助触点。电路控制要求须用 KM2 三对常开辅助触点，可将 KA 线圈并接在电路 KM2 线圈两端实现。

工作原理如下

合上电源开关 QF、QF1、QF2、QF3。

(1) 顺序启动

按下启动按钮 SB1→KM1 线圈得电吸合→KM1 主触点吸合；KM1 一对常开辅助触点闭合自锁；KM1 另一对常开辅助触点闭合为 KM2 闭合作准备→电动机 M1 启动。

按下启动按钮 SB2→KM2、KA 线圈得电吸合→KM2 主触点吸合；KA 自锁；KM2 一对常开辅助触点闭合于停止按钮 SB4 两端；KM2 另一对常开辅助触点闭合为 KM3 吸合作准备→电动机 M2 启动。

按下启动按钮 SB3→KM3 线圈得电吸合→KM3 主触点吸合；KM3 一对常开辅助触点闭合自锁；KM3 另一对常开辅助触点闭合于停止按钮 SB5 两端→电动机 M3 启动。

(2) 逆向停止

按下停止按钮 SB6→KM3 线圈失电断开→KM3 主触点断开；KM3 自锁解除；KM3 常开辅助触点断开于 SB5 两端（为 KM2 失电断开作准备）→电动机 M3 停止。

按下停止按钮 SB5→KM2、KA 线圈失电断开→KM2 主触点断开；KA 自锁解除；KM2 常开辅助触点断开于 SB4 两端（为 KM1 失电断开作准备）→电动机 M2 停止。

按下停止按钮 SB4→KM1 线圈失电断开→KM1 主触点断开；KM1 自锁解除；KM1 常开辅助触点断开→电动机 M1 停转。

第4章 三相笼形异步电动机的降压启动控制电路

降压启动是指电动机在启动时只加一个初始电压，当电动机转速上升到接近额定转速时，再将电动机定子绕组电压恢复到额定电压，电动机进入正常运行状态的一种启动方法。降压启动的目的是为了限制电动机启动电流，减小供电线路因电动机启动引起的线路电压降，以免影响其他电气设备正常工作。

三相笼形异步电动机降压启动电路主要有：定子串电阻或电抗器降压启动控制电路，自耦变压器降压启动控制电路，Y-△降压启动控制电路，延边三角形降压启动控制电路，采用软启动器的启动控制电路。

4.1 定子串电阻降压启动控制电路

三相笼形异步电动机定子绕组串电阻启动，是指在电动机启动时在三相定子电路中把电阻串接在电动机定子绕组与电源之间，通过电阻的分压使绕组电压降低，从而减小启动电流。待电动机转速接近额定转速时，再将串接电阻短接，使电动机在额定电压下运行。这种启动方式由于不受电动机接线形式限制，设备简单，在中小型生产机械中应用较广。这种降压启动有手动短接电阻控制和自动短接电阻控制两种形式。

4.1.1 手动短接电阻降压启动控制电路

用开关手动短接电阻降压启动控制电路，如图 4-1 所示。

图 4-1 电路由电源开关 QF、电阻 R、开关 QS、电动机 M 组成。

其工作原理如下：

合上电源开关QF，电源电压通过串联电阻R分压后加到电动机的定子绕组上降压启动。当电动机转速接近额定转速时，合上开关QS，电阻R被QS触点短接，电源电压直接加在定子绕组上，电动机在额定电压下运行。

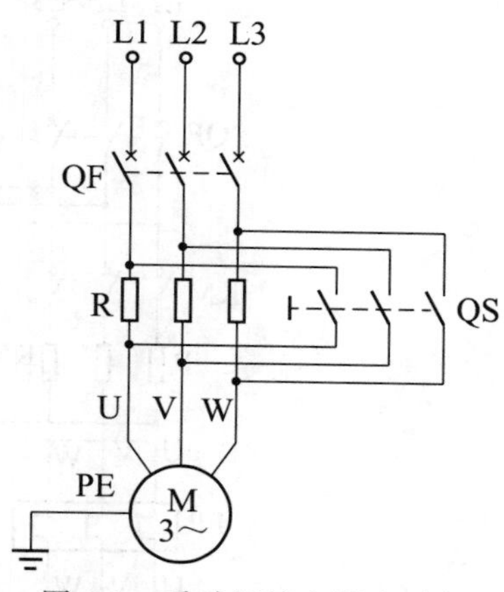

图4-1　手动短接电阻电动机降压启动控制电路

用按钮、接触器短接电阻降压启动控制电路，如图4-2所示。

本电路与两台电动机顺序启动电路类似。

其工作原理如下：

先合上电源开关QF。

按下启动按钮SB1→KM1线圈得电吸合自锁；KM1主触点闭合→电动机M串电阻R降压启动→至转速接近额定转速时，按下全压按钮SB2→KM2线圈得电吸合自锁；KM2主触点闭合短接电阻R→电动机M全压运行。

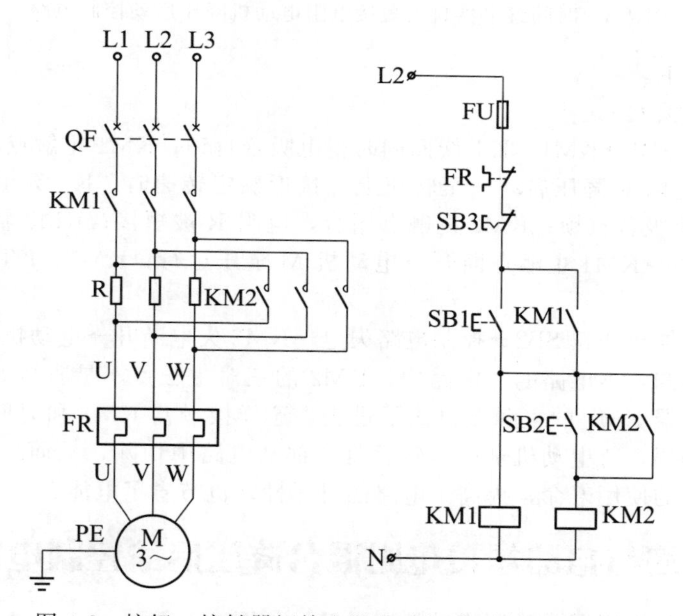

图4-2　按钮、接触器短接电阻电动机降压启动控制电路

以上手动短接电阻降压启动电路，电动机从降压启动到全压运行是由操作人员操作转换开关QS或按钮SB2来实现的，工作既不方便，也不可靠。因此，实际控制电路常采用时间继电器自动短接电阻降压启动电路。

4.1.2　自动短接电阻降压启动控制电路

用时间继电器自动短接电阻降压启动控制电路，如图4-3所示。

这个电路中用时间继电器KT的延时闭合触点代替了图4-2中的SB2，从而实现了电动机从降压启动到全压运行的自动控制。根据电动机实际启动时间调整好时间继电器KT触点的动作时间，电动机由启动到运行的切换能准确可靠地完成。

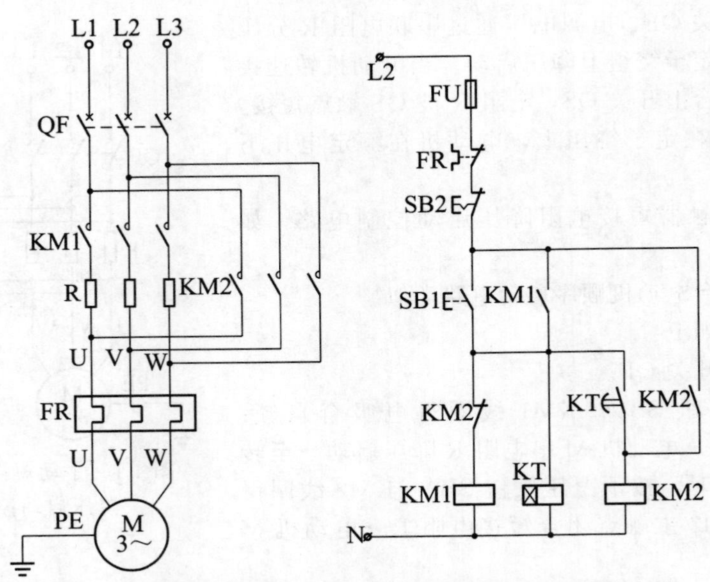

图 4-3 时间继电器自动短接电阻电动机降压启动控制电路

其工作原理如下：

先合上电源开关 QF。

按下启动按钮 SB1→KM1、KT 线圈同时得电吸合自锁；KM1 主触点闭合；KT 计时开始→电动机 M 串电阻 R 降压启动→至转速上升接近额定转速时，KT 延时闭合常开触点闭合→KM2 线圈得电吸合自锁；KM2 主触点闭合，电阻 R 被短接；KM2 辅助常闭触点断开 KM1 线圈得电回路→KM1 主触点断开→电动机 M 全压运行；KM1、KT 线圈同时失电解除自锁。

停止时，按下停止按钮 SB2→控制电路失电→KM2 失电断开→电动机 M 停止运行。

由以上分析可知，本电路的主电路中，KM2 的三对主触点不是直接并接在启动电阻 R 两端，而是把接触器 KM1 的主触点也接了进去，这样接触器 KM1 和时间继电器 KT 只作短时间的降压启动用，待电动机全压运转后就全部从电路中切除，从而延长了接触器 KM1 和时间继电器 KT 的使用寿命，提高了电路的可靠性，也节省了电能。

4.1.3 手动与自动短接电阻混合降压启动控制电路

手动与自动短接电阻混合降压启动控制电路，如图 4-4 所示。

图 4-4 与图 4-3 电路相比可知，在控制电路中增接了一个转换开关 SA 作为自动与手动短接电阻的切换操作；增接一个按钮 SB2 作为手动控制时，启动完成后操作 SB2 全压运行。

工作原理如下。

合上电源开关 QF。

（1）手动控制

先把转换开关 SA 转换至手动位置。

按下启动按钮 SB1→KM1 线圈得电吸合自锁；KM1 常开辅助触点闭合；KM1 主触点闭合→电动机 M 串电阻 R 降压启动→至转速接近额定转速时，按下全压按钮 SB2→KM2 线圈得电吸合自锁；KM2 主触点闭合短接电阻 R；KM2 辅助常闭触点断开 KM1 线圈得电回路→KM1 主触点断开→电动机 M 全压运行；KM1 线圈失电解除自锁。

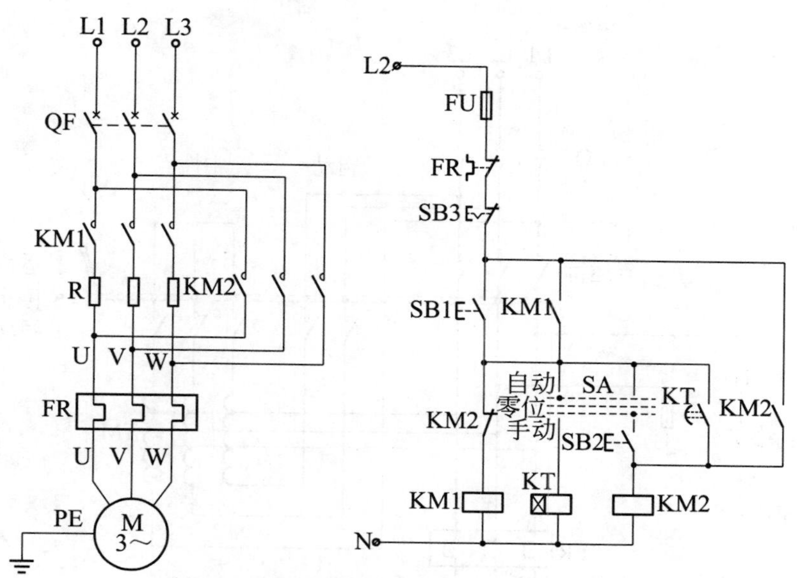

图 4-4　手动与自动混合控制短接电阻电动机降压启动控制电路

（2）自动控制

先把转换开关 SA 转换至自动位置。

按下启动按钮 SB1→KM1 线圈得电吸合自锁；KM1 主触点闭合；KM1 常开辅助触点闭合→电动机 M 串电阻 R 降压启动；时间继电器 T 得电计时开始→至转速接近额定转速时，时间继电器 KT 常开触点延时闭合→KM2 得电吸合自锁；KM2 主触点闭合短接电阻 R；KM2 辅助常闭点断开 KM1 线圈得电回路→KM1 主触点断开→电动机 M 全压运行；KM1、KT 线圈失电解除自锁。

启动电阻一般采用由电阻丝绕制的板式电阻或铸铁电阻，电阻功率较大，但由于串接电阻在启动过程中有能量损耗，往往将电阻改成电抗，常采用的有成套产品频敏电阻器，其启动原理相同。这种启动方法，电压降低后启动转矩与电压的平方成比例地减小，因此适用于空载或轻载启动的场合。

4.2　自耦变压器降压启动控制电路

自耦变压器降压启动是指电动机启动时利用自耦变压器来降低加在电动机定子绕组上的启动电压，待电动机启动后，再使电动机与自耦变压器脱离在全压下运行。电动机经自耦变压器启动时，定子绕组上得到的电压是自耦变压器的二次侧电压 U_2，自耦变压器的电压变比为 $K=U_1/U_2 \gg 1$，$U_2/U_1=1/K$，如果电网供给电动机的启动电流减小到 $1/K^2$，此时启动转矩 M 也降为直接启动时的 $1/K^2$，所以自耦变压器降压启动常用于空载或轻载启动。

自耦变压器降压启动控制电路有手动与自动控制两种形式。

4.2.1　手动控制自耦变压器降压启动控制电路

自耦降压启动器又称补偿器，是利用自耦变压器来进行降压的启动装置，有成套的产品供应。手动自耦降压启动器控制电路如图 4-5 所示。它主要由箱体、自耦变压器、保护装置、触头系统和手柄操作系统等组成。

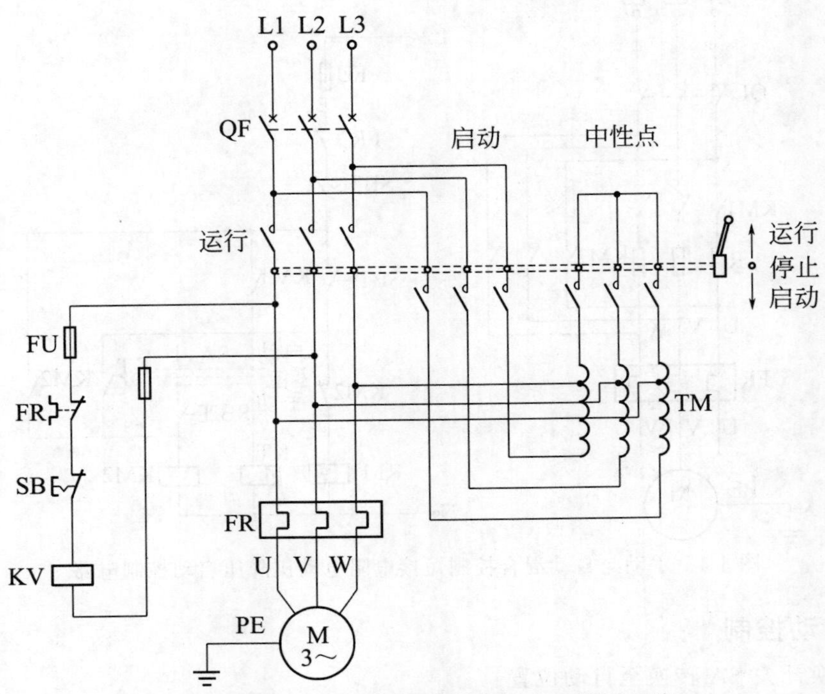

图 4-5　手动控制自耦变压器降压启动控制电路

工作原理如下：

先合电源开关 QF。

当手柄置于“停止”位置时，所有的动、静触点均断开，电动机处于停止状态；

当手柄置于“启动”位置时，启动触点和中性触点同时闭合，中性触点把自耦变压器接成了 Y 形，三相电源经启动触点接入自耦变压器 TM，再由自耦变压器的 65%（或 80%）抽头处接入电动机，此时进行降压启动的电动机得到的电压是自耦变压器的二次电压。当电动机转速升至接近额定转速时，把手柄迅速扳至“运行”位置，启动触点和中性触点先同时断开，运行触点随后闭合，电动机进入全压运行。

停止时按下停止按钮 SB，欠电压脱扣器 KV 线圈断电释放，通过机械操作机构使操作手柄自动返回“停止”位置，为下次启动作准备，电动机停止运行。

热继电器 FR 的常闭触点、停止按钮 SB、欠压脱扣器 KV 线圈串在两相电源上。当出现电源电压不足，降低到额定电压的 85%以下或突然停电时起到欠压和失压保护的作用。当电流增加到额定电流的 1.2 倍时，热继电器起到过载保护的作用。

4.2.2　自动控制自耦变压器降压启动控制电路

用时间继电器实现自动控制自耦变压器降压启动器主要由自耦变压器、交流接触器、中间继电器、热继电器、时间继电器和按钮等元器件组成。适用于交流 50Hz、电压 380V、功率为 14～300kW 的三相笼形异步电动机的降压启动。

图 4-6 为两个接触器自动控制的自耦降压启动控制电路。

图 4-6 中 KM1 为降压启动接触器，KM2 为正常运转接触器，KA 为启动中间继电器，KT 为降压启动时间继电器，HL1 为电源指示灯，HL2 为降压启动指示灯，HL3 为正常运转指示灯。

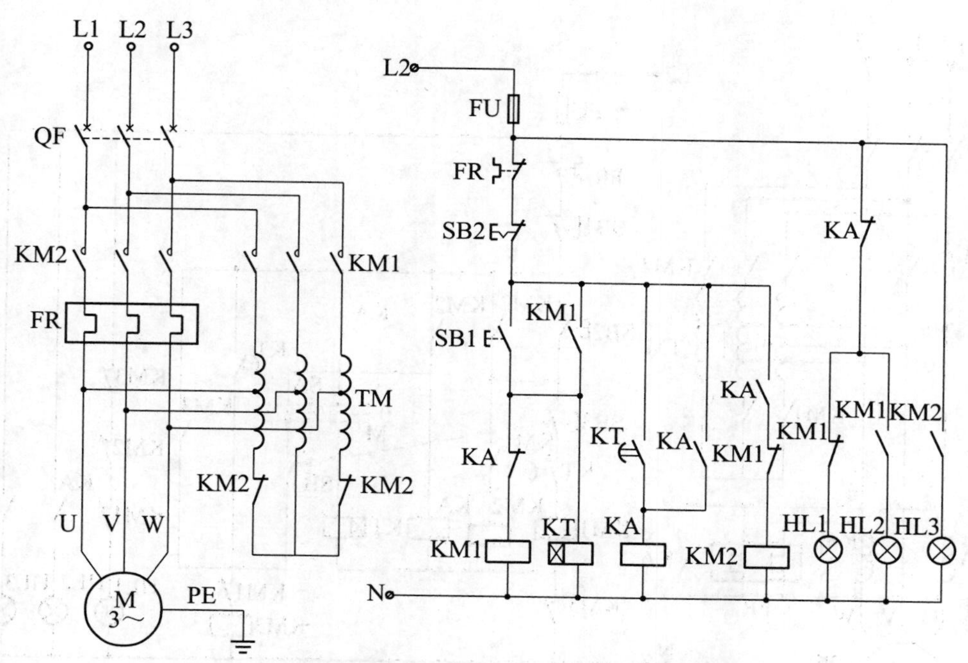

图 4-6　两个接触器自动控制的自耦降压启动控制电路

时间继电器为可调试，在 5～120s 内可自由调节控制启动时间。具有过载和失压保护作用，最大启动时间为 2min，若启动时间超过 2min，则启动后的冷却时间应不少于 4h 才能再启动。

整个控制电路分为三个部分：主电路、控制电路、指示电路。

工作原理如下。

先合上电源开关 QF，HL1 灯亮，表明电源电压正常。

按下启动按钮 SB1→KM1、KT 线圈同时得电自锁；KM1 主触点闭合；KM1 常闭辅助触点断开，实现对 KM2 的联锁→电动机 M 接入自耦变压器 TM 降压启动；HL1 灯灭、HL2 灯亮→当 M 转速上升到接近额定转速时，KT 延时结束，KT 常开触点闭合→KA 线圈得电自锁→KM1 线圈失电释放，主触点断开，辅助点复位；KM2 线圈得电吸合→自耦变压器 TM 被切除，中性点解除；电动机 M 全压运行；HL3 灯亮，HL1、HL2 灯灭。

停止时按下停止按钮 SB2，控制电路失电，电动机停止运行。

图 4-7 为三个接触器控制的自耦降压启动控制电路。

与图 4-6 相比，增加了一个接触器和一个选择开关 SA，具有手动与自动两种控制方式。当 SA 置于手动“M”位时，按下启动按钮 SB2 后，进行降压启动，待电动机转速接近额定转速时，需再按下正常运行按钮 SB3，方可由降压启动换成全压运行。

当 SA 置于自动“A”时，按下启动按钮 SB2 后，进行降压启动，待电动机转速接近额定转速时，由时间继电器 KT 动作完成降压启动到全压运行的切换。由于本电路控制电动机容量较大，故采用电流互感器 TA 变换后使用小容量热继电器实现过载保护。用中间继电器 KA 触点短接热继电器主触点两端以防止启动过程中过载保护误动作，在启动完成后再投入过载保护。

工作原理如下：

先合上电源开关 QF，HL1 灯亮，电源正常。

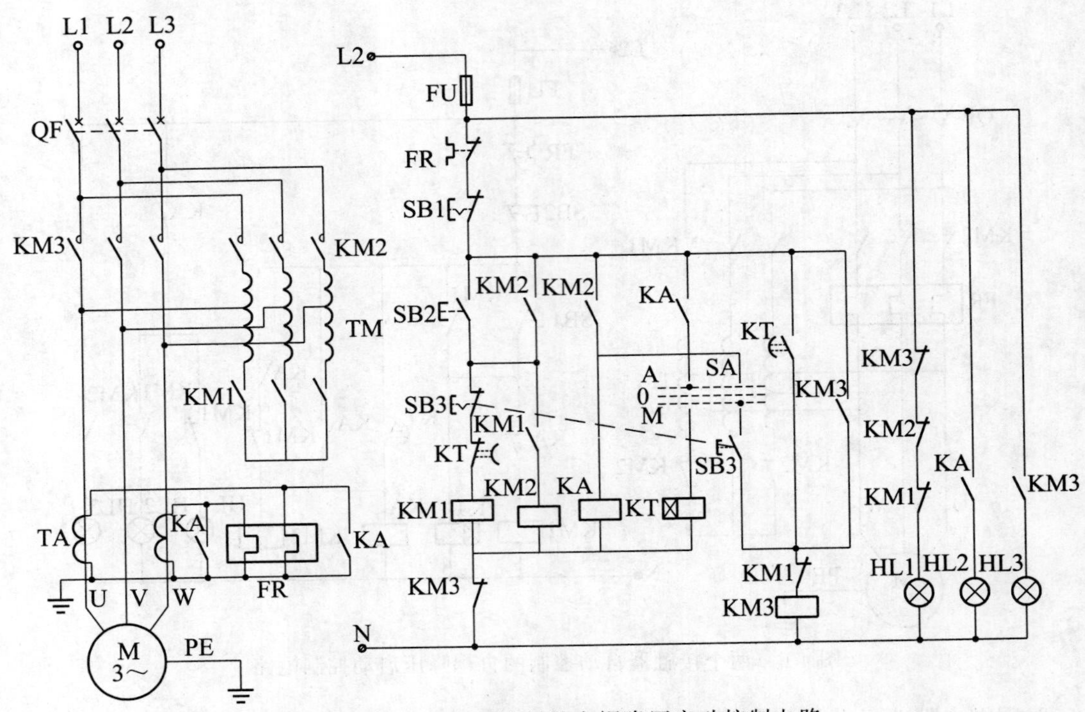

图 4-7 三个接触器控制的自耦降压启动控制电路

(1) 手动控制

SA 置于手动“M”位

按下启动按钮 SB2→KM1 线圈得电→KM1 主触点闭合；KM1 辅助常开触点闭合；KM1 常闭辅助触点断开实现对 KM3 的联锁→KM2 线圈得电吸合自锁；KM1 自锁→KA 得电吸合自锁；FR 主触点两端被 KA 触点短接；电动机 M 接入自耦变压器 TM 降压启动；HL1 灯灭，HL2 灯亮指示降压启动→当 M 转速上升到接近额定转速时，按下全压按钮 SB3→SB3 常闭触点先行断开，KM1、KM2 线圈失电释放，主触点断开、辅助点复位→自耦变压器 TM 切除，中性点解除→SB3 常开触点后闭合→KM3 线圈得电吸合自锁；KM3 辅助常闭触点断开实现对 KM1、KM2 联锁→电动机 M 全压运行；KA 失电，FR 短接解除；HL3 灯亮指示全压运行；HL1、HL2 灯灭。

(2) 自动控制

SA 置于自动“A”位

按下启动按钮 SB2→KM1 线圈得电→KM1 主触点闭合，辅助常开触点闭合；KM1 常闭辅助触点断开实现对 KM3 的联锁→KM2 线圈得电吸合自锁，KM1 自锁→KA、KT 得电吸合自锁；FR 主触点两端被 KA 触点短接，电动机 M 接入自耦变压器 TM 降压启动；HL1 灯灭，HL2 灯亮降压启动→当 M 转速上升到接近额定转速时，KT 延时触点动作→KT 延时断开，常闭触点先行断开，KM1、KM2 线圈失电释放主触点断开、辅助点复位→自耦变压器 TM 切除，中性点解除→KT 延时闭合，常开触点后闭合→KM3 线圈得电吸合自锁，辅助常闭触点断开实现对 KM1、KM2 联锁→电动机 M 全压运行；KA 失电，FR 短接解除；KT 失电断开；HL3 灯亮指示全压运行；HL1、HL2 灯灭。

停止时按下停止按钮 SB1，控制电路失电，电动机停止运行。

4.3　Y-△降压启动控制电路

凡是正常运行时三相定子绕组接成三角形运转的三相笼形异步电动机，都可采用 Y-△降压启动。Y-△降压启动是指电动机启动时，把定子绕组接成 Y 形，以降低启动电压，限制启动电流。待电动机启动完成后，再把定子绕组改接成△形，使电动机全压运行。由于 Y 形接法时每相绕组的电压下降到正常工作电压的 $1/\sqrt{3}$，故启动电流则下降到全压△形启动时的 1/3，但其启动转矩只有全压启动的 1/3，这种启动方法不仅适用于轻载或空载，也适用于较重负载下的启动。对于 Y 系列电动机直接启动时启动电流为（5-7）I_N。常用的 Y-△降压启动有以下几种。

4.3.1　手动控制 Y-△降压启动控制电路

双投开启式负荷开关手动控制Y-△降压启动的电路，如图 4-8 所示。

电路工作原理：

（1）启动

先合上电源开关 QF，然后把开启式负荷开关 QS 扳到“启动”位置，电动机定子绕组便接成 Y 降压启动。

当电动机转速上升并接近额定值时，再将 QS 扳到“运行”位置，电动机定子绕组改接成△形全压正常运行。

（2）停止

断开 QF 即可。

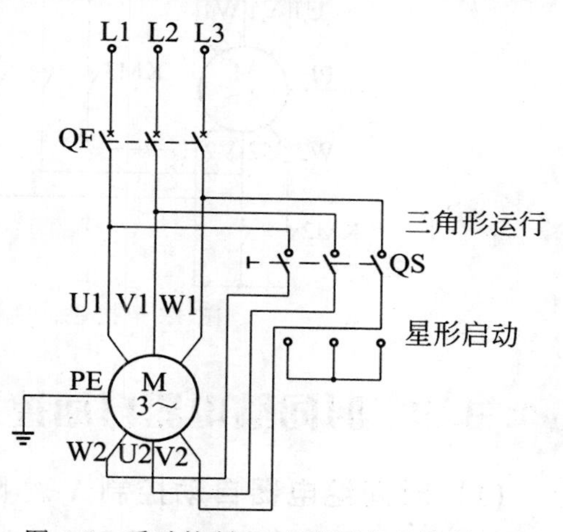

图 4-8　手动控制 Y-△降压启动控制电路

4.3.2　按钮、接触器控制 Y-△降压启动控制电路

用按钮和接触器控制 Y-△降压启动电路如图 4-9 所示。本电路用了一个电源开关、三个接触器、一个热继电器和三个按钮。KM1 为电源接触器，KM2 作 Y 形启动，KM3 作△形运行用，熔断器 FU 作控制电路短路用，断路器 QF 作电源开关和短路保护用，FR 作热过载保护用。

电路工作原理：

先合上电源开关 QF。

（1）Y 形接法降压启动

按下降压启动按钮 SB1→KM1、KM2 线圈得电吸合→KM1、KM2 自锁；电动机 M 接成 Y 形降压启动；KM2 联锁触点分断 KM3 线圈得电回路实现联锁。

（2）△形全压运行

按下全压启动按钮 SB2→SB2 常闭触点先断开→KM2 线圈失电断开→解除 Y 形连接；KM2 辅助常闭触点断开，解除对 KM3 的联锁→SB2 常开触点后闭合→KM3 线圈得电吸合→KM3 自锁；电动机 M 接成△形全压运行；KM3 联锁触点分断 KM2 线圈得电回路，实现对 KM2 联锁。

（3）停止

按下 SB3，控制电路失电，电动机停止运行。

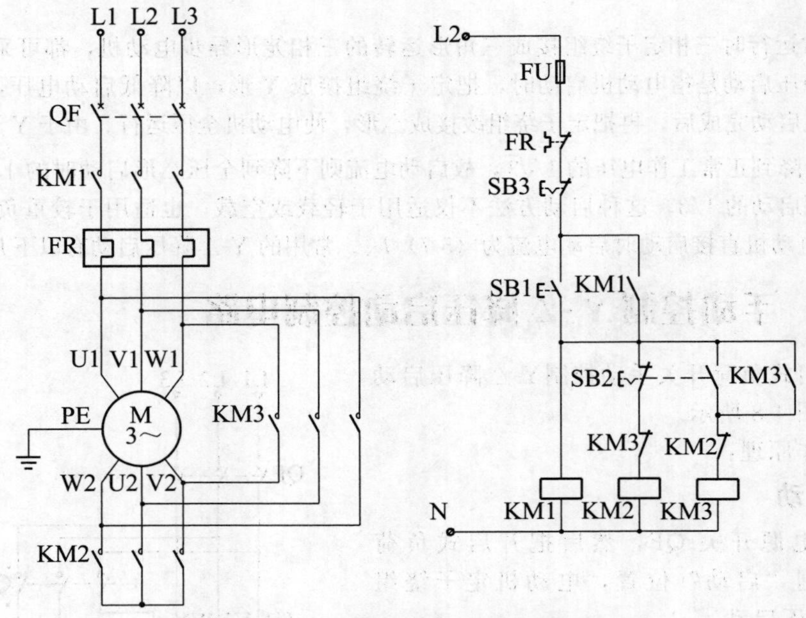

图 4-9 按钮、接触器控制 Y-△降压启动电路

4.3.3 时间继电器自动控制 Y-△降压启动控制电路

（1）时间继电器自动控制 Y-△降压启动典型电路一

时间继电器自动控制 Y-△降压启动典型电路一如图 4-10 所示。

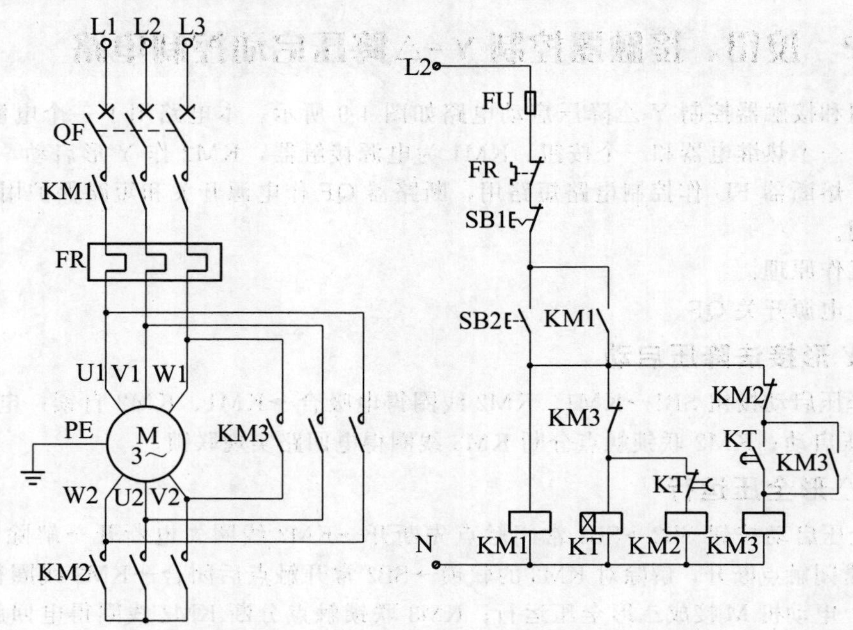

图 4-10 时间继电器自动控制 Y-△降压启动典型电路一

本电路由三个接触器、一个热继电器、一个时间继电器和两个按钮组成。与按钮、接触器 Y-△降压启动控制电路相比，它是用时间继电器 KT 来控制 Y 形降压启动时间，完成 Y-△自动切换。

工作原理如下：

合上电源开关 QF。

按下启动按钮 SB2→KM1、KT、KM2 线圈得电吸合自锁→电动机线圈接成 Y 形降压启动；KM2 辅助常闭触点断开实现对 KM3 的联锁→当电动机转速接近额定转速时，时间继电器 KT 延时断开，常闭触点先断开→KM2 线圈失电断开→Y 形接法启动解除，KM2 常闭触点解除对 KM3 的联锁→KT 延时闭合，常开触点后闭合→KM3 线圈得电吸合自锁→电动机△形接法全压运行；KM3 常闭触点断开实现对 KM2 联锁→KT 线圈失电断开。

停止时按下 SB1，控制电路失电，电动机停止运行。

由于 KM1、FR 接在△内，因而它们的额定电流是△外的 $1/\sqrt{3}$，容量可适量取低一个等级。

(2) 时间继电器自动控制 Y-△降压启动典型电路二

时间继电器自动控制 Y-△降压启动典型电路二如图 4-11 所示。

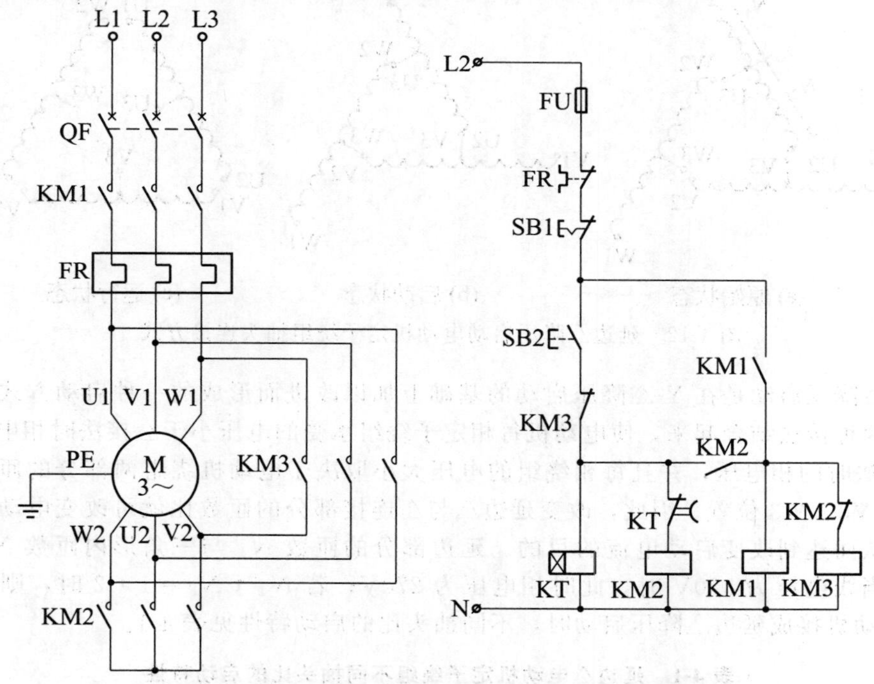

图 4-11　时间继电器自动控制 Y-△降压启动典型电路二

与上图相比电路仍是由三个接触器、一个热继电器、一个时间继电器和两个按钮组成，不同的是在本电路中 KM2 先行得电，接成 Y 形接法后，通过 KM2 的辅助常开触点使接触器 KM1 得电，送上电源进行 Y 形启动，这样 KM2 的主触点是在无负载条件下进行闭合的，故可延长接触器 KM2 主触点的使用寿命。另一个不同的是由时间继电器延时闭合，常开触点闭合，KM3 得电吸合作为 Y-△转换，改为由 KM2 常闭触点复位时作为 KM3 得电吸合向 Y-△转换。

工作原理如下：

合上电源开关 QF。

按下启动按钮 SB2→KM2、KT 线圈得电吸合→KM2 常开触点闭合，KM2 常闭触点断开实现对 KM3 的联锁→KM1 线圈得电吸合自锁，电动机 M 接成 Y 形降压启动→当电动机转速接近额定转速时，时间继电器 KT 延时断开常闭触点断开→KM2 线圈失电断开→Y 形接法启动解除；KM2 常闭触点复位解除对 KM3 的联锁；同时 KM2 常开触点断开→KT 线圈失电断开→KM3 得电吸合→电动机△形接法全压运行；KM3 常闭触点断开，切断 KM2 线圈得电回路实现联锁。

停止时按下 SB1，控制电路失电，电动机停止运行。

4.4 延边△降压启动控制电路

延边△降压启动是指电动机启动时，把定子绕组的一部分接成"△"，另一部分接成"Y"，使整个绕组接成延边△，等电动机启动后，再把定子绕组改接成△形全压运行，如图 4-12所示。

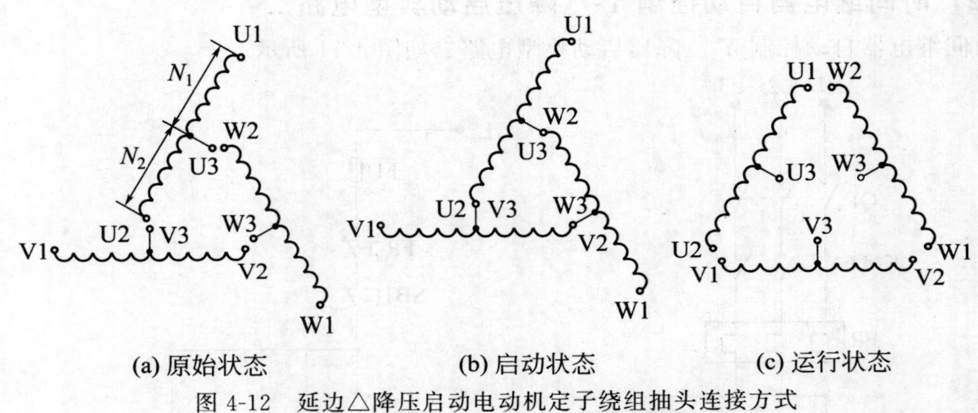

图 4-12　延边△降压启动电动机定子绕组抽头连接方式

延边△降压启动是在 Y-△降压启动的基础上加以改进而形成的一种启动方式，它把 Y 形和△形两种接法结合起来，使电动机每相定子绕组承受的电压小于△接法时相电压，而大于 Y 形接法时的相电压，并且每相绕组的电压大小取决于电动机绕组两部分的匝数比，即抽头 U3、V3、W3 位置。因此，改变延边△与△连接部分的匝数比就可改变电动机相电压的大小，从而达到改变启动电流的目的。延边部分的匝数 N_1 与三角形内匝数 N_2 之比为 1∶1，且当线电压为 380V 时，此时相电压为 270V；若 N_1∶N_2＝1∶2 时，则相电压为 296V。电动机接成延边△降压启动时，不同抽头比的启动特性见表 4-1。

表 4-1　延边△电动机定子绕组不同抽头比的启动特性

定子绕组抽头比 N_1∶N_2	相似于自耦变压器的抽头百分比/%	启动电流为额定电流的倍数	延边△启动时每相绕组电压/V	启动转矩为全压启动时的百分比/%
1∶1	71	3～3.5	270	50
1∶2	78	3.6～4.2	296	60
2∶1	66	2.6～3.1	250	42
N_2＝0(Y-△)	58	2～2.3	220	33.3

延边△降压启动控制电路如图4-13所示。

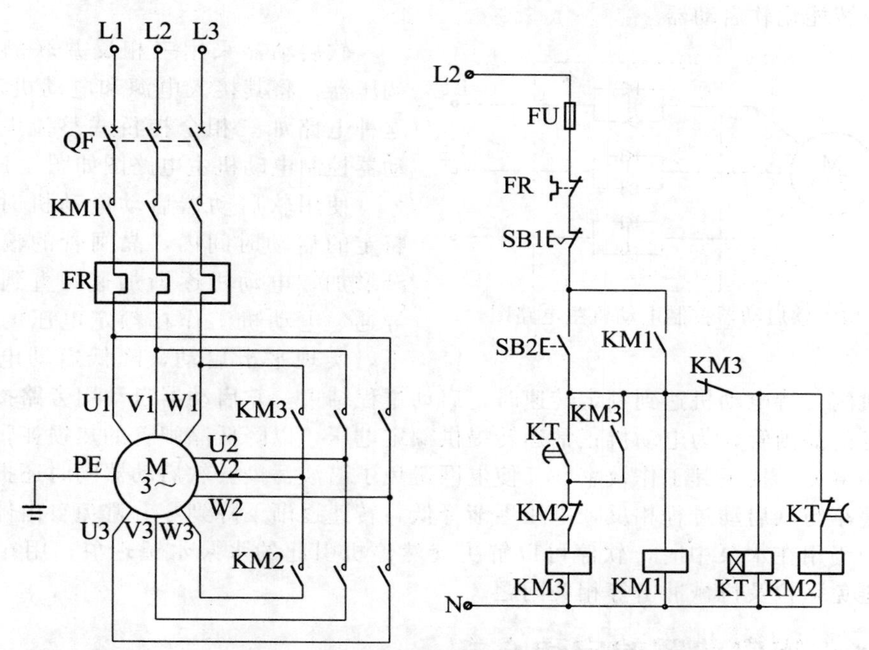

图4-13 延边△降压启动控制电路

工作原理如下：

先合上电源开关QF。

按下按钮SB2→KM1线圈得电吸合→KM1自锁触点闭合自锁，主触点闭合；KM1线圈得电吸合的同时KM2线圈得电吸合，KM2一对联锁触点断开实现对KM3的联锁，KM2主触点闭合；同时KT线圈得电，开始计时→因KM1与KM2主触点的闭合，电动机M接成延边△降压启动→待电动机转速上升接近额定转速时，KT延时断开常闭触点先断开→KM2线圈失电断开，主触点分断，解除延边△连接；KM2对KM3的联锁解除。

KT延时闭合常开触点后闭合→KM3线圈得电吸合→KM3自锁触点闭合自锁，KM3主触点闭合→电动机M接成△全压运行。

KM3另一对常闭触点断开实现对KM2的联锁，同时KT线圈失电，KT触点复位。

停止时，按下SB1，控制电路失电，电动机停止运行。

由以上分析可知，三相笼形异步电动机采用延边△降压启动，其启动转矩比采用Y-△降压启动时大，并且可在一定的范围内选择。但由于它的启动装置与电动机之间有9根连接导线，所以在生产现场为节省导线往往将其启动装置和电动机安装在同一工作室内，这在一定程度上限制了启动装置的使用范围。另外，它仅用于定子绕组特别设计的异步电动机，制造工艺复杂，且在一般情况下，电动机的抽头比已确定，故不可能获得更多或任意的匝数比，因此，本启动方法目前没有得到广泛应用。

4.5 采用软启动器启动的控制电路

软启动器是一种集电动机软启动、软停车、轻载节能和多种保护功能于一体的新颖电动机控制装置，国外称为soft starter。从20世纪70年代开始推广利用晶闸管交流调压技术制作的软启动器，之后又把功率因数控制技术结合进去，以及采用微处理器代替模拟控制电路，发展成智能化软启动器。

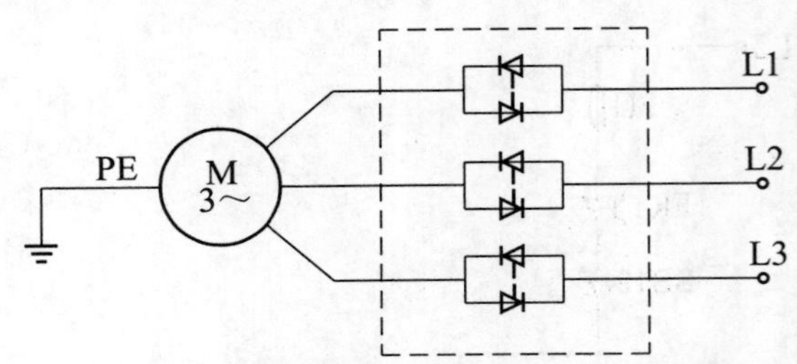

图 4-14　软启动器控制电动机主电路图

软启动器采用三相反并联晶闸管作为调压器，将其接入电源和电动机定子之间。这种电路如三相全控桥式整流电路，软启动器控制电动机主电路图如图 4-14 所示。

使用软启动器启动电动机时，在一段特定的启动时间内，晶闸管的输出电压逐渐增加，电动机逐渐加速，直到晶闸管全导通，电动机工作在额定电压的机械特性上，实现平滑启动，降低启动电流，避免启动过流跳闸。待电动机达到额定转速时，启动过程结束，软启动器自动用旁路接触器取代已完成任务的晶闸管，为电动机正常运转提供额定电压，以降低晶闸管的热损耗，延长软启动器的使用寿命，提高其工作效率，又使电网避免了谐波污染。软启动器同时还提供软停车功能，软停车与软启动过程相反，电压逐渐降低，转速逐渐下降到零，避免自由停车引起的转矩冲击。当用在水泵中时，软停可以解决突然停机引起的水泵水锤现象，用在传送带中时，可以避免猛拉及机械冲击等相关问题。

4.5.1　软启动器的启动方式

电动机不管直接启动、降压启动还是软启动，都必须满足以下三点重要条件：启动时电压降不宜大于标称电压的 15%，以免影响同一供电系统中的其他电气设备正常运行；启动时该电动机的端电压值应保证能驱动机械设备，即电动机的启动转矩大于机械设备的静态转矩；启动时间不大于工艺生产允许的时间。

传统的三相笼形电动机启动方式，如 Y-△启动、串电阻启动、串电抗启动、自耦变压器启动等均属有级启动，启动时启动电流跳跃过大，产生的压降影响周围用电设备安全运行。以晶闸管（SCR）为限流器件的晶闸管软启动属无级启动，通过连续缓慢增加电动机端电压使电动机转速平滑上升，直至额定转速运行，可以有效解决上述问题。

软启动器常用启动方式有：限流软启动控制方式和电压斜坡软启动控制方式。

(1) 限流软启动控制方式

在限流启动方式下，当电动机启动时，其输出电压值迅速增加，直到输出电流达到设定的电流限幅值 I_m，并保持输出电流不大于该值，电压逐渐升高，使电动机逐渐加速，当电动机接近额定转速时，输出电流迅速下降至额定电流 I_n，完成启动过程，如图 4-15 所示。

电流的限幅值可根据实际负载的情况进行设定，因产品的不同设定范围不同，可为电动机额定电流 I_n 的 0.5～7 倍。

限流启动主要应用在加速时需要限制冲击电流的场合。该模式为电动机提供一个固定电压的降压启动，用于限制最大启动电流。

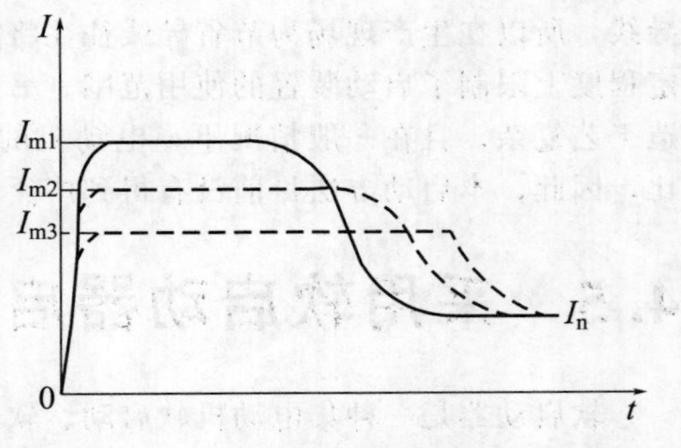

图 4-15　限流软启动控制方式

（2）电压斜坡软启动控制方式

该方式是最常用的启动模式，是一种通过减少启动转矩的冲击，实现对电动机平滑、连续无级的加速启动方式，它可以减少对齿轮、联轴器、传送带的损坏。电压斜坡软启动的电压变化波形图，如图4-16所示。其中U_1为启动时软启动器输出的初始电压值（有的软启动器为初始启动转矩，以额定转矩的百分数表示）。当电动机启动时，软启动器的输出电压迅速上升到U_1，然后按所设定的时间逐渐上升，电动机随着电压的上升不断加速，当电压达到额定电压U_n时，电动机达到额定转速，启动过程完成。初始电压U_1和启动时间t均可根据负载情况进行设定，因产品的不同设定范围不同，U_1可设定范围为0～380V，t可设定范围为0～600s。

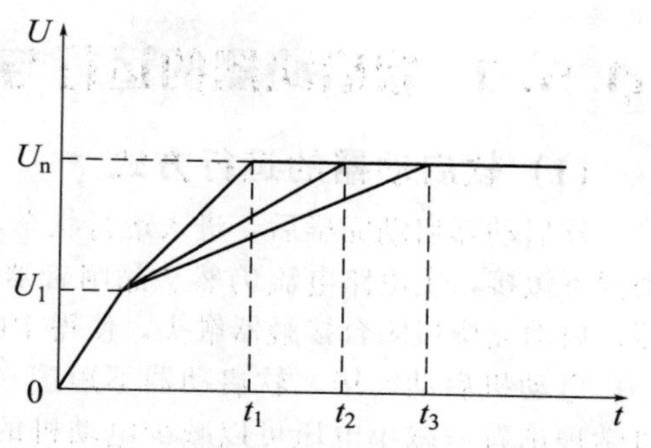

图4-16　电压斜坡软启动的电压变化

4.5.2　软启动器的停机方式

电动机的停车方式通常有三种：自由停机、软停机、制动停机。晶闸管（SCR）软启动器带来最大的停车好处就是软停车和制动停车。软停车消除了由于自由停车带来的拖动系统反惯性冲击，而制动停车在一定场合代替了反接制动停车。

（1）自由停机控制方式

当接到停机指令后，软启动器断开旁路接触器，随即封锁主电路晶闸管的输出，电动机依负载惯性逐渐停机。

（2）软停机控制方式

软停机功能应用于需要延长从滑行到停机这段时间的场合。在这种停机方式下，电动机的供电由旁路接触器切换到主电路晶闸管，启动器对电动机施加一个力矩以使其按斜坡逐渐减速，软启动器的输出电压逐渐降低，当输出电压降低至负载转矩大于电动机转矩时，负载将停机，如图4-17所示。这种停止方式能够起到降低水锤效应的作用。

启动器控制的输出电压斜波下降时间即软停止时间，范围可调。软停止时间的调整与启动时间的调整相互独立，下降时间范围因产品的不同设定范围不同，t可设定范围为1～100s。

（3）制动停机方式

制动停机方式用于需要电动机快速停止而不是自由停止的场合，此时启动器在电动机中产生一个制动力矩，以此使电动机减速，如图4-18所示。

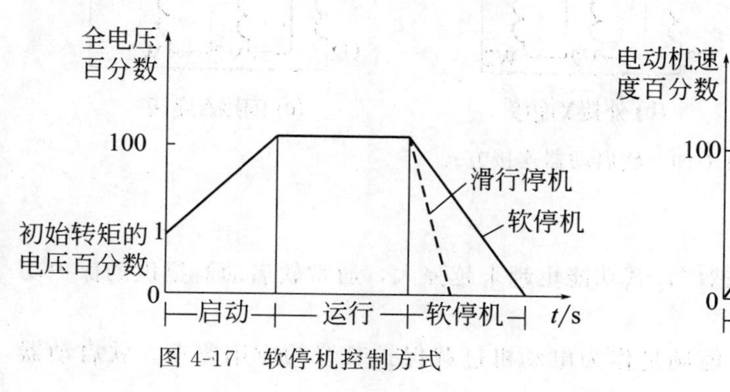

图4-17　软停机控制方式

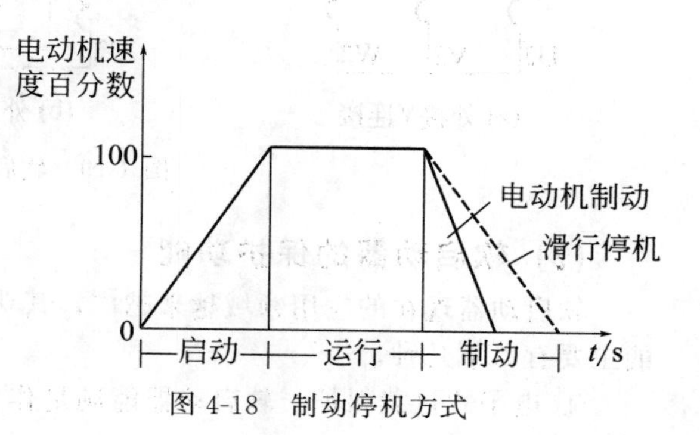

图4-18　制动停机方式

4.5.3 软启动器的运行与保护

(1) 软启动器的运行方式

软启动器启动完毕后，进入运行状态，有直接运行和旁路运行两种状态。直接运行即软启动器不短接，主电路电流仍然从晶闸管器件流过；旁路运行是通过在软启动器两侧并联接触器，启动完毕后闭合接触器触头，使得主电路电流从接触器触头流过，晶闸管器件退出运行。

电动机启动完毕，软启动器不短接（直接运行），可间接用作轻载降压节电器。从电动机学理论看：减小电压可以减少电动机的铁耗和定子/转子铜耗；空载时，电动机的损耗可节省 20%～50%。

如果运行时操作频率低或者在较长时间内需要的功率相当高，为了减少晶闸管的损耗，采用并联接触器（旁路运行）是十分有意义的。旁路接触器受微处理器控制，并由内装的继电器触头实现通断，在电动机达到额定转速后，接触器接通就无冲击电流；这种旁路技术也可以用于一个接一个的多台电动机启动。

软启动器旁路接触器的优点主要如下。

① 在电动机运行时可以避免软启动器产生谐波。

② 软启动器的晶闸管仅在启动停车时工作，可以避免长期运行使晶闸管发热，延长了使用寿命。

③ 一旦软启动器发生故障，可由旁路接触器作为应急备用。

软启动器的连接方式同电动机一样也有如下两种：Y（外接）连接和△（内接）连接，如图 4-19 所示。

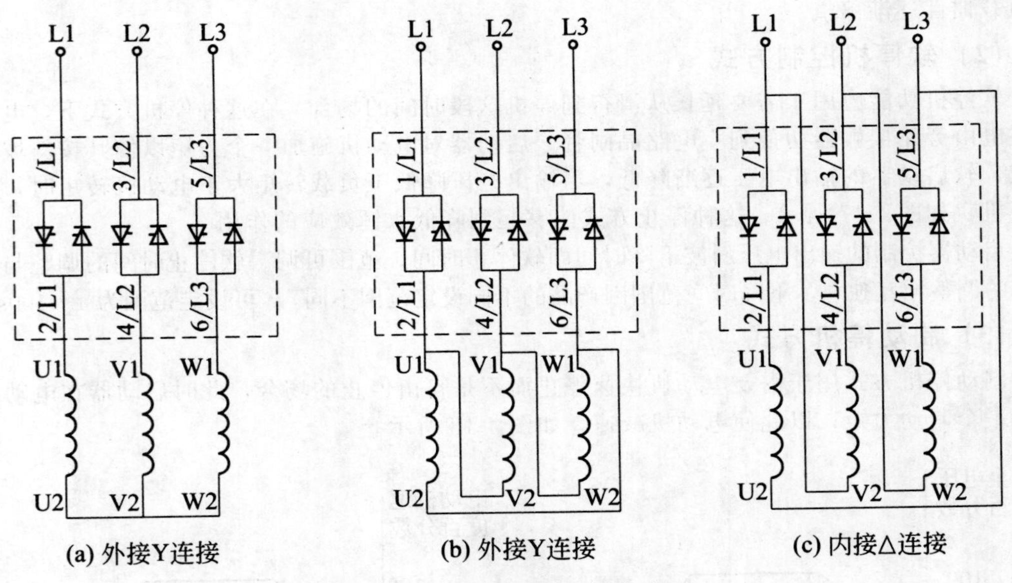

图 4-19　软启动器连接方式

(2) 软启动器的保护功能

软启动器现在的应用领域越来越广，其功能也越来越强大，通常软启动器提供的保护功能主要有以下几种。

① 电子式过载保护　软启动器能满足作为电动机过载保护装置的应用要求。软启动器

安装有热记忆装置，提供附加保护功能，即使在控制电源断开的情况下，热记忆功能仍能保持。过载保护通过电流互感器和 I^2t 算法实现。当温度超过固定的预置极限，就立即进行分断操作。它为完全过载性能提供了最佳保护，所以它特别适用于启动频率高、点动工作制或重载启动的传动装置，因为此时大功率电子模块获得最佳的保护，不会因为过载而损坏。可提供符合 IEC（国际电工委员会）标准规定的脱扣级别：10A 级、10 级、20 级或 30 级以及其他附加的脱扣级别。

② 线路故障保护　软启动器能够连续检测线路情况，以监视其异常因素。启动前的保护包括：电源断电、负载连接断开、SCR 短路；运行期间的保护包括：电源断电、负载连接断开、反相、缺相保护。

③ 欠载保护　软启动器检测到电流突然下降，在一定时间内电动机能被停止运行。

④ 欠电压保护　软启动器检测到电压突然降低的时候，在一定时间内电动机能被停止运行。

⑤ 电压不平衡保护　电压不平衡是检测三相电压大小及三相电压的相位关系，当软启动器检测到不平衡电压达到用户所编程序的脱扣水平时，电动机将停止运行。

⑥ 过热保护　软启动器内部采用热传感器监测晶闸管的温度。当达到阴极最高额定温度时，晶闸管被禁止触发。该发热情况表明通风不良、环境温度高、过载或过频启动。当晶闸管的温度降低到允许的水平时，故障将自动被消除。

⑦ 接地故障保护　在绝缘或高阻抗系统中，通常用磁芯平衡电流传感器监测等级较低的接地故障，这些故障通常由于绝缘击穿或者异物进入造成。检测出该类接地故障能够中断系统运行，防止设备进一步受到损坏，或者发出警报让专业人员及时维修。

软启动器可以在接地故障发展为短路故障前检测到这一故障条件，接地故障电流开始时一般很小，但能很快增加到几百或几千安培，这一特性可在不另外增加接地故障断路器的情况下对人身进行保护。软启动器接地故障检测功能包括接地故障脱扣和接地故障报警。

4.5.4　软启动器的安装接线和功能设定

本节以施耐德电气公司（Schneider）旗下 TE 电器产品 ATS48 系列软启动-软停止单元为例说明软启动器的型号、功能、技术参数、安装、接线和功能设定。

(1) 软启动器的型号、功能、参数

① 型号规格

ATS48 软启动-软停止单元是一种有 3 组晶闸管的控制器。它们用于功率范围在 4～1200kW 范围内的三相笼形或 Y-△异步电动机的转矩控制软启动和可控停机。软启动器型号说明举例如下。

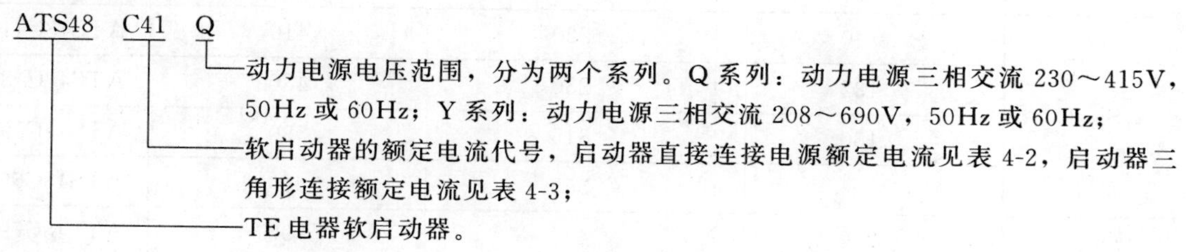

② 功能与技术参数

ATS48 软启动器主要功能：可实现电压控制软启动；转矩控制软启动；带电压提升的软启动和带电动机预热的软启动；可实现自由停机、减速停机和制动停机三种方式。

可选为电压控制或转矩控制，可设第二电动机参数，对不同电动机分别控制或同一电动机进行不同配置的控制；在加速或减速期内对供给电动机的转矩进行线性控制，显著降低应力；启动结束后可使用接触器旁路，同时维持必需的保护；宽频率适用范围用于发电机动力电源；启动器可以与三角形连接的电动机每个绕组串联连接（适用 Q 系列）。

设备和电动机保护功能：内置电动机热保护；PTC（热敏电阻）直接热保护；启动时间检测；电动机预热功能；超长时间启动时间保护；线路相序保护；缺相保护；连续运行中欠载和过电流保护。

众多的可配置输入输出端子：4 个逻辑输入，2 个逻辑输出，3 个继电器输出，1 个模拟输出；插入式 I/O 端子；显示功能包括电气参数、负载状况和运行时间等；丰富的通信功能：支持 Modbus、以太网、Fipio、Profibus 等通信协议。技术参数见表 4-4。

(2) 软启动器的安装

软启动器的安装方式分为壁挂式和落地柜式两种。冷却方式分为自然冷却和强迫风冷，为了有利于设备的通风及散热，应按以下要求进行设备安装。

表 4-2 Schneider ATS48 软启动器直接连接电源额定电流

项目	230V 电动机功率/kW	400V 电动机功率/kW	软启动器额定值/A	启动器型号
SizeA	4	7.5	17	ATS48D17Q
	5.5	11	22	ATS48D22Q
	7.5	15	32	ATS48D32Q
	9	18.5	38	ATS48D38Q
	11	22	47	ATS48D47Q
SizeB	15	30	62	ATS48D62Q
	18.5	37	75	ATS48D75Q
	22	45	88	ATS48D88Q
SizeC	30	55	110	ATS48C11Q
	37	75	140	ATS48C14Q
	45	90	170	ATS48C17Q
SizeD	55	110	210	ATS48C21Q
	75	132	250	ATS48C25Q
	90	160	320	ATS48C32Q
SizeE	110	220	410	ATS48C41Q
	132	250	480	ATS48C48Q
	160	315	590	ATS48C59Q
		355	660	ATS48C66Q
SizeF	220	400	790	ATS48C79Q
	250	500	1000	ATS48M10Q
	355	630	1200	ATS48M12Q

软启动器应垂直安装，倾斜角范围在±10°以内；不要靠近发热元件安装，特别是不要在发热元件上方安装；应留出足够的空间以确保冷却空气能够从软启动器底部到顶部进行循环，壁挂式安装左右空间不低于50mm，上下空间不低于100mm；确认不会有液体、灰尘或导电物体落入启动器中。

柜式安装时应选用上、下通风良好的柜体，启起动器在柜内可采取横向布置安装，在采取纵向布置安装时，建议在上、下安装的软启动器之间加一层风隔板，以防止下面的软启动器的热量影响上面的软启动器。

表4-3　Schneider ATS48软启动器三角形连接额定电流

项目	230V电动机功率/kW	400V电动机功率/kW	软启动器额定值/A	启动器型号
SizeA	7.5	15	29	ATS48D17Q
	9	18.5	38	ATS48D22Q
	15	22	55	ATS48D32Q
	18.5	30	66	ATS48D38Q
	22	45	81	ATS48D47Q
SizeB	30	55	107	ATS48D62Q
	37	55	130	ATS48D75Q
	45	75	152	ATS48D88Q
	55	90	191	ATS48C11Q
SizeC	75	110	242	ATS48C14Q
	90	132	294	ATS48C17Q
SizeD	110	160	364	ATS48C21Q
	132	220	433	ATS48C25Q
	160	250	554	ATS48C32Q
SizeE	220	315	710	ATS48C41Q
	250	355	831	ATS48C48Q
		400	1022	ATS48C59Q
	315	500	1143	ATS48C66Q
SizeF	355	630	1368	ATS48C79Q
		710	1732	ATS48M10Q
	500		2078	ATS48M12Q

表4-4　ATS48软启动器技术参数

使用类别	AC-53a
电源电压/V	Q系列：230(－15%)～415(＋10%)
	Y系列：208(－15%)～690(＋10%)

续表

使用类别	AC-53a
频率/Hz	50/60
启动器额定电流/A	17～1200
电动机功率/kW	Q 系列：4～630
	Y 系列：5.5～900
控制电路电压/V	Q 系列：220(－15%)～415(＋10%)
	Y 系列：110(－15%)～230(＋10%)
控制电路能耗(含风扇)/W	ATS48D17Q/Y～C17Q/Y：30
	ATS48C21Q/Y～C32Q/Y；50
	ATS48C14Q/Y～M12Q/Y；800
内部电源	一个＋24V 输出，最大电流 200mA
最大 I/O 连接力	AWG12

(3) 软启动器的接线

① 端子位置

ATS48 系列软启动器为垂直式安装，其上部为电源进线端子，1/L1、3/L2、5/L3 直接接入动力电源 AC230～415V。下部为电动机端子和旁路端子，电动机三相直接接入 2/T1、4/T2、6/T3，而无论其为△还是 Y 连接。如需要电动机启动结束后将软启动器旁路，可以将 A2、B2、C2 旁路端子通过旁路接触器与电源进线端子连接，ATS48 软启动器主电路端子如图 4-20 所示。

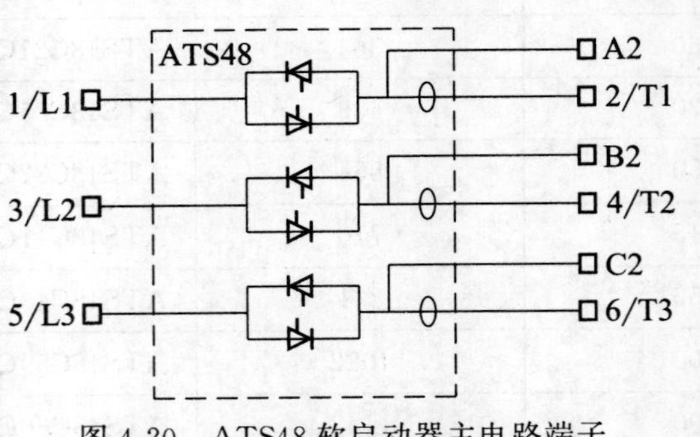

ATS48
1/L1
3/L2
5/L3
A2
2/T1
B2
4/T2
C2
6/T3
图 4-20 ATS48 软启动器主电路端子

② 电源接线

ATS48 软启动器电源接线有两种接线方式：一种是直接在电动机电源线中外接连接；一种是连接在电动机△绕组中内接连接；如图 4-19 所示。

③ 控制接线

ATS48 软启动器控制端子分布如图 4-21 所示。

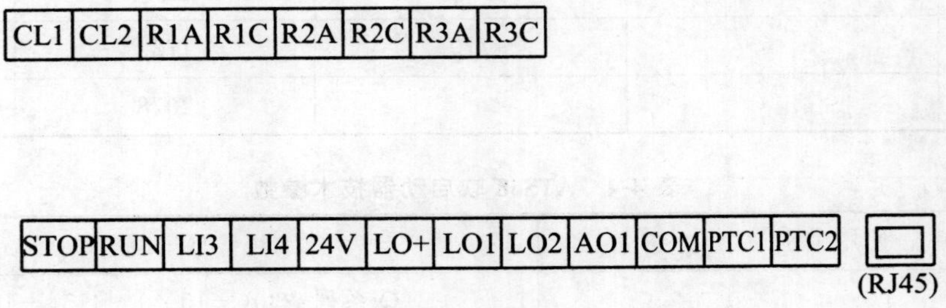

CL1 CL2 R1A R1C R2A R2C R3A R3C
STOP RUN LI3 LI4 24V LO+ LO1 LO2 AO1 COM PTC1 PTC2
(RJ45)
图 4-21 ATS48 软启动器控制端子

控制端子含义及说明见表 4-5。

表 4-5　ATS48 软启动器控制端子含义及说明

端子	功能	特　性
CL1 CL2	Altistart 控制电源	ATS48 … Q：220（－15%）～415（＋10%），50/60Hz； ATS48 … Y：110（－15%）～230（＋10%），50/60Hz
R1A R1C	可编程序继电器 r1 的常开（N/O）触头	最小开关能力：直流 6V 时为 10mA； 对感性负载的最大开关能力（COSΦ＝0.5，L/R＝20ms）；对交流 230V 和直流 30V 为 1.8A； 最大电压：400V
R2A R2C	启动结束继电器 r2 的常开（N/O）触头	
R3A R3C	可编程序继电器 r3 的常开（N/O）触头	
STOP	启动器停机（状态 0 为停机）	4×24V 逻辑输入，阻抗为 4.3kΩ； U_{max}＝30V，I_{max}＝8mA； 状态 1：U＞11V，I＞5mA； 状态 0：U＜5V，I＜2mA
RUN	启动器运行（如果 STOP 为 1，则状态 1 为运行）	
LI3	可编程序输入	
LI4	可编程序输入	
24V	电源逻辑输入	（24±6）V 隔离并保护以防短路和过载； 最大电流：200mA
LO＋	电源逻辑输出	连接至 24V 或外部电源
LO1 LO2	可编程序逻辑输出	2 个集电极开路输出端，与 1 级 PLC（可编程序逻辑控制器）兼容，符合 IEC65A-68 标准； 电源＋24V（最低 12V，最高 30V）； 带有外接电源的每个输出端最大电流为 200mA
AO1	可编程序模拟输出	输出可配置为 0～20mA 或 4～20mA； 精度为最大值的±5%，最大阻抗为 500Ω
COM	I/O 公共端	0V
PTC1 PTC2	PTC 传感器输入	25℃时传感器回路的总电阻为 750Ω（例如：3×250Ω 传感器串联）
（RJ45）	接头用于： 远程操作盘； PowerSuite； 通信总线	RS 485MODBUS

运行（RUN）和停止（STOP）逻辑输入端的功能有两种控制方式，即 2 线控制和 3 线控制。

2 线控制：运行和停机是由状态 1（运行）和 0（停机）进行控制，RUN 和 STOP 输入状态同时考虑。在上电或故障手动复位时如果有 RUN 命令则电动机会重新启动。

3 线控制：运行和停机由 2 个不同的逻辑输入端控制；断开 STOP 输入（状态 0）可获得停机；在 RUN 输入端的脉冲一直存储到停机输入断开为止；在上电或故障手动复位时或在一个停机命令之后，电动机只能在 RUN 输入端已断开（状态 0）之后跟着一个新脉冲（状态 1）时才能上电。

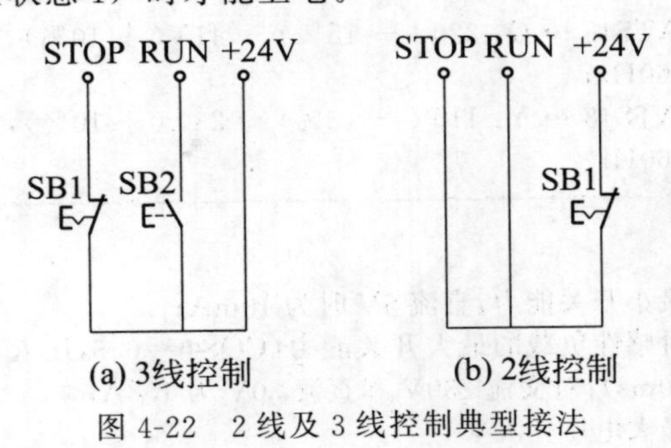

图 4-22　2 线及 3 线控制典型接法

2 线及 3 线控制典型接法如图 4-22 所示。

（4）软启动器的操作与功能设定

ATS48 可直接应用于电动机保护等级 10 的标准应用场合。ATS48 系列软启动器配备一个操作键盘，可通过该盘进行参数修改与配置，以便能够对设备进行调整和优化，以满足不同的用户。操作键盘各按键功能说明如图 4-23 所示。

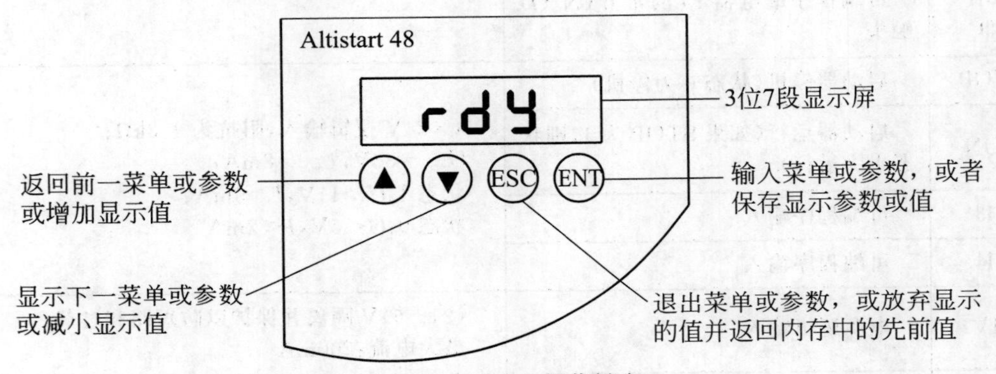

图 4-23　ATS48 操作键盘

要改变参数值，软启动器必须处于停机状态，并且施加控制电压。可以通过向上、向下键和 ENT 输入键找到需要修改的参数，再利用向上、向下键调整至需要的参数值，最后用 ENT 输入键确认修改即可，修改成功的参数值会闪烁一下。注意：有些参数由于比较重要，为使修改生效，需要按住 ENT 键 2～10s 不等，参数闪烁以示确认。

ATS48 系列软启动器操作方便，主要通过菜单形式进行功能设定。设置的菜单有：设定菜单、保护菜单、高级设定菜单、输入输出分配菜单、第二电动机菜单、通信菜单、显示参数和锁定代码选择菜单。

① 菜单总结构

菜单总结构如图 4-24 所示。

菜单显示值见表 4-6。

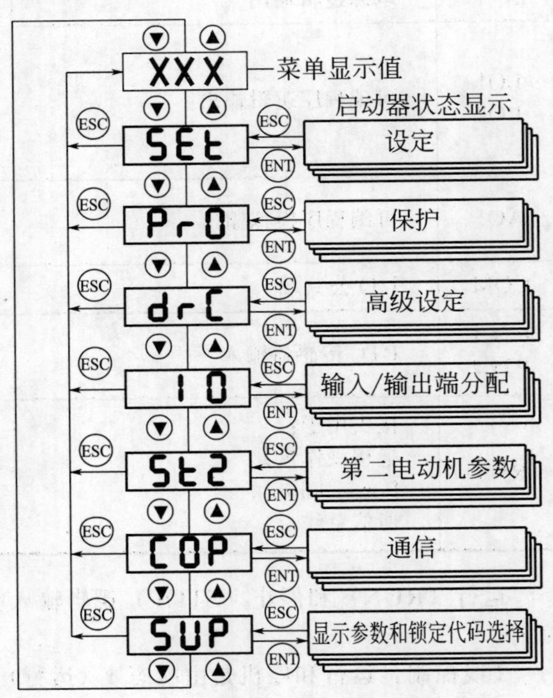

图 4-24　ATS48 软启动器菜单总结构

表 4-6 ATS48 软启动器菜单显示值

显示值	状　态
故障代码	启动器故障
nLP	启动器没有运行命令且未通电
rdY	启动器没有运行命令且通电
tbs	未经过启动延时
HEA	电动机正在加热
用户选择的检测参数(SUP 菜单)。出厂设定:电动机电流	启动器有运行命令
brL	启动器制动
Stb	在级联模式下等待命令(RUN 或 STOP)

② 设定菜单

ATS48 软启动器设定菜单见表 4-7。

表 4-7 ATS48 软启动器设定菜单

代码	说明	设定范围	出厂设定
I_n	电机额定电流	(0.4～1.3)I_{CL}(启动器额定值)	I_n的出厂设定对应于一个带 10 级保护的 4 极 400V 标准化电动机的通常值(对于 ATS48Q 系列);I_n的出厂设定对应于一个符合 NEC 标准、带 10 级保护的 4 极 460V 标准化电动机的通常值(对于 ATS48Y 系列)。
I_{Lt}	限制电流	I_n的 150%～700%,限定在I_{CL}的 500%	I_n的 400%
ACC	加速斜坡时间	1～60s	15s
tqo	初始启动力矩	T_n的 0～100%	20%
Sty	停机类型选择	d-b-F	F
dEC	减速斜坡时间	1～60s	15s
EdC	在减速过程未变为自由停车模式的阈值	0～100%	20%
brC	内部制动力矩水平	0～100%	50%
EbA	直流制动时间	20%～100%	20%

③ 保护菜单

ATS48 软启动器保护菜单见表 4-8。

表 4-8　ATS48 软启动器保护菜单

代码	说明	设定范围	出厂设定
tHP	电动机热保护		10
ULL	电动机欠载激活		OFF
LUL	电动机欠载阈值	T_n 的 20%～100%	60%
tUL	电动机欠载时间	1～60s	60s
tLS	超长启动时间	10～999s 或 OFF	OFF
OIL	电流过载激活		OFF
LOC	电流过载阈值	I_n 的 50%～300%	80%
tOL	电流过载时间	0.1～60s	10s
PHr	防止线路相序颠倒	321 或 123	
tbs	启动前的时间	0～999s	2s
PHL	缺相阈值	5%～10%	10%
PtC	激活使用 PTC 传感器的电动机监测		OFF
ArS	自动重启动	ON-OFF	OFF
rtH	复位由启动器计算的电动机热状态	NO-YES	NO

④ 高级设定菜单

ATS48 软启动器高级设定菜单见表 4-9。

表 4-9　ATS48 软启动器高级设定菜单

代码	说明	设定范围	出厂设定
tLI	力矩限制，为额定值的百分比	10%～200%或 OFF	OFF
bst	电压升高水平	50%～100%或 OFF	OFF
dLt	启动器三角形接法连接	ON-OFF	OFF
SSt	小型电动机测试	ON-OFF	OFF
CLP	力矩控制	ON-OFF	OFF
LSC	定子损耗补偿	0～90%	50%
tIG	减速增益	10%～50%	40%
CSC	级联功能激活	ON-OFF	OFF
ULn	线电压/V	170～460(ATS48…Q) 180～790(ATS48…Y)	400(ATS48…Q) 690(ATS48…Y)
FrC	线路频率/Hz	50-60-AUt	AUt
rPr	清零 kW·h 或运行时间	NO-APH-trE	NO
FCS	返回出厂设定	NO-YES	NO

⑤ 输入输出分配菜单

ATS48软启动器输入输出分配菜单见表4-10。

表4-10　ATS48软启动器输入输出分配菜单

代码	说明	设定范围	出厂设定
LI3 LI4	逻辑输入	no—无定义；LIA—强制自由停车；LIE—外部故障；LIH—电动机预热；LIL—强制为本地控制模式；LII—禁止所有保护；LIt—复位电动机热故障；LIC—级联功能激活；LIS—第二组电动机参数激活	LIA LIL
IPr	预热水平	0～100%	0
tPr	预热前延时	0～999s	5s
LO1 LO2	逻辑输出	no—未分配；tAI—电动机1热报警；rnI—电动机通电；AIL—电动机电流报警；AUL—电动机欠载报警；APC—PTC传感器报警；AS2—第2组电动机参数激活	tAI rnI
r1	继电器R1	rIF：故障继电器； r1I：隔离继电器	rIF
r3	继电器R3	no—未分配；tAI—电动机1热报警；rnI—电动机通电；AIL—电动机电流报警；AUL—电动机欠载报警；APC—PTC传感器报警；AS2—第2组电动机参数激活	rnI
AO	模拟输出	no—无定义；OCr—电动机电流；Otr—电动机力矩；OtH—电动机热状态；OCO—COS₵；OPr—有功功率	OCr
O4	输出端A/O给出的信号类型的配置	020：0～20mA 420：4～20mA	020
ASC	模拟输出最大信号的比例设定	50%～500%	200%

⑥ 第二电动机菜单

ATS48软启动器第二电动机菜单见表4-11。

表4-11　ATS48软启动器第二电动机菜单

代码	说明	设定范围	出厂设定
In2	电机额定电流	$(0.4\sim1.3)I_{CL}$（I_{CL}为启动器额定值）	I_n的出厂设定对应于一个带10级保护的4极400V标准化电动机的通常值（对于ATS48…Q）；I_n的出厂设定对应于一个符合NEC标准、带10级保护的4极460V标准化电动机的通常值（对于ATS48…Y）

续表

代码	说明	设定范围	出厂设定
I_{L2}	限制电流	I_n 的 150%～700%，限制为 I_{CL} 的 500%。	I_n 的 400%
AC2	加速斜坡时间	1～60s	15s
tq2	初始启动力矩	T_n 的 0～100%	20%
dE2	减速斜坡时间	1～60s	15s
Ed2	在减速过程结束时变为自由停车模式的阈值	0～100%	20%
tL2	最大力矩限制	10%～200%或 OFF	OFF
tI2	减速增益	10%～50%	40%

⑦ 通信菜单

ATS48 软启动器通信菜单见表 4-12。

表 4-12 ATS48 软启动器通信菜单

代码	说明	设定范围	出厂设定
Add	启动器地址	0～31	0
tbr	通信速度	4.8-9.6-19.2	19.2
FOr	通信格式	8O1:8 个数据位,奇校验,1 个停止位 8E1:8 个数据位,偶校验,1 个停止位 8n1:8 个数据位,无校验,1 个停止位 8n2:8 个数据位,无校验,2 个停止位	8n1
tLP	串口超时设定	0.1～60s	5s
PCt	用于与远程操作盘通信的串口配置	ON:功能有效； OFF:功能无效	OFF

⑧ 显示参数和锁定代码选择菜单

ATS48 软启动器显示参数和锁定代码选择菜单见表 4-13。

表 4-13 ATS48 软启动器显示参数和锁定代码选择菜单

代码	说明	显示数据的单位
COS	COS₵	0.01
tHr	电动机热状态:0～100%	%
LCr	电动机电流	A 或 KA
rnt	运行时间:自上次复位起,以 h 或 kh 为单位	h 或 kh

续表

代码	说明	显示数据的单位
LPr	有功功率:0～255%	%
Ltr	电机力矩:0～255%	%
LAP	有功功率,单位为 kW	kW
EtA	当前状态显示:nLP—启动器无运行命令且未通电;rdY—启动器无运行命令且通电;tbS—未经历启动延时;ACC—正在加速;dEC—正在减速;rUn—稳定状态运行;brL—正在制动;CLI—启动器处于电流限制模式;nSt—由串口强制为自由停车模式	
LFt	前次检测到的故障,如果没有测显 nOF	
PHE	相位旋转方向,从启动器方向看 123 为正转;321 为反转	
COd	操作盘锁定代码:允许使用访问密码对启动器配置进行保护, OFF—无访问锁定代码;ON—访问已被密码锁定(2～999);XXX—参数访问被解锁(密码保留在画面上)	

4.5.5　软启动器的应用电路

ATS48 软启动器控制三相笼形异步电动机软启动、软停止，并实现运行监视电路如图 4-25所示。

本电路主电路由断路器 QF，交流接触器 KM1、KM2 主触点，熔断器 FU，软启动器 ATS48 组成。QF 是电源开关，KM1 是电源接触器，KM2 是启动完成后旁路接触器，FU 起短路保护作用。

控制电路由交流接触器 KM1、KM2 线圈和触点，中间继电器 KA1、KA2 线圈和触点，信号指示灯 HL1、HL2、HL3、HL4、HL5，软启动器的控制端子 STOP、RUN、LI4、24V、R1A、R1C、R2A、R2C、R3A、R3C 和熔断器 FU1、FU2、FU3 组成。其中 R1A、R1C 是软启动器故障输出触点，正常时闭合触点，故障时断开触点。KA1 是故障继电器，正常时吸合，故障时断开，并由 HL5 发出故障指示。KA2 是由 DCS 控制的停车信号，正常开车时吸合，停车时断开。R3A、R3C 将软启动器运行状态送至 DCS 控制系统。自复位开关 SB1 控制软启动器启动、停止。转换按钮 SB2 起接通或断开控制电路电源之作用。按钮 SB3 是软启动器复位按钮。

BC 是电流变送器，将电动机运行电流由电流互感器 TA 检测出的 1A 交流信号转换为 4～20mA的直流信号送至 DCS 系统。

工作原理如下：

先合上电源开关 QF。

在 DCS 允许开车的情况下，KA2 线圈吸合，KA2 常开触点闭合，软启动器 STOP 端子有 24V 电压。操作 SB2 使控制回路得电，在软启动器没有故障情况下，KA1 得电吸合，常开触点闭合，电源接触器 KM1 得电吸合，软启动器送电；同时故障指示灯 HL5 熄灭，HL3、HL4 在两地显示允许软启动器启动信号。

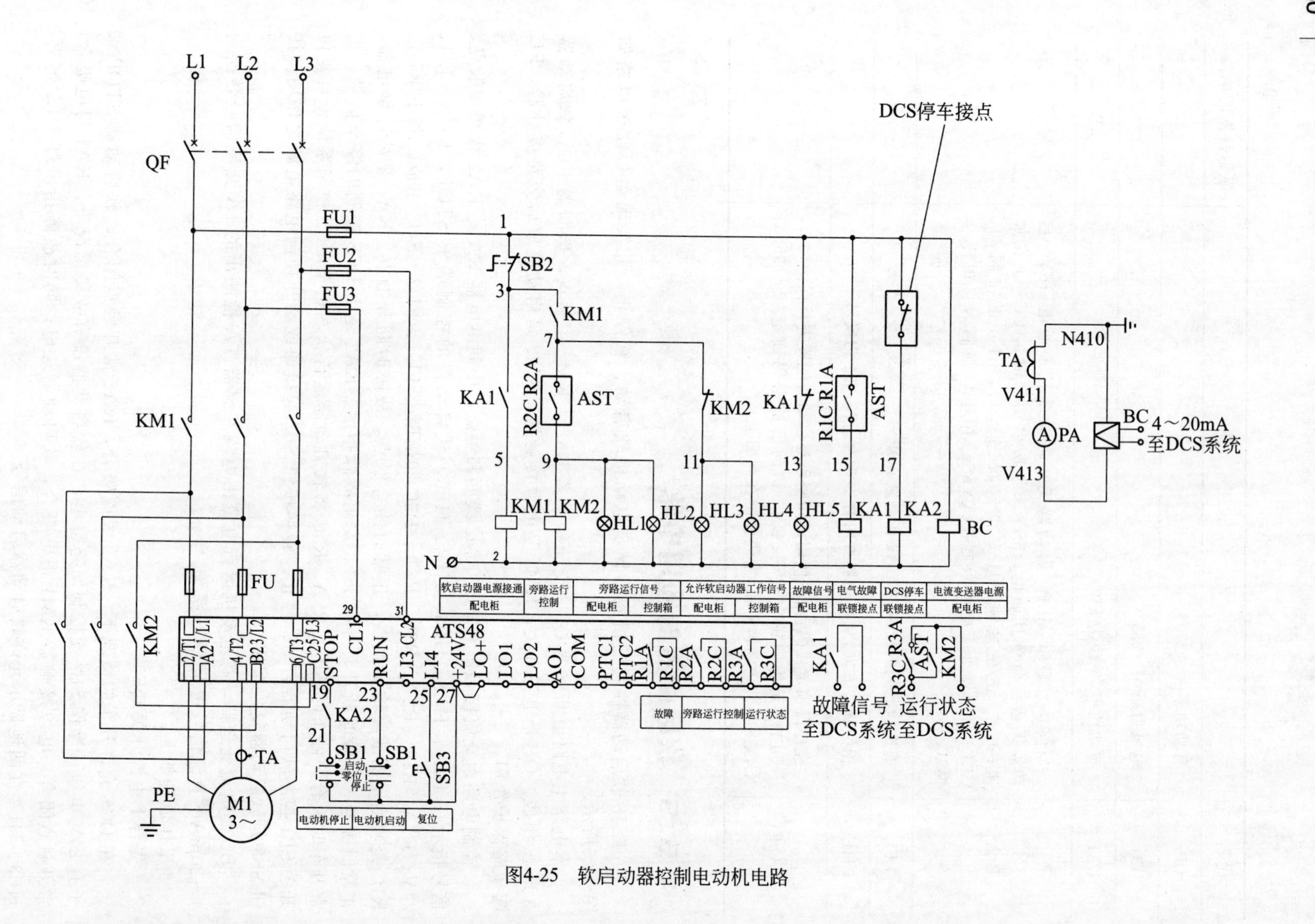

图4-25 软启动器控制电动机电路

操作SB1转换至启动位后复位，RUN端子得到24V启动脉冲电压，软启动器按设定启动模式启动。待启动完成后，软启动器控制端子R2A、R2C闭合，旁路接触器KM2得电吸合，对软启动器实现旁路，同时HL1、HL2在两地显示旁路运行指示。

停止时，操作SB1自复位开关至停止位或者由DCS控制中间继电器KA2失电，常开触点分断，都能使STOP端子失去24V电压，软启动器停止，旁路接触器KM2复位，为下次启动作准备。

在软启动器有故障显示时，按下复位按钮SB3实现对软启动器的复位，进行故障排除。

另有ATS48标准接线图如下。

(1) 标准接线图一

ATS48：不可逆，带有进线接触器，自由停车，协调配合1型，如图4-26所示。

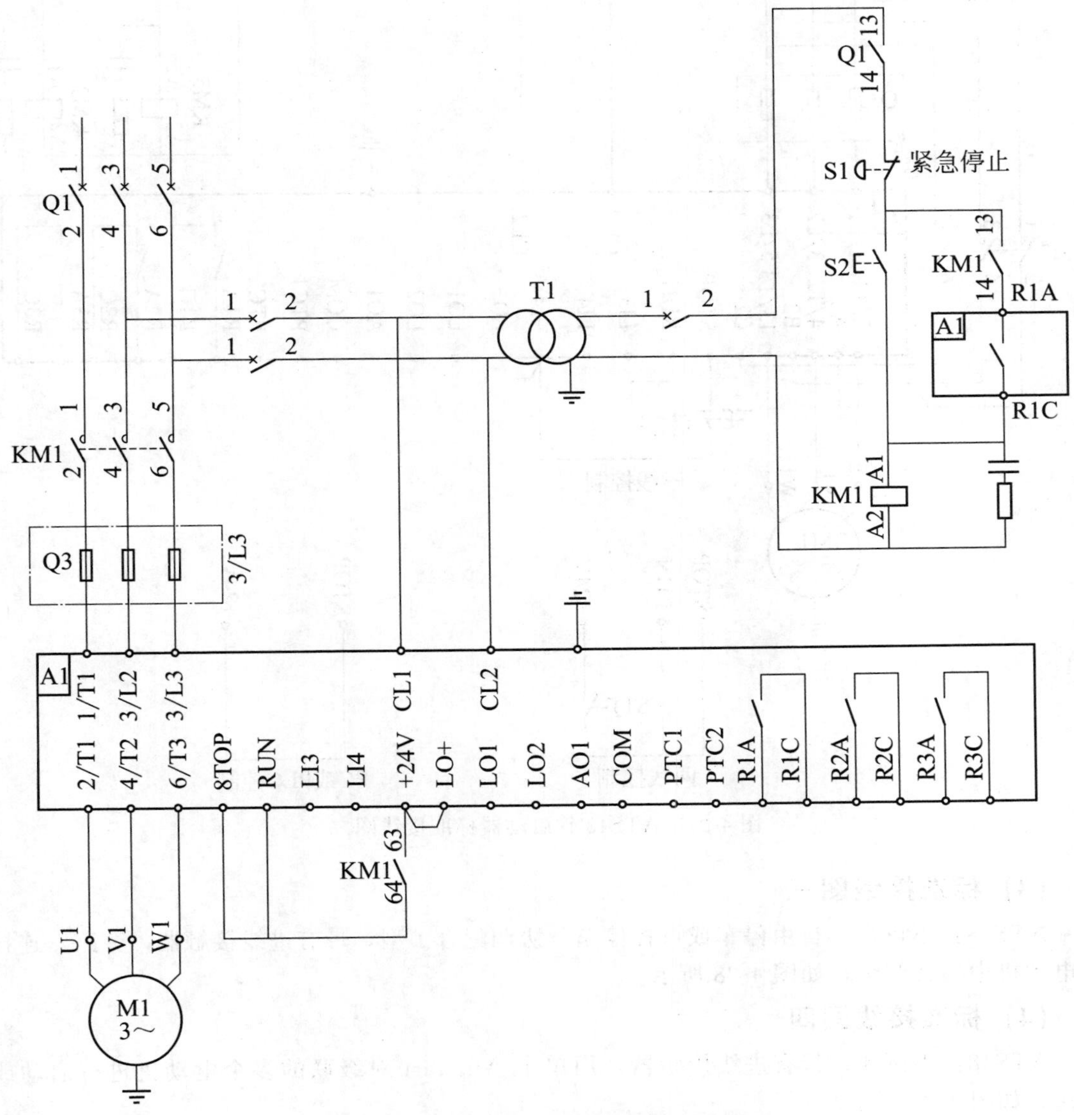

图4-26　ATS48软启动器标准接线图一

（2）标准接线图二

ATS48：不可逆，带有进线接触器，旁路，自由停车或可控停车，协调配合 1 型，如图 4-27所示。

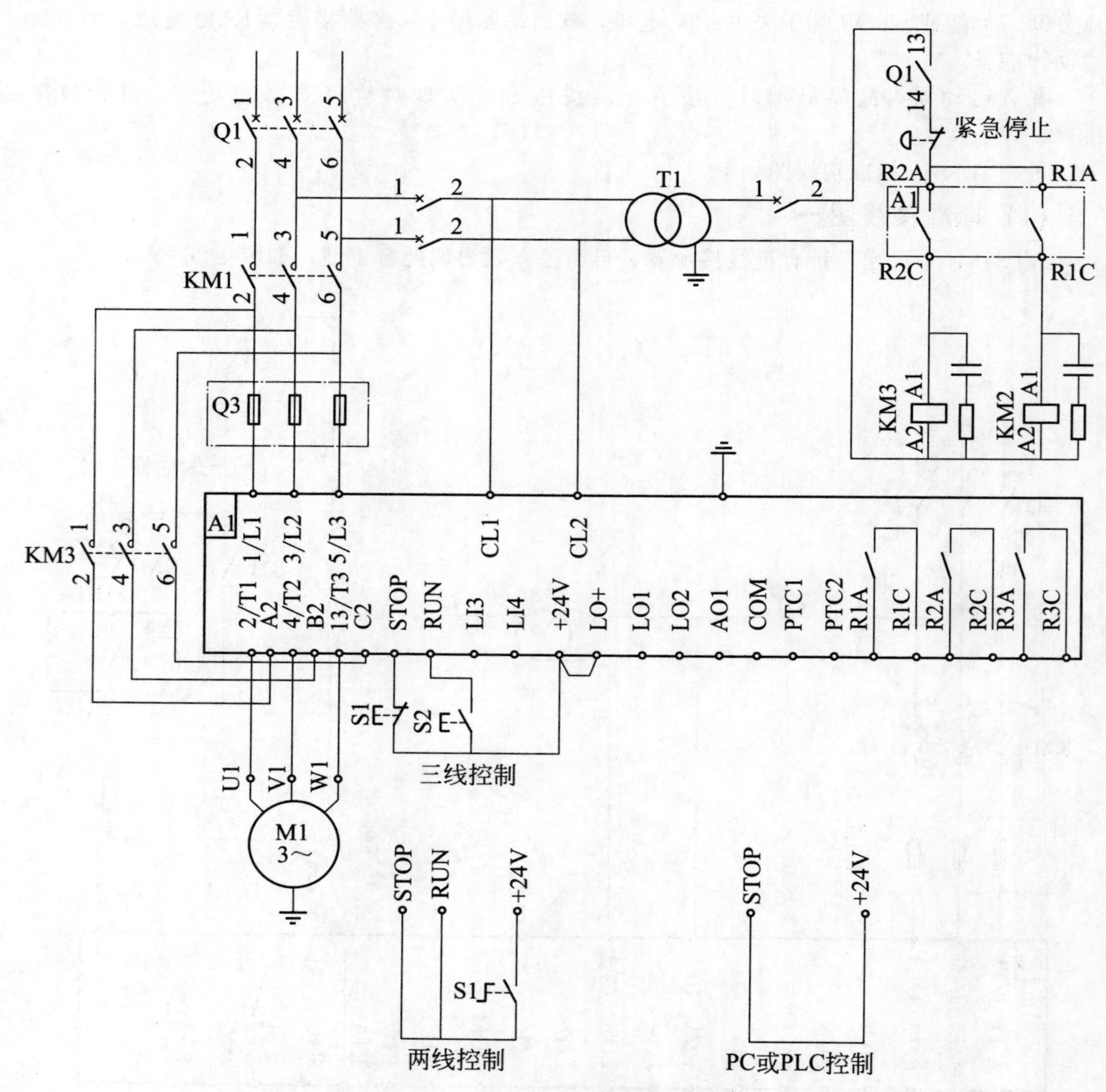

图 4-27　ATS48 软启动器标准接线图二

（3）标准接线图三

ATS48：不可逆，自由停车或可控停车，协调配合 1 型，带有进线接触器，旁路，连接至电动机中的△绕组，如图 4-28 所示。

（4）标准接线图四

ATS48：不可逆，带有进线接触器，用单个 Altistart 对级联的多个电动机进行启动或减速，如图 4-29 所示。

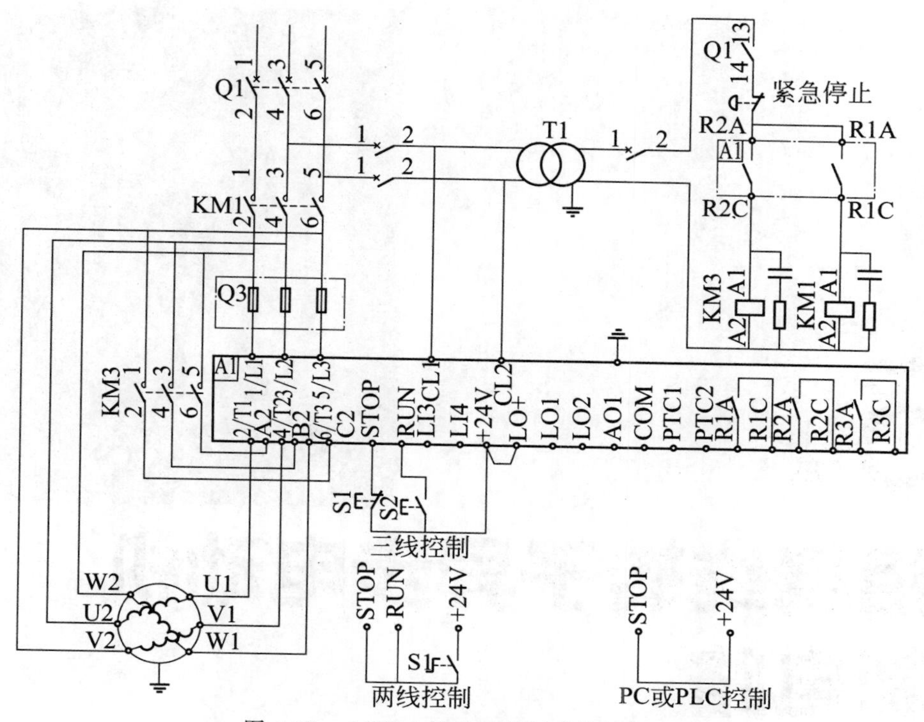

图 4-28 ATS48 软启动器标准接线图三

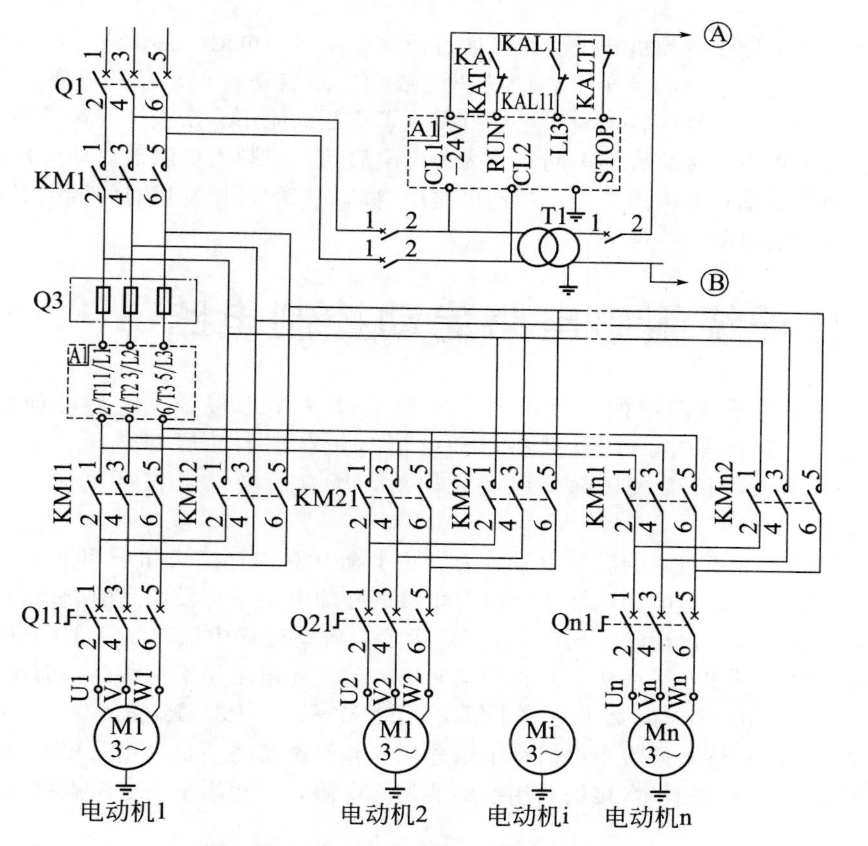

图 4-29 ATS48 软启动器标准接线图四

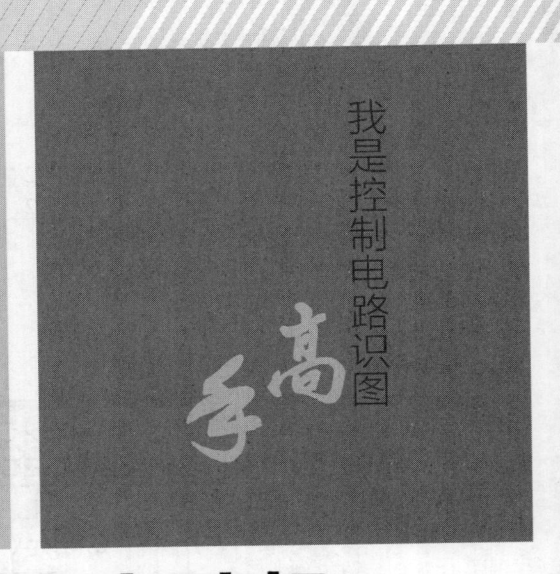

第5章 三相绕线转子异步电动机控制电路

三相绕线转子异步电动机转子绕组可通过滑环串接启动电阻，其优点是改善电动机机械特性，减小启动电流，提高转子电路的功率因数和提高启动转矩。在一般要求启动转矩较高、且能调速的场合，绕线转子异步电动机得到了广泛的应用。按照绕线转子异步电动机转子绕组在启动过程中串接装置的不同，分为串电阻启动与串频敏变阻器启动两种类型。其控制电路有自动和手动控制电路。自动控制电路中启动状态的转换常用时间继电器和电流继电器实现自动控制的目的。

5.1 转子绕组串电阻启动控制电路

串接在三相转子绕组中的启动电阻，一般都接成Y形接线。在启动前分级切换的三相启动电阻全部接入电路，以减小启动电流，获得较大的启动转矩。随着电动机转速的升高，启动电阻被逐级切除。启动完毕后，所有启动电阻直接短接，电动机便在额定状态下运行。

串接在三相转子绕组中的启动电阻分为三相平衡（对称）接法和三相不平衡（不对称）接法。三相平衡接法是指电动机转子绕组中串接的外加电阻在每段切除前和切除后，三相电阻始终是对称的，同时被切除。如图5-1(a)所示，启动过程中依次切除R1→R2→R3，最后全部电阻切除。三相不平衡接法是指启动时串入的三相电阻是不对称的，而每段切除后仍不对称。如图5-1(b)所示，启动过程中依次切除R1→R2→R3→R4→R5。

无论串接在三相转子绕组中的启动电阻采用三相平衡接法还是采用三相不平衡接法，其作用基本相同。一般三相平衡接法采用接触器切除电阻，三相不平衡接法直接用凸轮控制器切除电阻。

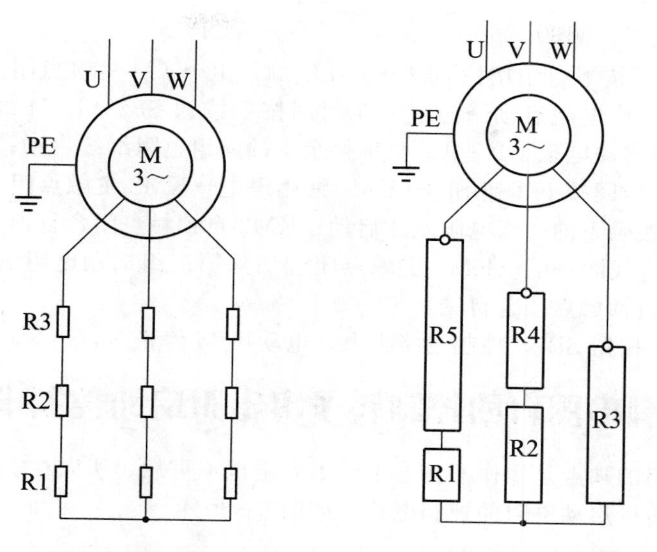

(a) 转子串接三相对称电阻　　　　(b) 转子串接三相不对称电阻

图 5-1　绕线转子电动机转子串接三相电阻的方式

5.1.1　按钮操作、手动控制转子串电阻启动控制电路

按钮操作转子绕组串接电阻启动的电路，如图 5-2 所示。

图 5-2 中 KM 为电源接触器，KM1、KM2、KM3 为切除各级电阻接触器。

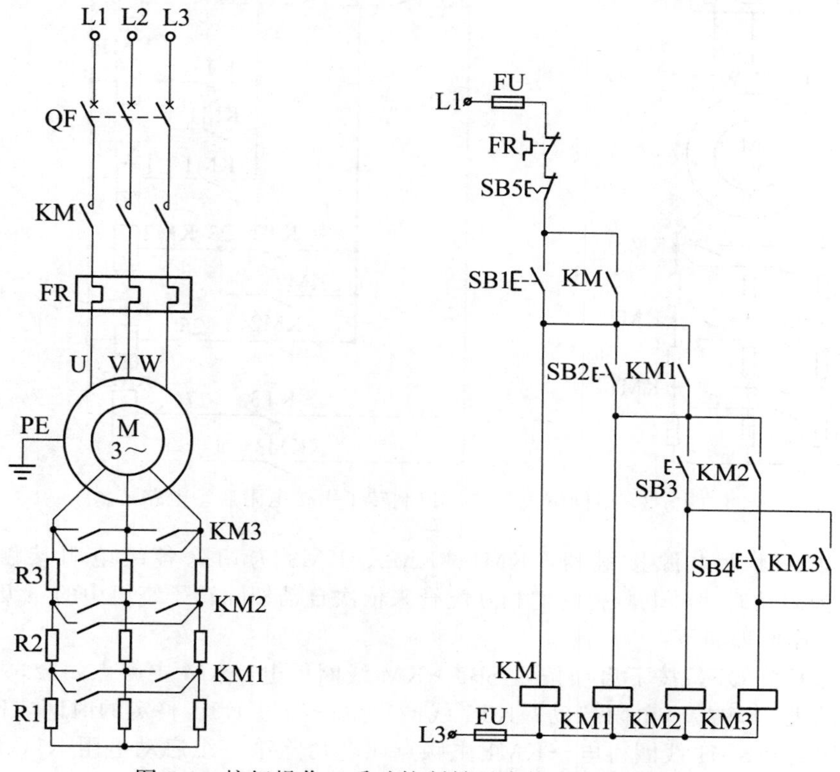

图 5-2　按钮操作、手动控制转子串接电阻启动电路

电路的工作原理如下：

合上电源开关 QF，按下启动按钮 SB1→KM 线圈得电→KM 主触点闭合，自锁触点闭合自锁→电动机 M 串接全电阻启动→经过一定时间按下按钮 SB2→KM1 线圈得电→KM1 主触点闭合切除第一组启动电阻 R1，电动机串接余下的两组电阻继续启动；KM1 自锁触点闭合自锁→再经过一定时间按下按钮 SB3→KM2 线圈得电→KM2 主触点闭合切除第二组启动电阻 R2，电动机串接余下的一组电阻继续启动；KM2 自锁触点闭合自锁→再经过一定时间按下按钮 SB4→KM3 线圈得电→KM3 主触点闭合切除第三组启动电阻 R3，电动机启动结束正常运行；KM3 自锁触点闭合自锁。

停止时，按下停止按钮 SB5，控制电路失电，电动机 M 停止运行。

5.1.2 时间继电器自动控制转子串电阻启动控制电路

按钮操作控制电路的缺点是操作不便，工作不安全也不可靠，所以在实际生产中可采用时间继电器自动控制短接启动电阻的控制电路，如图 5-3 所示。

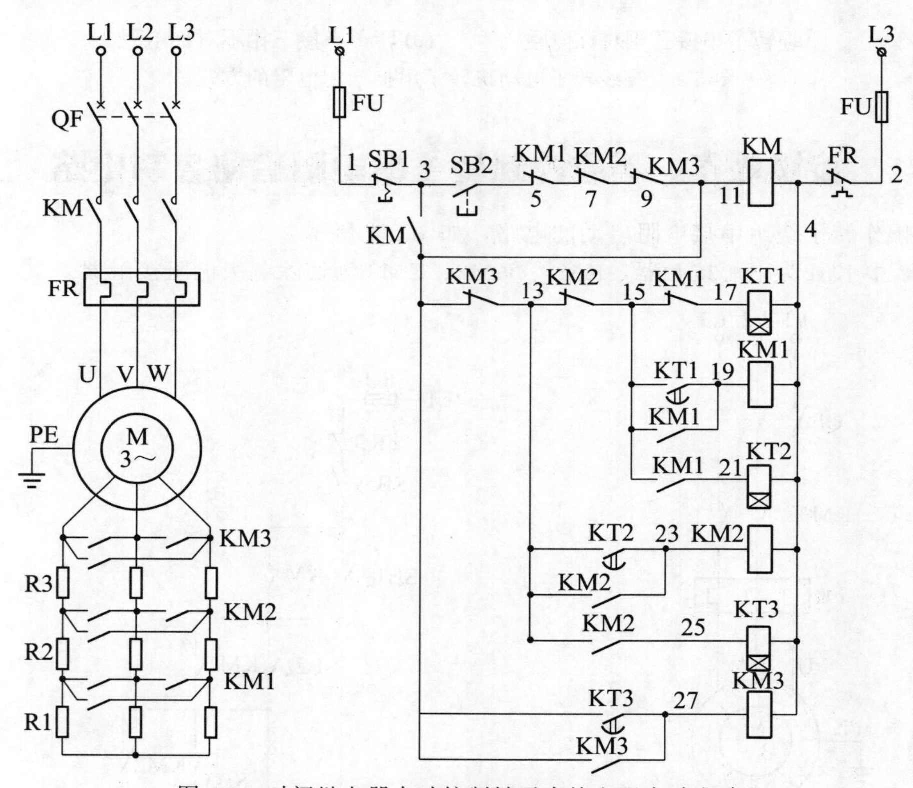

图 5-3　时间继电器自动控制转子串接电阻启动电路

图 5-3 中 KM 为电源接触器，KM1、KM2、KM3 为切除各级电阻接触器，KT1、KT2、KT3 为启动时间继电器，它们相互配合来依次自动切除转子绕组中的三级电阻。

电路的工作原理如下：

合上电源开关 QF，按下启动按钮 SB2→KM 线圈得电→KM 主触点闭合，自锁触点闭合自锁→电动机 M 串接全电阻启动；KT1 线圈得电→经过 KT1 整定的时间，KT1 延时闭合常开触点闭合→KM1 线圈得电→KM1 主触点闭合切除第一组启动电阻 R1，电动机串接余下的二组电阻继续启动；KM1 自锁触点闭合自锁；KM1 常开触点闭合使 KT2 线圈得电；

KM1常闭触点断开使KT1失电复位→经过KT2整定的时间，KT2延时闭合常开触点闭合→KM2线圈得电→KM2主触点闭合切除第二组启动电阻R2，电动机串余下的一组电阻继续启动；KM2自锁触点闭合自锁；KM2常开触点闭合使KT3线圈得电；KM2常闭触点断开使KT2失电复位→经过KT3整定的时间，KT3延时闭合常开触点闭合→KM3线圈得电→KM3主触点闭合切除第三组启动电阻R3，电动机启动结束正常运行；KM3自锁触点闭合自锁；KM3常闭触点断开使KT3失电复位。

需要停止时，按下停止按钮SB1，控制电路失电，电动机M停止运行。

图中接触器KM1、KM2和KM3常闭辅助触点与启动按钮SB1串接的作用是保证电动机在转子绕组中接入全部外加电阻的条件下才能启动。如果接触器KM1、KM2和KM3中任何一个触点因熔焊或机械故障而没有释放，启动电阻不能被全部接入转子绕组中启动，会使启动电流超过规定值。经过上述接触器KM1、KM2和KM3常闭辅助触点与启动按钮SB1串接后，只要有一个触点没有复位，电动机就不能接通电源启动。

通过分析可知：图中只有KM、KM3长期通电，而时间继电器KT1、KT2、KT3和接触器KM1、KM2线圈的通电状态均在启动完成后恢复失电状态。这样一方面节能，更重要的是延长了它们的使用寿命，减少故障保证电路可靠工作。

在本电路中仍存在一旦时间继电器损坏时，电路将无法实现电动机正常启动和运行的问题，另一方面，电动机在启动过程中是逐段切除电阻的，电流及转矩会突然增大，产生较大的机械冲击。

5.1.3　电流继电器自动控制转子串电阻启动控制电路

电流继电器自动控制电路如图5-4所示。本电路是用三个过流继电器KA1、KA2和KA3根据电动机转子电流变化，来控制接触器KM1、KM2和KM3依次得电动作，逐级切除外加电阻的。三个电流继电器KA1、KA2和KA3的线圈串接在转子回路中，它们的吸合电流都一样，但它们的释放电流不一样，KA1的释放电流最大，KA2次之，KA3最小。

电路的工作原理如下：

先合上电源开关QF，按下SB1按钮→KM线圈得电→KM主触点闭合，KM自锁触点闭合自锁，KM常开触点闭合→电动机M串接全部电阻启动；KA线圈得电吸合→KA1、KA2和KA3线圈通过启动电流吸合，其常闭触点断开；KA常开触点闭合，为KM1、KM2和KM3得电作准备→电动机转速升高，转子电流逐渐减小，当减小至KA1的释放电流时，KA1首先释放→KA1的常闭触点恢复闭合状态→KM1得电闭合→KM1主触点闭合切除第一组电阻R1，转子电流重新增大→电动机继续启动伴随着转速升高电流又减小→当转子电流减小至KA2释放电流时，KA2接着释放→KA2的常闭触点恢复闭合状态→KM2主触点闭合切除第二组电阻R2，转子电流重新增大→电动机继续启动伴随着转速升高电流又减小→当转子电流减小至KA3释放电流时，KA3最后释放→KA3的常闭触点恢复闭合状态→KM3主触点闭合切除最后一组电阻R3，电动机启动完毕，进入正常运行状态。

停止时按下停止按钮SB2，控制电路失电，电动机M停止运行。

图5-4中中间继电器KA的作用是保证电动机在转子电路中接入全部电阻的情况下开始启动。因为电动机开始启动时，启动电流由零增大到三个电流继电器吸合电流需一定时间，这样就有可能出现KA1、KA2和KA3还未动作，KM1、KM2和KM3就已吸合而把R1、R2和R3切除，使电动机不串电阻直接启动。采用KA后，无论KA1、KA2和KA3有无动作，开始启动时可由KA的常开触点来切断KM1、KM2和KM3线圈的得电回路，保证了启动时串入电阻。

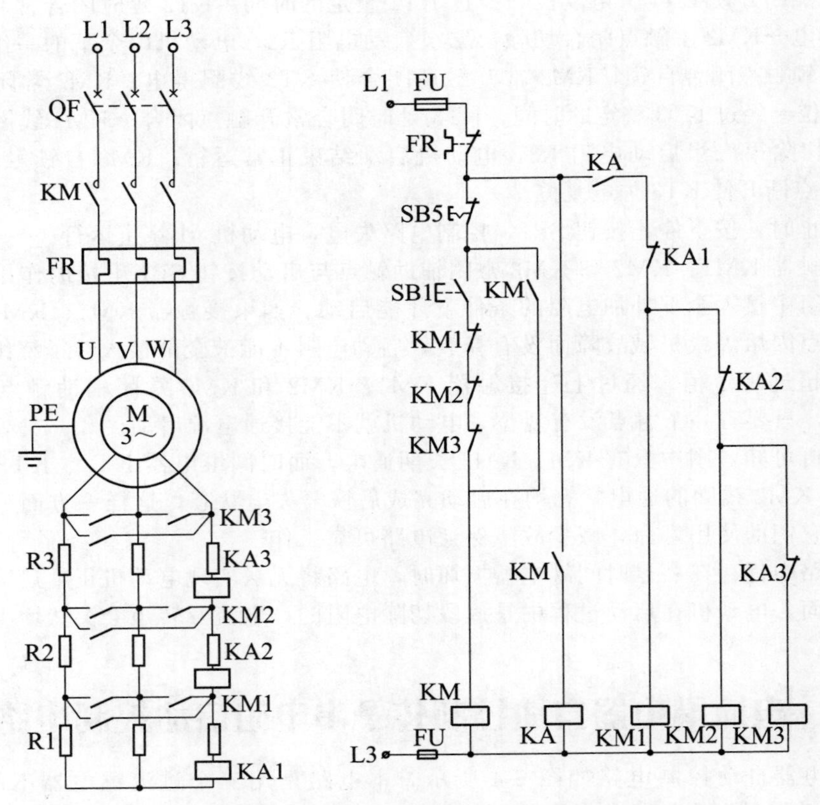

图 5-4　电流继电器自动控制转子串接电阻启动电路

5.1.4　凸轮控制器控制转子串电阻启动控制电路

三相绕线转子异步电动机的启动、调速及正反转的控制，常常采用凸轮控制器来实现，尤其是容量不大的绕线转子异步电动机用得更多，桥式起重机、浮吊等起重设备上大部分采用这种控制电路，如起重机上的大跑、小跑电动机，浮吊上的旋转电动机。

凸轮控制器的型号及所代表的意义如下：

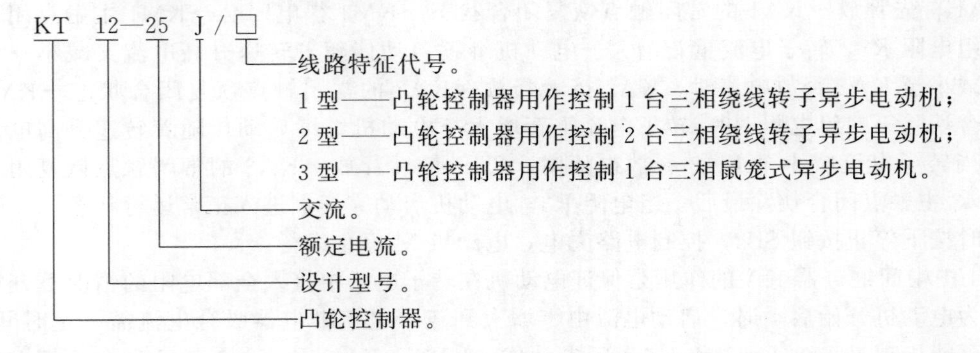

(1) KT12—25J/1 凸轮控制器

用 KT12—25J/1 凸轮控制器控制三相绕线转子异步电动机的启动、调向、调速电路如图 5-5 所示。

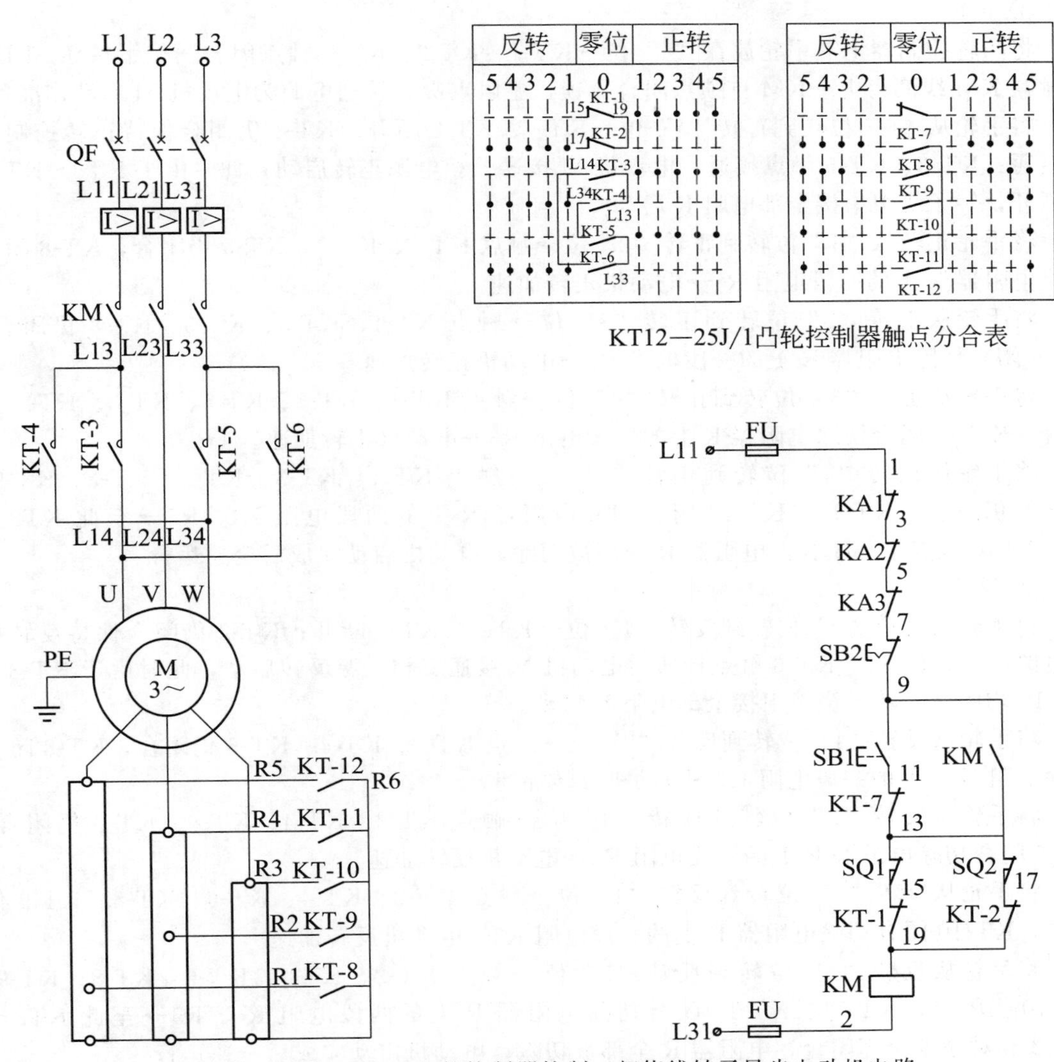

图 5-5　KT12—25J/1 凸轮控制器控制三相绕线转子异步电动机电路

图中断路器 QF 作电源开关用，FU 作控制电路短路保护；接触器 KM 控制电动机 M 电源的通断，同时具有欠压、失压保护作用；位置开关 SQ1、SQ2 分别作电动机正、反转时工作机构运动的限位保护；过流继电器 KA1、KA2、KA3 作为电动机的过载保护之用；R 是电阻器；KT 是凸轮控制器，它有十二对触点，如图 5-5 触点分合表所示。图中凸轮控制器 KT 十二对触点的分合状态是凸轮控制器手轮处于“0”位时的情况。当手轮处于正转 1～5 挡或反转 1～5 挡时，触点的分合状态如图 5-5 分合表所示，用黑点表示本挡位闭合，无此标记表示本挡位断开。凸轮控制器 KT-3、KT-4、KT-5、KT-6 四对触点，接在主电路中用以控制电动机正、反转；凸轮控制器 KT-8、KT-9、KT-10、KT-11、KT-12 五对触点与转子电阻相接，用来逐级切除电阻以控制电动机的启动和调速；凸轮控制器 KT-7 作零位保护之用；凸轮控制器 KT-1、KT-2 作正、反方向限位保护。

电路工作原理如下：

先合上电源开关 QF，QF1。

① 正转

将凸轮控制器 KT 手轮放在“0”位→KT-1、KT-2、KT-7 触点闭合→按下按钮 SB1→接触器 KM 线圈得电→KM 自锁点闭合自锁，主触点吸合接通电源为电动机 M 启动作准备。

将手轮从“0”位转到正转“1”位→KT-7、KT-2 断开；KT-1 仍闭合保持正转控制电路接通；KT-3、KT-5 触点接通，电动机 M 接通三相电源正转启动，此时由于 KT8～KT12 均断开，转子绕组串接全部电阻 R 启动。

将手轮正转从“1”位转到正转“2”位→触点 KT-1、KT-3、KT-5 仍闭合，KT-8 闭合切除电阻器 R 上的一段电阻 R1→电动机正转加速。

将手轮从正转“2”位转到正转“3”位→触点 KT-1、KT-3、KT-5、KT-8 仍闭合，KT-9 闭合切除电阻器 R 上的一段电阻 R2→电动机正转加速。

将手轮从正转“3”位转到正转“4”位→触点 KT-1、KT-3、KT-5、KT-8、KT-9 仍闭合，KT-10 闭合切除电阻器 R 上的一段电阻 R3→电动机正转加速。

将手轮从正转“4”位转到正转“5”位→触点 KT-1、KT-3、KT-5、KT-8、KT-9、KT-10 仍闭合，KT-11、KT-12 闭合切除电阻器 R 上的两段电阻 R4、R5→至此 KT8～KT12 五对触点全部闭合，电阻器 R 全部被切除，电动机启动完成后全速运行。

② 反转

将手轮从反转“0”位转到反转“1”位→KT-7、KT-1 断开；KT-2 仍闭合保持反转控制电路接通；KT-4、KT-6 触点接通，电动机 M 接通三相电源反转启动，此时由于 KT-8～KT-12 均断开，转子绕组串接全部电阻 R 启动。

将手轮从反转“1”位转到反转“2”位→触点 KT-2、KT-4、KT-6 仍闭合，KT-8 闭合切除电阻器 R 上的一段电阻 R1→电动机反转加速。

将手轮从反转“2”位转到反转“3”位→触点 KT-2、KT-4、KT-6、KT-8 仍闭合，KT-9 闭合切除电阻器 R 上的一段电阻 R2→电动机反转加速。

将手轮从反转“3”位转到反转“4”位→触点 KT-2、KT-4、KT-6、KT-8、KT-9 仍闭合，KT-10 闭合切除电阻器 R 上的一段电阻 R3→电动机反转加速。

将手轮从反转“4”位转到反转“5”位→触点 KT-2、KT-4、KT-6、KT-8、KT-9、KT-10 仍闭合，KT-11、KT-12 闭合切除电阻器 R 上的两段电阻 R4、R5→至此 KT8～KT12 五对触点全部闭合，电阻器 R 全部被切除，电动机启动完成后全速运行。

③ 停止

按下停止按钮 SB2，控制回路失电，电动机 M 停止运行。

由以上分析可知，凸轮控制器在正转或反转“1”位时，转子绕组串接全部电阻 R，所以启动电流较小，启动转矩也较小。如果电动机负载较重，则不能启动，但可起到消除传动齿轮间隙或拉紧钢丝绳的作用，防止对负载的冲击，保证安全。

从凸轮控制器分合表可看出，凸轮控制器 KT-1、KT-2、KT-7 三对触点，只有在手轮置于“0”位时才全部闭合，而在其他各挡位都只有一对闭合（KT-1 或 KT-2），另两对断开。这为了保证手轮必须在“0”位时，按下启动按钮 SB1 才能使接触器 KM 得电，然后通过凸轮控制器 KT 使电动机逐级启动，从而避免手轮不在零位时按下 SB1 电动机直接启动，高速运转产生意外。

在“0”位外的其他挡位正转时 KT-1 一对触点闭合或反转时 KT-2 一对触点闭合，是为了保证在正转或反转时只有一个方向的控制电路导通，当位置开关 SQ1 或 SQ2 动作时能够断开本方向控制电路。此时只有反向操作凸轮控制器 KT，接通反向控制电路以使电动机 M 反转，退出原有工作方向，从而保证工作机构在规定的区域内工作，防止设备和人身受到损害。

（2）KT12—25J/2 凸轮控制器

用 KT12—25J/2 凸轮控制器同时控制 2 台三相绕线转子异步电动机的启动、调向、调速电路，如图 5-6 所示。

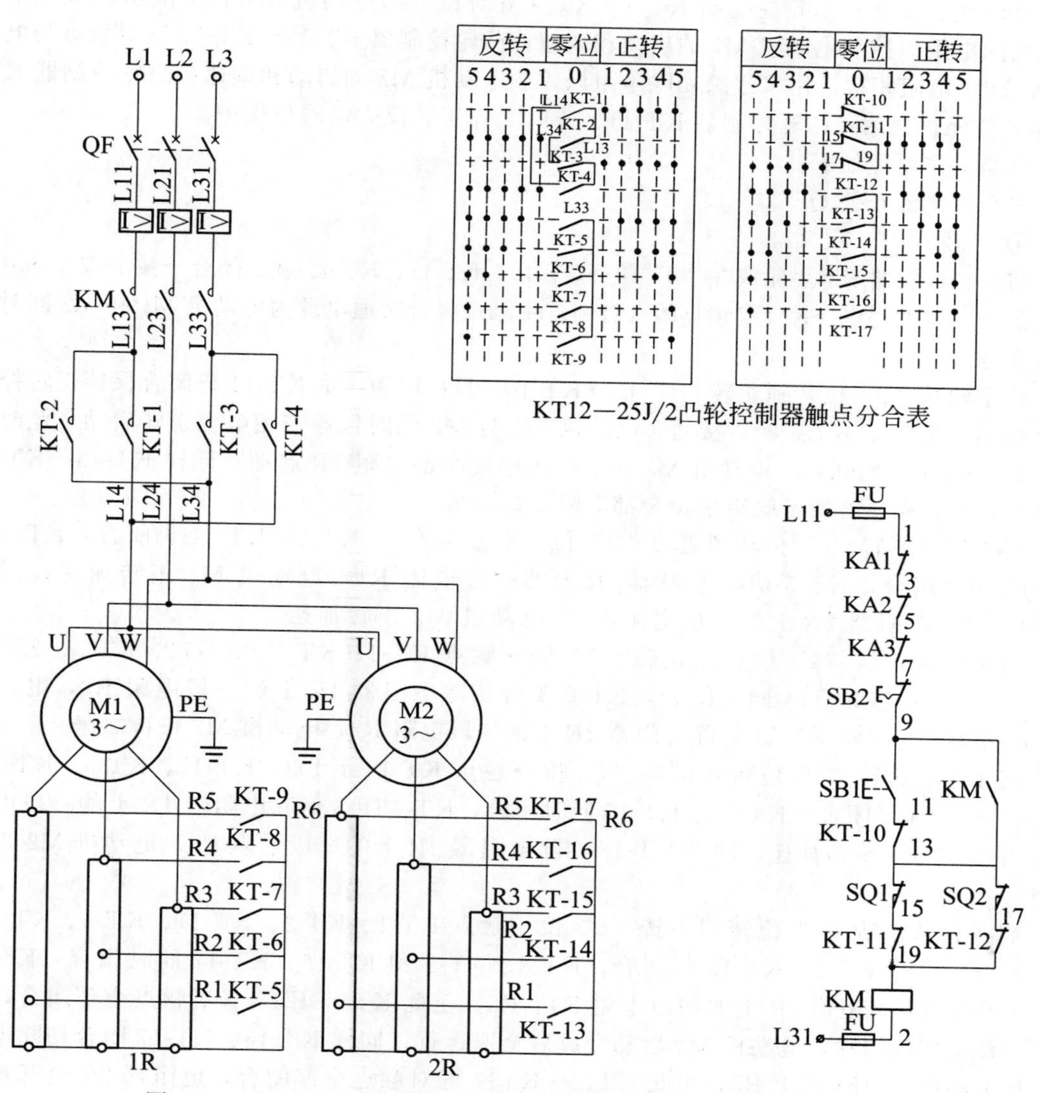

KT12—25J/2凸轮控制器触点分合表

图 5-6　KT12—25J/2 凸轮控制器控制三相绕线转子异步电动机电路

图 5-6 与图 5-5 用凸轮控制器控制 1 台绕线转子电动机电路图中相似，但是要求 2 台电动机型号、功率、电压、接线方式等参数相同，同样与电动机匹配的 2 套电阻器也必须在阻值、抽头、接线等相同，总之要基本保持一致才能确保 2 台电动机同时启动，同速同转矩地运行，保证设备正常运行和安全。

图中断路器 QF 作为 2 台电动机电源开关用；FU 作为控制电路短路保护；接触器 KM 控制电动机 M1、M2 电源的通断，同时具有欠压、失压保护作用；位置开关 SQ1、SQ2 分别作为 2 台电动机正、反转时工作机构运动的限位保护；过流继电器 KA1、KA2、KA3 作为 2 台电动机的过载保护；1R、2R 分别是 2 台电动机启动电阻器；凸轮控制器 KT，它有十七对触点，如图 5-6 触点分合表所示。图中凸轮控制器 KT 十七对触点的分合状态是凸轮控制器手轮处于“0”位时的情况。当手轮处于正转 1～5 挡或反转 1～5 挡时，触点的分合状态如图 5-6 分合表所示。

凸轮控制器 KT-1、KT-2、KT-3、KT-4 四对触点，接在主电路中用以控制 2 台电动机 M1、M2 正、反转；凸轮控制器 KT-5～KT-9 五对触点与电动机 M1 转子电阻相接，用来逐级切除电阻以控制电动机 M1 的启动和调速；凸轮控制器 KT-13～KT-17 五对触点与电动机 M2 转子电阻相接，用来逐级切除电阻以控制电动机 M2 的启动和调速；凸轮控制器 KT-10 作零位保护之用；凸轮控制器 KT-11、KT-12 作正、反方向限位保护。

电路工作原理如下：

先合上电源开关 QF。

① 正转

将凸轮控制器 KT 手轮放在“0”位→KT-10、KT-11、KT-12 触点闭合→按下按钮 SB1→接触器 KM 线圈得电→KM 自锁点闭合自锁，主触点吸合接通电源为电动机 M1 和 M2 同时启动作准备。

将手轮从“0”位转到正转“1”位→KT-10、KT-12 断开；KT-11 仍闭合保持正转控制电路接通；KT-1、KT-3 触点接通，电动机 M1 与 M2 同时接通三相电源正转启动，此时由于 KT-5～KT-9 均断开，电动机 M1 转子绕组串接全部电阻 1R 启动；同样 KT-13～KT-17 均断开，电动机 M2 转子绕组串接全部电阻 2R 启动。

将手轮从正转“1”位转到正转“2”位→触点 KT-1、KT-3、KT-11 仍闭合，KT-5 与 KT-13 同时闭合，KT-5 切除电阻器 1R 上的一段电阻 R1，电动机 M1 正转加速；同样 KT-13 切除电阻器 2R 上的一段电阻 R1，电动机 M2 正转加速。

将手轮从正转“2”位转到正转“3”位→触点 KT-1、KT-3、KT-11、KT-5、KT-13 仍闭合，KT-6 与 KT-14 同时闭合，KT-6 闭合切除电阻器 1R 上的一段电阻 R2，电动机 M1 正转加速；同样 KT-14 切除电阻器 2R 上的一段电阻 R2，电动机 M2 正转加速。

将手轮从正转“3”位转到正转“4”位→触点 KT-1、KT-3、KT-11、KT-5、KT-13、KT-6、KT-14 仍闭合，KT-7 与 KT-15 同时闭合，KT-7 闭合切除电阻器 1R 上的一段电阻 R3，电动机 M1 正转加速；同样 KT-15 切除电阻器 2R 上的一段电阻 R3，电动机 M2 正转加速。

将手轮从正转“4”位转到正转“5”位→触点 KT-1、KT-3、KT-11、KT-5、KT-13、KT-6、KT-14、KT-7、KT-15 仍闭合，KT-8、KT-9 和 KT-16、KT-17 同时闭合，KT-8、KT-9 闭合切除电阻器 1R 上的两段电阻 R4、R5，至此 KT5～KT9 五对触点全部闭合，电阻器 1R 全部被切除，电动机 M1 启动完成后全速运行；同样 KT-16、KT-17 闭合切除电阻器 2R 上的两段电阻 R4、R5，至此 KT13～KT17 五对触点全部闭合，电阻器 2R 全部被切除，电动机 M2 启动完成后与 M1 一样全速运行。

② 反转

将手轮从“0”位转到反转“1”位→KT-10、KT-11 断开；KT-12 仍闭合保持反转控制电路接通；KT-2、KT-4 触点接通，电动机 M1 与 M2 同时接通三相电源反转启动，此时由于 KT5～KT9 和 KT13～KT17 均断开，电动机 M1 转子绕组串接全部电阻 1R 启动；电动机 M2 转子绕组串接全部电阻 2R 启动。

将手轮从反转“1”位转到反转“2”位→触点 KT-2、KT-4、KT-12 仍闭合，KT-5 与 KT-13 同时闭合，KT-5 切除电阻器 1R 上的一段电阻 R1，电动机 M1 反转加速；同样 KT-13 切除电阻器 2R 上的一段电阻 R1，电动机 M2 反转加速。

将手轮从反转“2”位转到反转“3”位→触点 KT-2、KT-4、KT-12、KT-5、KT-13 仍闭合，KT-6 与 KT-14 同时闭合，KT-6 闭合切除电阻器 1R 上的一段电阻 R2，电动机 M1 反转加速；同样 KT-14 切除电阻器 2R 上的一段电阻 R2，电动机 M2 反转加速。

将手轮从反转“3”位转到反转“4”位→触点 KT-2、KT-4、KT-12、KT-5、KT-13、KT-6、KT-14 仍闭合，KT-7 与 KT-15 同时闭合，KT-7 闭合切除电阻器 1R 上的一段电阻 R3，电动机 M1 反转加速；同样 KT-15 切除电阻器 2R 上的一段电阻 R3，电动机 M2 反转加速。

将手轮从反转“4”位转到反转“5”位→触点 KT-2、KT-4、KT-12、KT-5、KT-13、KT-6、KT-14、KT-7、KT-15 仍闭合，KT-8、KT-9 和 KT-16、KT-17 同时闭合，KT-8、KT-9 闭合切除电阻器 1R 上的两段电阻 R4、R5，至此 KT5～KT9 五对触点全部闭合，电阻器 1R 全部被切除，电动机 M1 启动完成后全速运行；同样 KT-16、KT-17 闭合切除电阻器 2R 上的两段电阻 R4、R5，至此 KT13～KT17 五对触点全部闭合，电阻器 2R 全部被切除，电动机 M2 启动完成后与 M1 一样全速运行。

③ 停止

按下停止按钮 SB2，控制回路失电，电动机 M1 与 M2 同时停止运行。

5.1.5　主令控制器控制转子串电阻启动控制电路

三相绕线转子异步电动机的启动、调速及正反转的控制，对大功率绕线转子异步电动机常常采用主令控制器与接触器来实现。主令控制器作发出指令，转换控制电路用；接触器为大功率电动机提供运行电源。起重设备上主要应用在控制吊钩的提升和下降、抓斗的张开和闭合。

主令控制器的型号及所代表的意义如下：

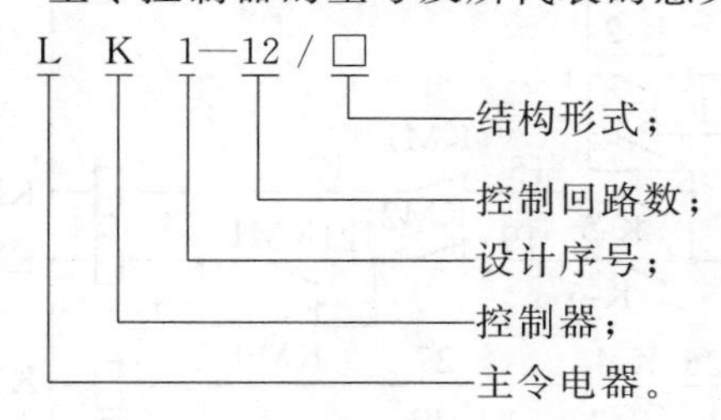

用 LK1—12/96（LK1—12/97 分合表与其操作方向相反）主令控制器在起重机升降过程中控制三相绕线转子异步电动机的启动、调向、调速电路，如图 5-7 所示。

本控制器有 12 对触点，在提升与下降时各有 6 个工作位置，通过控制操作手柄在不同工作位置，使 12 对触点相应闭合与开断，进而控制电动机定子电路与转子电路接触器，实现电动机工作状态的改变，使物品获得上升与下降的不同速度。

图中主令触点 K6、K5 和接触器 KM1、KM2 分别控制电动机 M 的正、反转，K4 和接触器 KM3 控制电动机 M 制动的三相电磁铁 YB。在电动机 M 转子电路中设有 7 段对称连接的转子电阻，由主令控制器触点 K7～K12 和接触器 KM4～KM9 控制，其中前两段 R1、R2 为反接制动电阻，由反接制动接触器 KM4、KM5 切除。后 4 段 R3～R6 为启动加速电阻，由加速接触器 KM6～KM9 切除。最后一段电阻 R7 为固定接入电动机 M 转子回路，以软化电动机机械特性。

图中主令控制器分合状态为主令在“0”位状态，电压继电器 KAV 实现零压保护，只有主令控制器在“0”位时才能得电自锁，为启动作准备，防止主令控制器不在“0”位时误

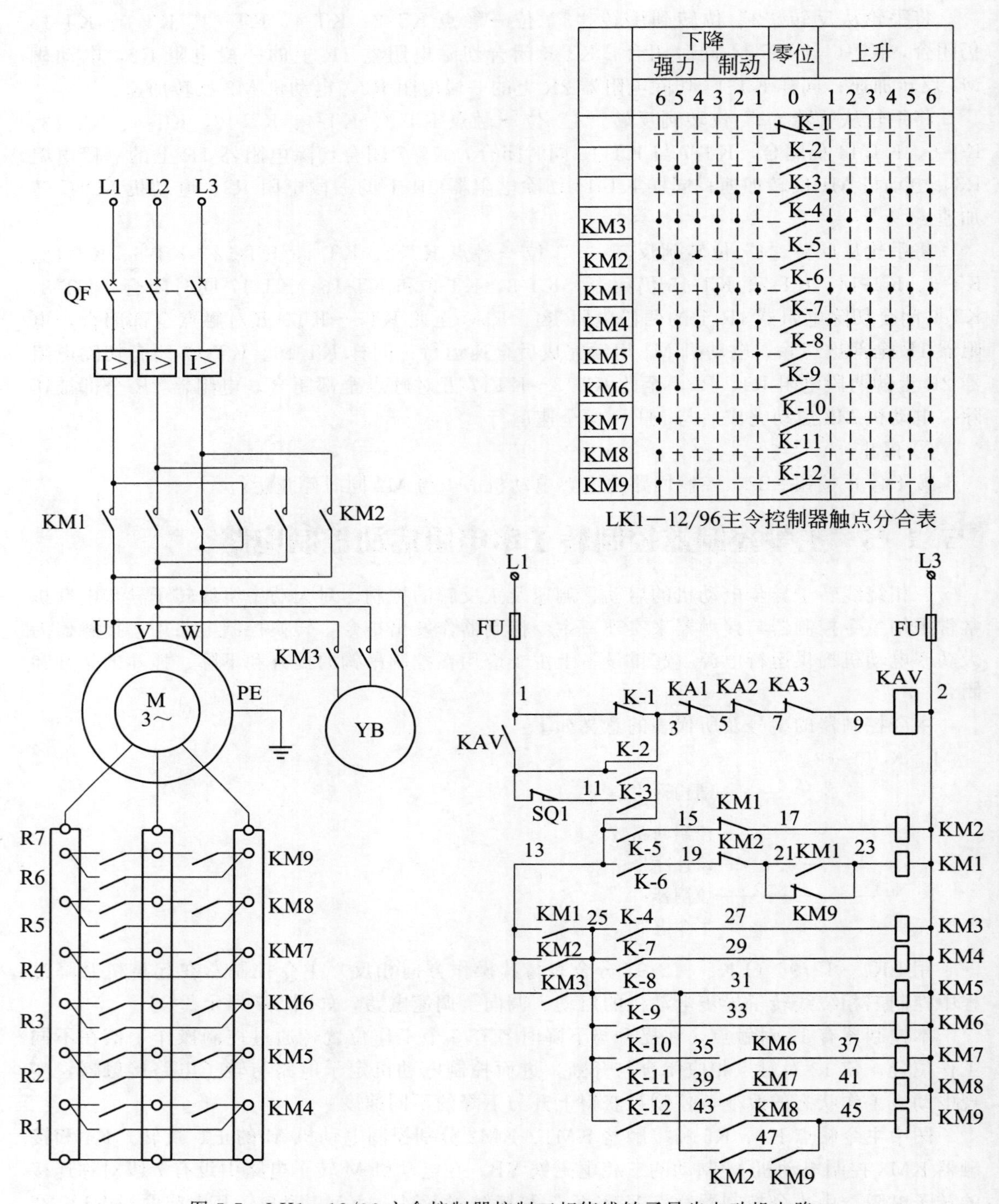

LK1—12/96主令控制器触点分合表

图 5-7　LK1—12/96 主令控制器控制三相绕线转子异步电动机电路

动作。KA1～KA3 过流继电器用作电动机 M 的过流保护。限位开关 SQ 实现提升过程中的位置保护。

工作原理如下：

合上电源开关 QF。

(1) 正转（提升）

将主令控制器 LK 手轮放在“0”位→K-1 触点闭合→“0”位电压继电器线圈得电→KAV 自锁点闭合自锁，为控制电路供电作准备。

将手轮从“0”位转到正转“1”位→K-1 断开；K-3、K-4、K-6、K-7 触点闭合→K-3 触点闭合给控制回路供电；K-4 触点闭合接触器 KM3 得电吸合，YB 线圈得电，制动电磁抱闸松开；K-6 触点闭合 KM1 接触器得电吸合，电动机以正转相序接通电源；K-7 触点闭合接触器 KM4 得电吸合，切除电阻 R1，此时由于 K-8～K-12 均断开，电动机 M1 转子绕组串接电阻 R2～R7 正转启动，此时启动转矩小，作为消除齿轮间隙的预备启动级。

当将手轮依次从正转“1”位转到正转“2”位至“6”位时，K-3、K-4、K-6、K-7 触点保持闭合，K-8～K-12 触点相继闭合→接触器 KM5～KM9 相继得电吸合→电阻 R2～R6 逐级被从电动机转子回路中切除→电动机 M 转矩逐渐加大，正转速度逐渐加速→电动机正常正转。

(2) 反转（下降）

将主令控制器 LK 手轮放在下降“1”位，此挡位为预备档。K-3 触点闭合，控制电路中串入提升限位 SQ；K-4 触点断开，KM3 不能得电吸合，制动器制动；K-6、K-7、K-8 触点闭合，相对的接触器 KM1、KM4、KM5 得电吸合，电动机 M 定子以正转提升相序接通电源，转子回路短接 R1、R2 两段电阻，但此时由于 YB 线圈不能得电，制动器处于制动状态，故电动机并不启动旋转。该挡位是为适应提升机构由上升变换到下降工作，消除因机械传动间隙在下放重物时突然快速运动对机构的冲击而设。所以此挡位不能停顿，必须迅速通过该挡，以防由于电动机在制动状态下时间过长而烧毁电动机。

将手轮从下降“1”位转到下降“2”位，此挡位为重载低速下放而设。此时 K-3 触点仍闭合，K-4、K-6、K-7 触点闭合，相对的接触器 KM3、KM1、KM4 得电吸合，YB 线圈得电后制动器打开，电动机能够自由旋转。电动机 M 定子以正转提升相序接通电源，转子回路短接 R1 段电阻，在重载时，电动机倒位反接制动低速下放；在轻载时，重物产生的负载拉力小于电动机正向电磁转矩时，则重物不但不能下降反而上升，这时必须把手柄迅速转到下一挡。

将手轮从下降“2”位转到下降“3”位，此挡位为重载低速下放而设。此时 K-3 触点仍闭合，K-4、K-6 触点闭合，相对的接触器 KM3、KM1 得电吸合，YB 线圈得电后制动器打开，电动机能够自由旋转。电动机 M 定子以正转提升相序接通电源，转子回路串入全部电阻，在重载时，电动机倒位反接制动低速下放。

以上 3 个挡位为制动下降的 3 个挡位，电动机接入正向相序电源，防止在吊有重载下降时速度太快。在控制电路中将上升限位接入，其目的在于对重物估计不足，在轻载时手轮置于下降“2”位时，重物不降而升时起限位作用。接触器 KM3 通电吸合，其自锁触点与正、反转接触器 KM1、KM2 常开触点并联，以保证主令控制器在由制动下降“3”位挡和强力下降“4”位挡切换时，KM3 线圈仍通电吸合，YB 处于得电非制动状态，防止换挡时出现高速制动而产生强烈机械冲击。

以下 3 个挡位为强力下降的 3 个挡位，电动机接入反向相序电源，主要适用于轻载场合。

将手轮从下降“3”位转到下降“4”位，此时 K-2、K-4、K-5、K-7、K-8 触点闭合，K-2 闭合为控制电路供电作准备，这时 K-3 断开，提升位置开关 SQ 在电路中失去保护作用。K-6触点断开，KM1线圈失电断开。K-4、K-5触点吸合，相应的接触器KM3、KM2得电吸合，YB线圈得电后制动器打开，电动机M接入反相序电源。K-7、K-8触点吸合，相应接触器KM4、KM5得电吸合，短接两段电阻R1、R2。若此时负载较轻，则电动机反向旋转，强力下降重物；若负载较重，下放重物的速度会很高，使电动机转速超过同步转速，则电动机将进入再生发电制动状态。下降速度与负载重量有关，负载越重，下降速度越快。接触器KM1与KM2之间由各自的常闭触点形成电气互锁。

将手轮从下降“4”位转到下降“5”位，此时K-2、K-4、K-5、K-7、K-8、K-9触点闭合，增加的K-9触点闭合，使接触器KM6得电吸合，转子电路中电阻R3又被短接。电动机在轻载下转速变快。KM6的常开辅助触点吸合，为接触器KM7吸合作准备。

将手轮从下降“5”位转到下降“6”位，此时K-2、K-4、K-5、K-7、K-8、K-9、K-10、K-11、K-12触点闭合，增加的K-10、K-11、K-12触点闭合，因接触器回路中串接了上一级接触器的常开触点使接触器KM7～KM9依次得电吸合，转子电路中R4、R5、R6逐级短接，电动机转速逐渐增加，待转子电阻全部被切除后，电动机转速最快。若此挡负载很重，使实际下降速度超过电动机的同步转速时，电动机进入再生发电制动状态，电磁转矩变成制动力矩，保证了下降速度不致太快，且在同一负载下“6”挡下降速度比“5”和“4”挡速度低。

由以上分析可知，本电路主令控制器有6个工作挡位，对于不同负载可实现强力下降或制动下降，但往往因操作人员对负载重量难以估计准确，容易发生事故，需要在电路中设有联锁与保护环节。

对于轻载重物，允许将控制器置于“4”、“5”、“6”挡位进行强力下降。若此时重物并不是轻载而是因操作工估计失误，将控制器手柄扳在下降“6”位，电动机运行在再生制动状态，此时应将手柄转至制动下降的“2”或“3”挡位，得到较慢的下降速度。这时必然要经过下降“5”和“4”挡位，为了避免在转换过程中产生高速下降，在控制电路中将KM2、KM9的常开触点串联后接在控制器K-8与KM9线圈之间，以保证接触器在转换过程中保持通电吸合状态，只有当手柄转至制动下降位时，接触器KM9才断电。否则误把手柄停在了“4”或“5”挡时，正在高速下降的负载速度不但得不到控制，反而下降速度增快，极易造成事故。在本保护中串入KM2常开触点是保证正转时，KM9不能形成自锁电路，只对反转下降起作用，而在正转上升时不起作用。

另外，当控制器手柄由强力下降“4”位转至制动下降“3”位时，K-5触点断开，K-6闭合，接触器KM2断电释放，KM1通电吸合，电动机处于反接制动状态。为避免反接时过大的冲击电流，必须先使接触器KM9断电释放，接入反接电阻，再使KM1得电吸合。为此在KM1线圈电路中将KM9常闭触点与KM1的常开触点并联，保证只有在KM9线圈断电释放下，接触器KM1才允许得电并自锁。此保护还可防止KM9主触点因电流过大而发生熔焊使触点分不开，将转子电阻R1～R6短接，只剩下常串电阻R7，若此时将手柄扳于提升位时将造成转子只串入R7发生直接启动事故。

5.2 转子绕组串频敏变阻器启动控制电路

三相绕线转子异步电动机转子串接电阻启动时由于逐级切除电阻，电流和转矩突然增加，存在一定的机械冲击。采用转子绕组串电阻的启动方法，要想获得良好的启动特性，一般需要较多的启动级数，所用电器较多，控制电路复杂，设备投资大，维修不便。同时电阻本身比较粗笨，能耗大，控制箱所占的体积也比较大。因此，在工矿企业实际应用中对于不频繁启动设备，广泛采用频敏变阻器代替启动电阻，来控制绕线转子异步电动机的启动。

三相绕线转子异步电动机转子串频敏变阻器启动主电路接线，如图 5-8 所示。接触器触点 KM1 闭合、KM2 断开时，电动机转子串入频敏变阻器启动。启动过程结束后，接触器触点 KM2 再闭合，切除频敏变阻器，电动机进入正常运行。

频敏变阻器是一种阻抗值随转子电流频率的减小而自动减小的电磁元件，它是绕线转子异步电动机较为理想的启动装置。频敏变阻器是一个三相铁芯线圈，它的铁芯是由实芯铁板或钢板叠成，板的厚度为 5～50mm，其实质是一个铁芯损耗非常大的三相电抗器。在电动机启动过程中，随着转子电流频率的减小，其等效阻抗也随之减小，即随着电动机转速增高，自动平滑地减小阻抗值，从而限制启动电流，并得到近似恒转矩的启动特性。因此只需一级频敏变阻器就可以平稳地把电动机启动起来。

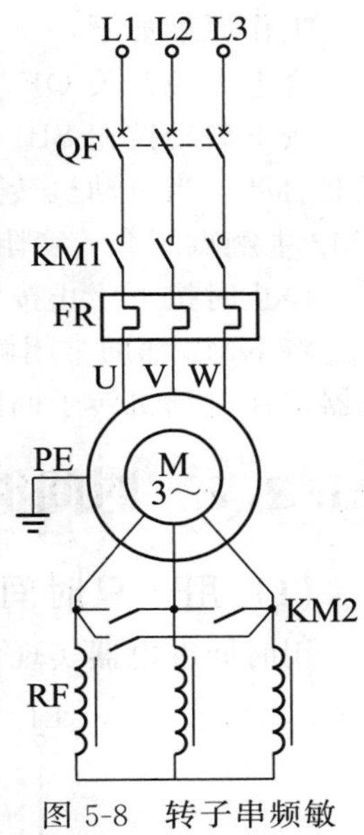

图 5-8　转子串频敏变阻器启动主电路

5.2.1　按钮操作、手动控制转子串频敏变阻器启动电路

按钮控制转子串频敏变阻器启动电路，如图 5-9 所示。主电路由电源开关 QF、电源接触器 KM1、短接频敏变阻器用的接触器 KM2、过载保护热继电器 FR、频敏变阻器 RF、绕线转子电动机 M 组成。控制电路由按钮 SB1 和 SB2，熔断器 FU、热继电器 FR 接点、接触器线圈 KM1 和 KM2 及其触点组成。

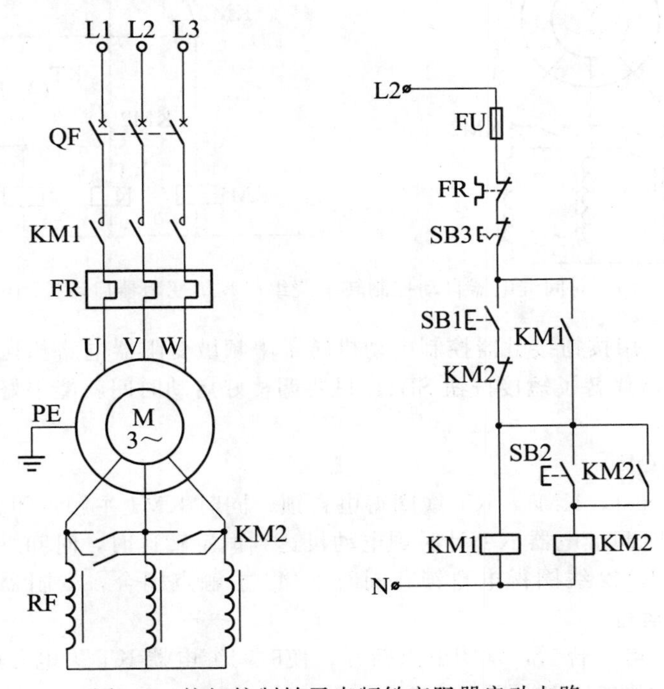

图 5-9　按钮控制转子串频敏变阻器启动电路

工作原理如下：

合上电源开关 QF。

按下启动按钮 SB1，KM1 线圈得电自锁；同时 KM1 主触点闭合，电动机 M 串频敏变阻器启动。当电动机转速达到额定转速时，按下短接按钮 SB2，KM2 线圈得电自锁；同时 KM2 主触点闭合，变阻器 RF 被短接，电动机以额定转速正常运行。

停止时按下停止按钮 SB3 即可。

将 KM2 辅助常闭触点串接在 SB1 与 KM1 线圈之间，是为了保证电动机启动时频敏变阻器串在电动机转子回路中。

5.2.2 时间继电器自动控制转子串频敏变阻器启动电路

(1) 用一只时间继电器自动控制转子绕组串频敏变阻器启动控制电路

用时间继电器实现自动控制转子绕组串频敏变阻器启动控制电路，如图 5-10 所示。

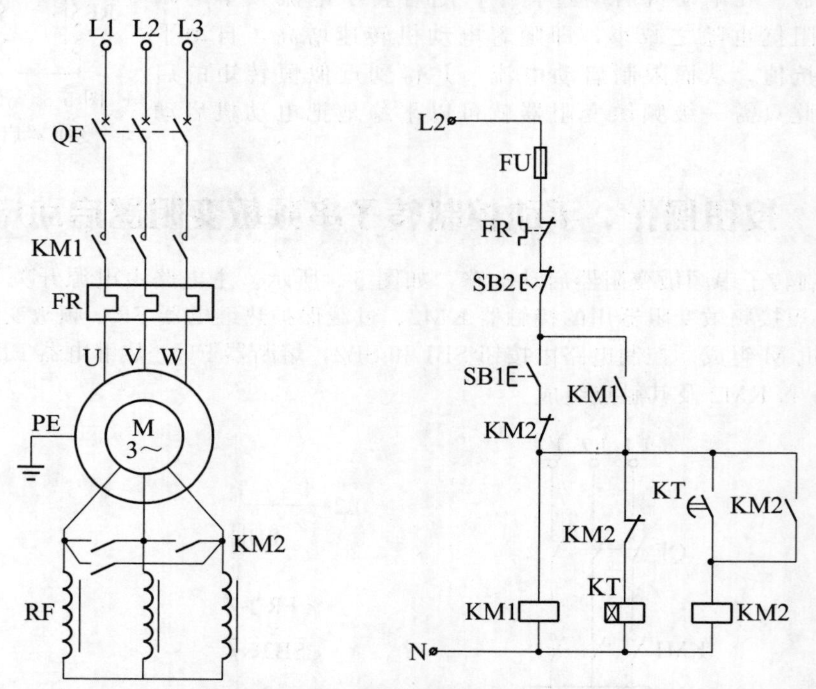

图 5-10 时间继电器自动控制转子绕组串频敏变阻器启动控制电路

本电路与图 5-9 用按钮接触器控制电动机转子串频敏变阻器电路相比，主电路相同，控制电路用时间继电器代替了短接按钮 SB2，只要调整好启动时间就能很好地实现自动切换。

电路工作原理：

合上电源开关 QF。

按下启动按钮 SB1，KM1、KT 线圈得电自锁；同时 KM1 主触点闭合，电动机 M 串频敏变阻器启动。当时间继电器 KT 计时到电动机达到额定转速时，时间继电器 KT 延时闭合常开触点闭合，使 KM2 线圈得电自锁；同时 KM2 主触点闭合，变阻器 RF 被短接，电动机以额定转速正常运行。

在 KM2 线圈得电吸合后，常闭触点断开，使时间继电器 KT 失电，触点复位。

停止时按下停止按钮 SB3 即可。

（2）用两只时间继电器自动控制转子绕组串频敏变阻器启动控制电路

用两只时间继电器自动控制转子绕组串频敏变阻器启动控制电路，如图 5-11 所示。

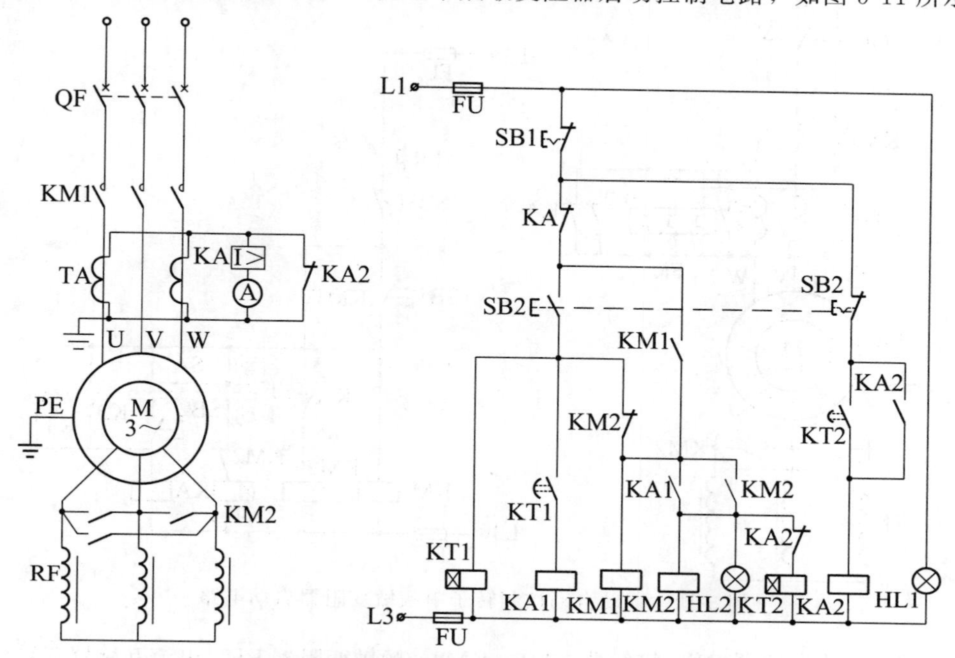

图 5-11　两只时间继电器自动控制转子绕组串频敏变阻器启动控制电路

图中 KM1 为电源接触器，KM2 为短接频敏变阻器用的接触器，KT1 为启动时间继电器，KT2 为防止 KA 在启动时误动作用的时间继电器，KA 为过流继电器，KA1 为启动中间继电器，KA2 为短接 KA 的中间继电器，HL1 为电源指示灯，HL2 为启动结束指示灯，QF 为电源断路器。

电路工作原理：

先合上电源开关 QF，HL1 灯亮，电路电压正常。

按下启动按钮 SB2→KM1 线圈得电；KT1 线圈得电→KM1 主触点闭合，KM1 自锁触点闭合自锁→电动机 M 串接 RF 启动→经 KT1 整定时间，延时闭合常开触点闭合→KA1 线圈得电→KA1 常开触点闭合，使 KM2 线圈得电自锁，同时指示灯 HL2 亮，→KM2 主触点吸合将频敏变阻器 RF 短接，电动机启动过程结束，电动机 M 正常运行；KM2 一对辅助常闭触点动作，使 KT1、KA1 线圈失电复位。

经 KT2 整定延时后，KT2 延时闭合常开触点闭合→KA2 线圈得电自锁→KA2 一对常闭触点断开，将过流继电器 KA 串入电流回路，对电动机进行过流保护；KA2 另一对常闭触点断开 KT2 回路，KT2 线圈失电复位。

停止时，按下停止按钮 SB1，控制电路失电，电动机 M 停止运行。

5.2.3　转换开关和时间继电器控制转子绕组串频敏变阻器启动控制电路

用转换开关和时间继电器控制转子绕组串频敏变阻器启动控制电路，如图 5-12 所示。本电路可以利用转换开关 SA 实现手动和自动控制。采用自动控制时，时间继电器起作用，手动时不起作用。

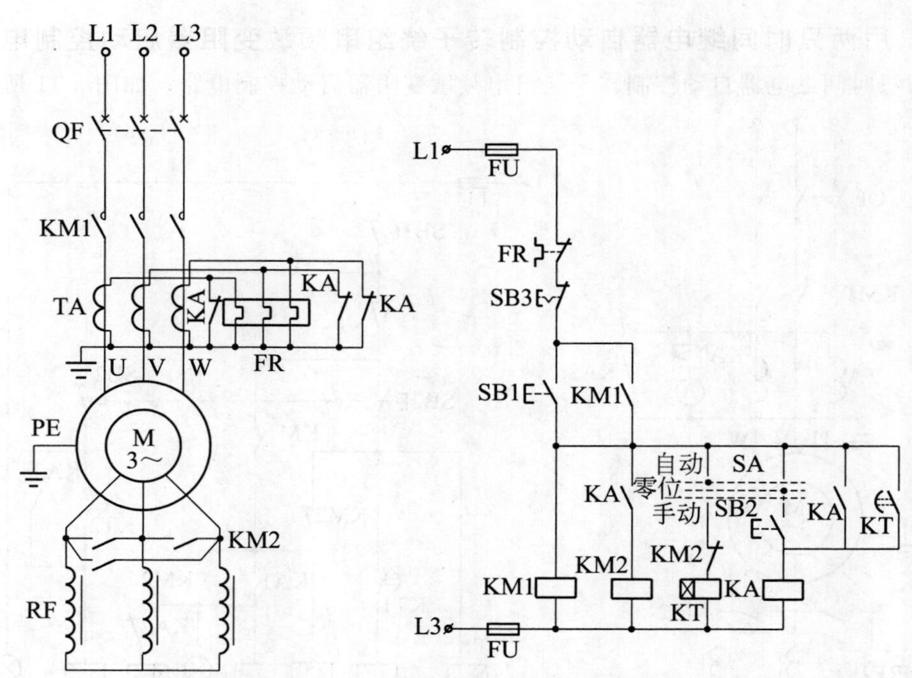

图 5-12　手动自动控制转子串频敏变阻器启动电路

本电路主要由断路器 QF，接触器 KM1、KM2，频敏变阻器 RF，电流互感器 TA，时间继电器 KT，热继电器 FR，中间继电器 KA，转换开关 SA，按钮 SB1、SB2、SB3 等组成。

电路工作原理：

先合上电源开关 QF。

（1）手动

将转换开关 SA 转至手动位置，按下启动按钮 SB1→KM1 线圈得电→KM1 主触点闭合，KM1 自锁触点闭合自锁→电动机 M 串接 RF 启动→等电动机 M 转速接近额定转速，电动机启动完成时按下按钮 SB2→KA 线圈得电→KA 自锁触点闭合自锁，KA 常开触点闭合，KA 常闭触点断开→KM2 线圈得电，热继电器 FR 接入电路→KM2 主触点闭合，切除频敏变阻器 RF，电动机 M 正常运行。

（2）自动

将转换开关 SA 转至自动位置，按下启动按钮 SB1→KM1 线圈得电，KT 线圈得电→KM1 主触点闭合，KM1 自锁触点闭合自锁→电动机 M 串接 RF 启动→经 KT 整定时间，延时闭合常开触点闭合→KA 线圈得电→KA 自锁触点闭合自锁，KA 常开触点闭合，KM2 线圈得电；KA 常闭触点断开，热继电器 FR 接入电路→KM2 主触点闭合，切除频敏变阻器 RF，电动机 M 正常运行；KM2 常闭触点断开，使 KT 线圈失电复位。

（3）停止

按下停止按钮 SB3，控制电路失电，电动机 M 停止运行。

启动过程中，中间继电器 KA 未得电，KA 三对常闭触点将热继电器 FR 的主触点短接，以免因启动过程中的大电流使热继电器过热产生误动作。启动结束后，中间继电器 KA 才得电动作，其三对常闭触点分断，FR 的热元件便接入主电路工作。电流互感器 TA，其作用是将大电流变成小电流，串入热继电器来反映电动机的过载程度。

5.2.4　频敏变阻器在使用中的调整

① 当启动电流过大、启动太快时，可调整抽头，设法增加匝数。匝数增加的效果是启动电流减小，启动力矩同时减小。

② 启动电流过小、启动力矩不够和启动太慢时，可换接抽头，设法减少匝数。

③ 如刚启动时嫌启动力矩大，机械有冲击，但启动完毕后，稳定转速又嫌低，可在上下铁心间增设气隙，增加气隙的效果是启动电流略为增加，启动力矩略为减少，但启动完毕时力矩增大，稳定转速得以提高。

5.3　转子串频敏变阻器启动和串电阻分级启动的使用比较

(1) 转子串频敏变阻器启动的优缺点

它是一种静止的无触点电磁元件，它具有以下优点。

① 结构简单，制造容易，材料和加工要求低，造价低廉。

② 运行可靠，坚固耐用，使用维护方便。

③ 由于它对频率的敏感而自动变阻，可使控制大大简化，宜于实现自动控制。

④ 能获得接近恒转矩的机械特性，减少机械和电流的冲击，实现电动机平稳无级的启动。

缺点：

频敏变阻器是一种感性元件，因而功率因素较低，一般为 0.5～0.75，其启动电流比利用电阻的启动电流要大。

如果仅需减小电流、提高启动转矩无须调速，可选择此法，主要用在：

① 绕线转子电动机短时启动用频敏变阻器，主要适用于长期工作的绕线转子电动机，可达到接近恒转矩的启动，启动完毕后用短接器将频敏变阻器切除，如大中功率破碎机、磨机、空压机等；

② 绕线转子电动机反复短时启动用频敏变阻器，主要适用于牵引电动机的启动、反接或能耗制动，它能在 15%、25%、40%、60%四种通电持续率下可靠工作，并允许接入转子电路中使用，不必切除，如起重机的小跑电动机和部分大跑电动机控制，浮吊的扒杆电动机和旋转电动机控制等。

(2) 转子串电阻分级启动的优缺点

主要优点：

① 可以得到最大的启动转矩。

② 转子回路内只串电阻没有电抗，启动过程中功率因素比串频敏变阻器高。

③ 启动电阻同时可兼作调速电阻。如起重机的提升和开合电动机控制、部分大跑电动机控制，浮吊的提升和开合电动机控制等场合。

缺点：

如要求启动过程中启动转矩最大，则启动级数就要多，特别是容量大的电动机，这就需要增加较多的设备，使得设备投资大，维修也不太方便。

第6章 三相异步电动机的调速控制电路

由三相异步电动机的转速公式：$n=(1-s)\frac{60f_1}{p}$可知，异步电动机调速方法有三种：变更磁极对数 p 的变极调速、改变转差率 s 的变转差率调速和改变电源频率 f_1 的变频调速。

6.1 变更磁极对数的调速控制电路

改变磁极对数，可以改变电动机的同步转速，也就改变了电动机的转速。一般三相异步电动机的磁极对数是不能随意改变的，因此必须选用双速或多速电动机来进行调速。由于电动机极对数是整数，所以变级调速是有级的调速。

变极调速是通过改变电动机定子绕组连接方式即改变定子绕组的半相绕组电流方向或在定子上设置具有不同极对数的两套互相独立的绕组来实现调速。有时同一台电动机为了获得更多的速度等级，会同时采用在定子上设置两套互相独立的绕组，又使每套绕组具备改变不同的接线方式。

采用变极调速这种方法一般用于笼形电动机，因为其转子的极对数能自动地与定子极对数相对应。

6.1.1 单绕组双速异步电动机的接线方法

单绕组双速异步电动机的接法常用的有星变双星 Y-YY 和三角变双星△-YY 两种接线方法。Y-YY 绕组接线方法如图 6-1 所示。图 6-1(a) 为星形接法，电动机绕组中心抽头 U2、V2、W2 空着不用，端点 U1、V1、W1 接电源，三相绕组另外一端接在一起，形成中性点 O，这就是普通的星形接法。

图 6-1(b)、图 6-1(c) 为双星形 YY 接法，端点 U2、V2、W2 接电源，端点 U1、V1、W1 接在一起，并且和中性点 O 相连，这就是双星形接法。在双星形接法中，两个半相绕组并联，其中一个半相绕组的电流反向，于是电动机的极对数减小一半，即由 $2P$ 变为 P，电

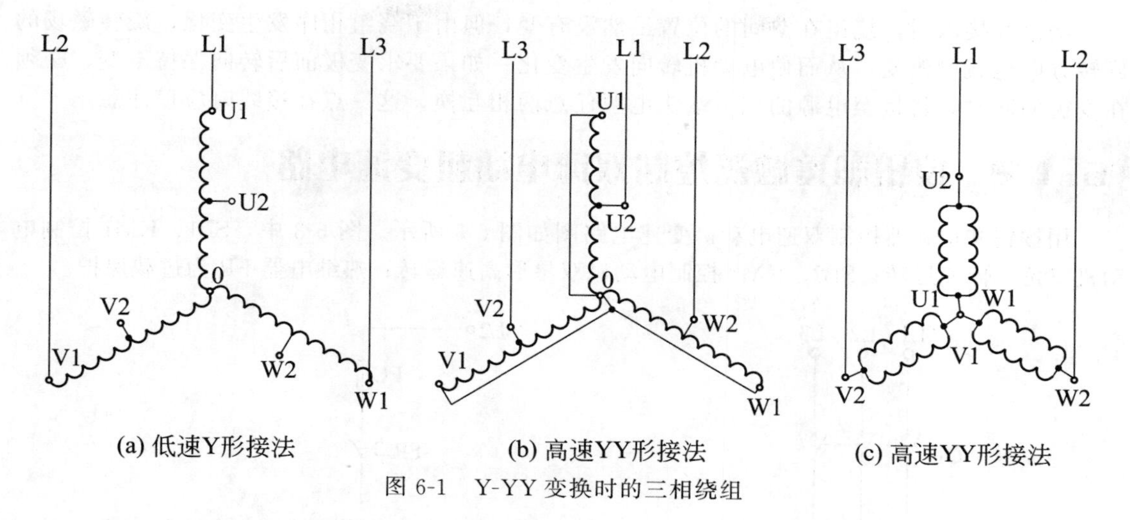

图 6-1　Y-YY 变换时的三相绕组

动机的同步转速增加一倍。

在同样的电源电压下，双星形接法时输入功率较星形接法时增大一倍，因而输出功率也增大一倍。同时由于转速也增大了一倍，因 $M=975P/n$ 可知，星形接法变成双星形接法属于恒转矩调速。

△-YY 绕组接线方法如图 6-2 所示。图 6-2(a) 为三角形△接法，端点 U1、V1、W1 接电源，电动机绕组中心抽头 U2、V2、W2 空着不用，三相绕组依次首尾相连，这就是普通的三角形接法。

图 6-2(b)、图 6-2(c) 为双星形 YY 接法，端点 U1、V1、W1 接在一起构成中性点，端点 U2、V2、W2 接电源，这就是双星形接法。在双星形接法中，两个半相绕组并联，其中一个半相绕组的电流反向，于是电动机的极对数减小一半，即由 $2P$ 变为 P，电动机的同步转速增加一倍。

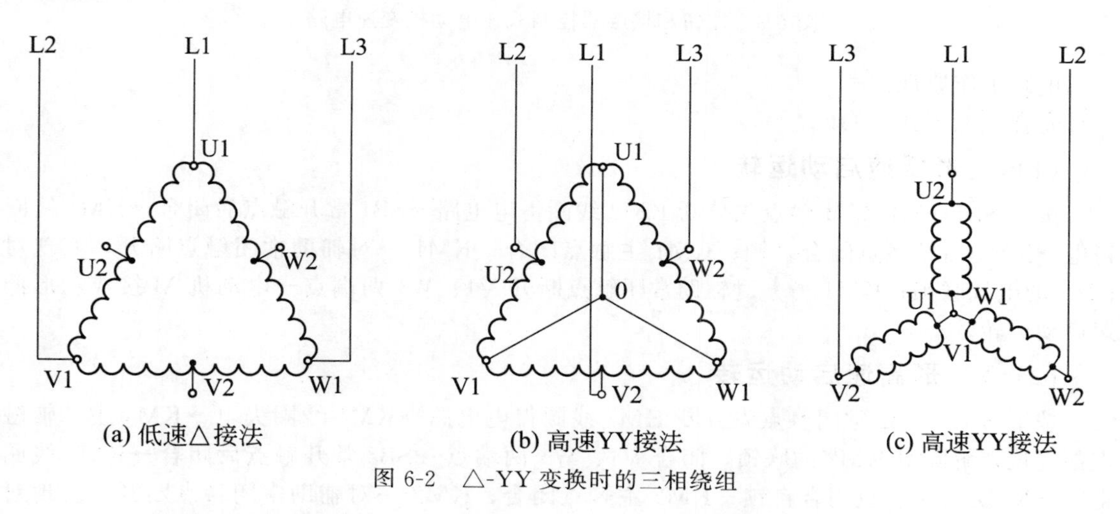

图 6-2　△-YY 变换时的三相绕组

三角形接法变成双星形接法，输入功率相差 15%，也可近似认为在两种情况下输入功率差不多是相等的。如果认为两种情况下效率也近似不变，则电动机允许输出功率不变。所以三角形变换成双星形属于恒功率调速。由于转速由三角形变换成双星形时同步转速增高一倍，而功率不变，所以输出转矩要减少一半。

绕组改接以后，绕组在空间的位置虽然没有变，但由于绕组相序发生变化，旋转磁场的旋转方向也就要改变，从而使电动机转向发生变化。如果要求变极前后转向保持不变，必须在变极的同时，将接至电源的三个端头电源任意两相互换，这一点在接线时应该注意。

6.1.2 按钮和接触器控制双速电动机变速电路

用按钮和接触器控制双速电动机变速电路图如图 6-3 所示。图 6-3 中，SB1、KM1 控制电动机三角形低速运转；SB2、KM2 控制电动机双星形高速运转；热继电器 FR 为过载保护。

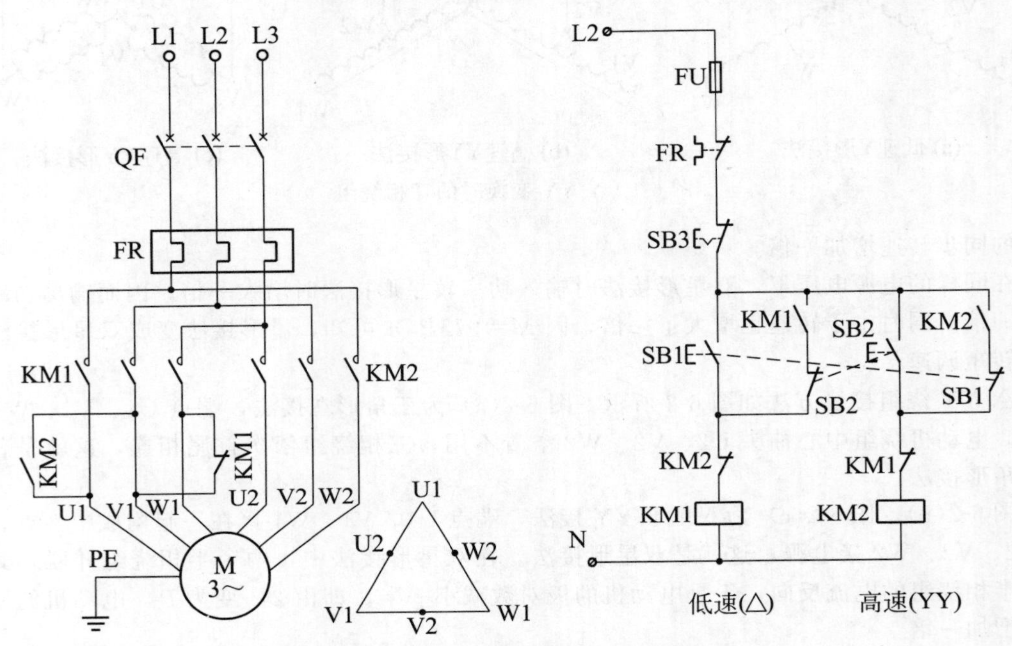

图 6-3 按钮和接触器控制双速电动机变速电路

电路工作原理：

先合上电源开关 QF。

(1) △形低速启动运转

按下 SB1→SB1 常闭触点先分断 KM2 线圈得电电路→SB1 常开触点后闭合→KM1 线圈得电→KM1 自锁触点闭合自锁；KM1 主触点闭合；KM1 一对辅助常闭触点断开，实现对 KM2 的电气联锁；KM1 另一对辅助常闭触点断开 V1、W1 两端点→电动机 M 接成△形低速启动运转。

(2) YY 形高速启动运转

按下 SB2→SB2 常闭触点先分断 KM1 线圈得电电路→KM1 线圈失电→KM1 主、辅触点都复位，解除对 KM2 的联锁，闭合 V1、W1 两端点→SB2 常开触点后闭合→KM2 线圈得电→KM2 自锁触点闭合自锁；KM2 主触点闭合；KM2 一对辅助常闭触点断开，实现对 KM1 的电气联锁；KM2 另一对辅助常开触点闭合短接 U1、V1 两端点→电动机 M 接成 YY 形高速启动运转。

(3) 停转

按下 SB3，控制电路失电，电动机无论在低速或高速运行，都会停转。

在图 6-3 中，定子绕组双星形中性点的连接用辅助触点，它适用于功率为 3kW 以下的双速电动机。如果电动机容量较大，则可用三只交流接触器控制。

6.1.3　三只接触器控制双速电动机变速电路

用三只接触器控制双速电动机变速电路如图 6-4 所示。绕组接线图见图 6-2。

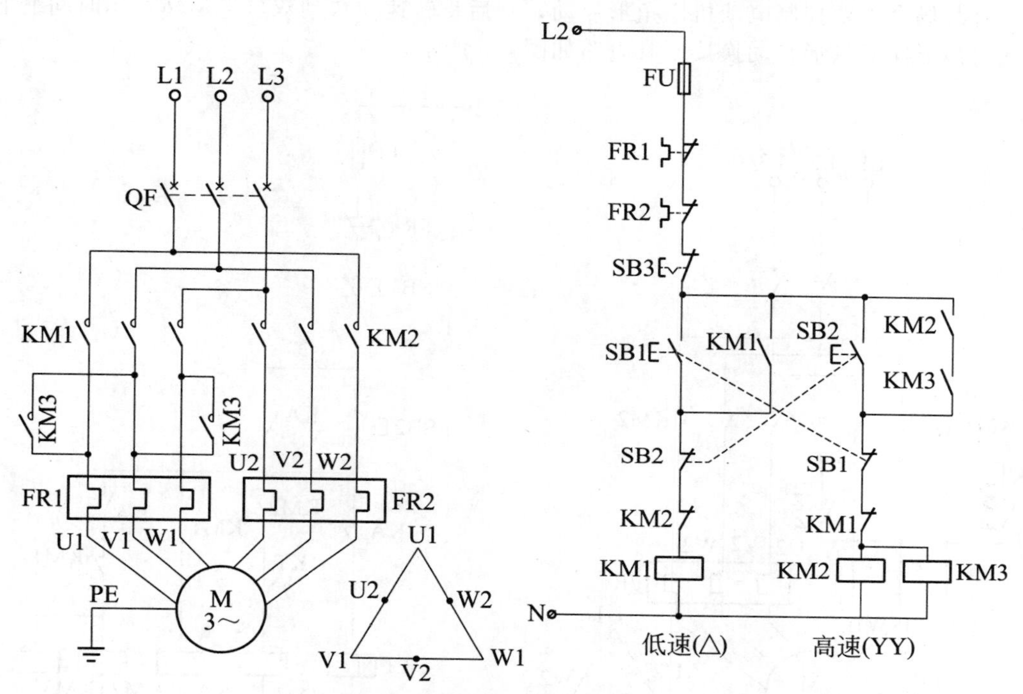

图 6-4　三只接触器控制双速电动机变速电路

图 6-4 中，SB1、KM1 控制电动机低速运转；SB2、KM2、KM3 控制电动机高速运转；热继电器 FR1、FR2 分别作低速和高速运转时的过载保护。

电路工作原理：

先合上电源开关 QF。

(1) △形低速启动运转

按下 SB1→SB1 常闭触点先分断 KM2、KM3 线圈的得电电路→SB1 常开触点后闭合→KM1 线圈得电→KM1 自锁触点闭合自锁；KM1 主触点闭合；KM1 一对辅助常闭触点断开 KM2、KM3 线圈的得电电路，实现对 KM2、KM3 的电气联锁→电动机 M 接成△形低速启动运转。

(2) YY 形高速启动运转

按下 SB2→SB2 常闭触点先分断 KM1 线圈得电电路→KM1 线圈失电→KM1 主、辅触点都复位，解除对 KM2、KM3 的电气联锁→SB2 常开触点后闭合→KM2、KM3 线圈得电→KM2、KM3 自锁触点串联后闭合自锁；KM2、KM3 主触点闭合；KM2 一对辅助常闭触点断开，实现对 KM1 的电气联锁→电动机 M 接成 YY 形高速启动运转。

(3) 停转

按下 SB3，控制电路失电，电动机无论在低速或高速运行，都会停转。

图 6-4 比图 6-3 多用一只热继电器，因考虑定子绕组在三角形连接和双星形连接时，供给绕组电源中的电流是不一样的，从而可提高过载保护的可靠性。

6.1.4 时间继电器控制双速电动机自动换接电路

用按钮接触器控制双速电动机变速电路的特点是电动机可分别在低速和高速长时间运行。在有些场合需要控制电动机三角形启动，然后将转速加快到双星形运转，用时间继电器可实现三角形向双星形自动换接。其电路如图 6-5 所示。

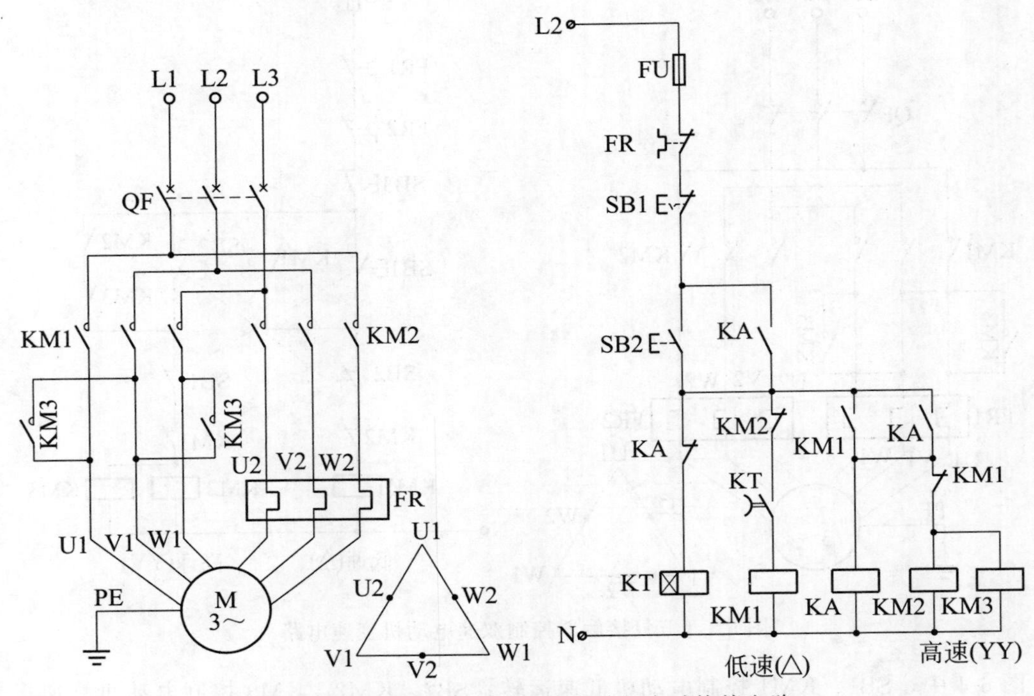

图 6-5 时间继电器控制双速电动机自动换接电路

图 6-5 中，SB2、KM1 控制电动机低速启动；KM2、KM3 控制电动机高速运转；热继电器 FR 是高速时的过载保护；KA 为中间继电器；KT 为时间继电器，控制启动到运转的时间。

电路工作原理：

先合上电源开关 QF。

（1）△形低速启动

按下 SB2→KT 线圈得电→KT 失电延时断开常开触点瞬时闭合→KM1 线圈得电→KM1 一对辅助常开触点闭合导致 KA 得电自锁，KA 的一对常开触点闭合实现 KM1 自锁，KA 的一对常闭触点使 KT 线圈失电开始计时；KM1 另一对辅助常闭触点断开 KM2、KM3 线圈的得电电路，实现对 KM2、KM3 的电气联锁；KM1 主触点闭合→电动机 M 接成△形低速启动。

（2）YY 形高速运转

经 KT 整定时间延时后→KT 的失电延时断开常开触点断开→KM1 线圈失电→KM1 主辅触点都复位→KM1 解除对 KM2、KM3 的电气联锁→KM2、KM3 线圈得电，并通过 KA

的一对常开触点自锁→KM2 一对辅助常闭触点断开，实现对 KM1 的电气联锁；KM2、KM3 主触点闭合→电动机 M 自动接成 YY 形高速运转。

（3）停转

按下 SB1 控制电路失电，电动机停转。

6.1.5　时间继电器控制双速电动机变速电路

图 6-6 是用时间继电器控制双速电动机低速启动运转和低速启动高速运转变速电路。

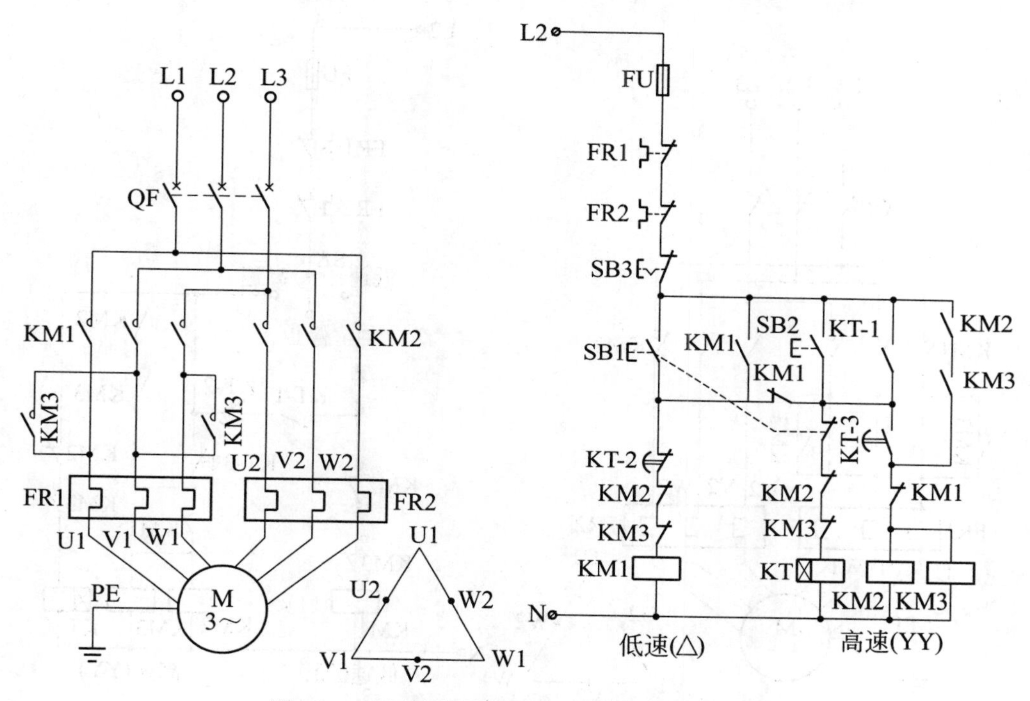

图 6-6　时间继电器控制双速电动机变速电路

电路工作原理：

先合上电源开关 QF。

（1）△形低速启动运转

按下 SB1→SB1 常闭触点先分断 KT 线圈的得电电路→SB1 常开触点后闭合→KM1 线圈得电→KM1 自锁触点闭合自锁；KM1 主触点闭合；KM1 两对辅助常闭触点断开 KM2、KM3 线圈的得电电路，实现对 KM2、KM3 的电气联锁→电动机 M 接成△形低速启动运转。

（2）YY 形高速运转

按下 SB2→KT 线圈得电→KT 常开触点闭合自锁→经 KT 整定时间延时后→KT 延时断开触点先断开→KM1 线圈失电→KM1 主、辅触点都复位→KM1 解除对 KM2、KM3 的电气联锁→KT 延时闭合触点后闭合→KM2、KM3 线圈得电→KM2、KM3 自锁触点串联后闭合自锁；KM2、KM3 主触点闭合；KM2、KM3 二对辅助常闭触点断开，实现对 KM1 的电气联锁和断开 KT 电源→电动机 M 接成 YY 形高速运转。

(3) 停转

按下 SB3，控制电路失电，电动机停转。

若电动机只需高速运转时，可直接按下 SB2，则电动机三角形低速启动后，立即转为双星形高速运转。

6.1.6 时间继电器和转换开关控制双速电动机变速电路

用时间继电器和转换开关控制双速电动机变速电路如图 6-7 所示。

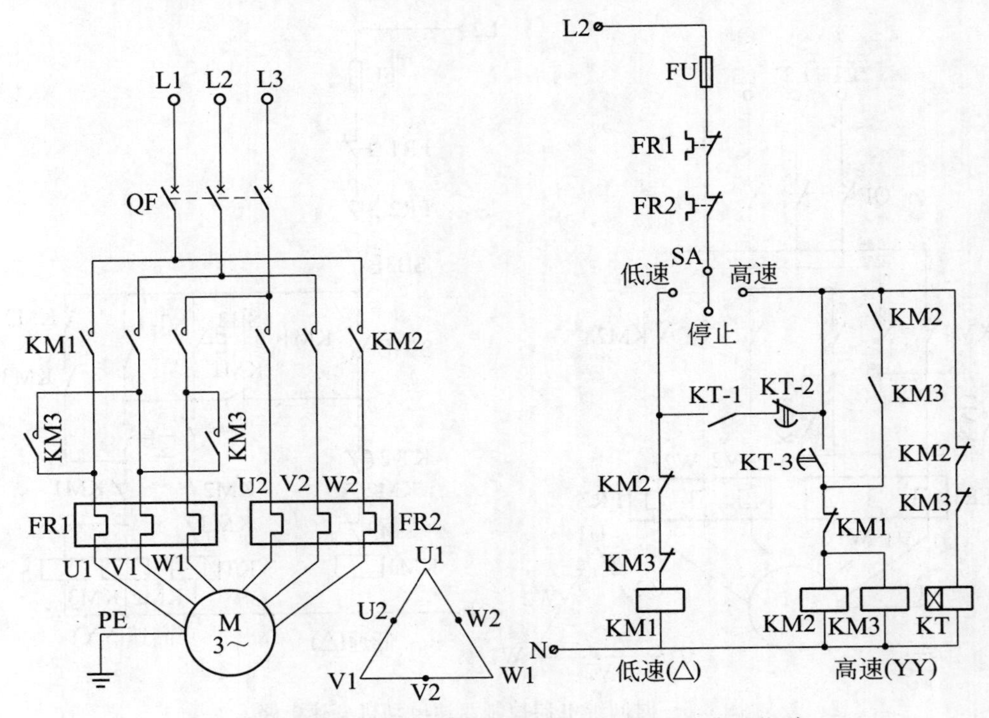

图 6-7 时间继电器和转换开关控制双速电动机变速电路

图 6-7 中，SA 是具有三个接点位置的转换开关，分别控制低速、停止、高速三种运行方式。

电路工作原理：

先合上电源开关 QF。

(1) △形低速启动运转

将转换开关 SA 转换至低速挡时→KM1 线圈得电→KM1 主触点闭合；KM1 辅助常闭触点断开 KM2、KM3 线圈的得电电路，实现对 KM2、KM3 的电气联锁→电动机 M 接成△形低速启动运转。

(2) YY 形高速运转

将转换开关 SA 转换至高速挡时→KT 线圈得电→KT 常开触点闭合→KM1 线圈得电→KM1 主触点闭合；KM1 辅助常闭触点断开 KM2、KM3 线圈的得电电路，实现对 KM2、KM3 的电气联锁→电动机 M 接成△形低速启动。

经 KT 整定时间延时后→KT 延时断开触点先断开→KM1 线圈失电→KM1 主、辅触点都复位→KM1 解除对 KM2、KM3 的电气联锁→KT 延时闭合触点后闭合→KM2、KM3 线圈得电→KM2、KM3 自锁触点串联后闭合自锁；KM2、KM3 主触点闭合；KM2、KM3 两对辅助常闭触点断开，实现对 KM1 的电气联锁和断开 KT 电源→电动机 M 接成 YY 形高速运转。

（3）停转

将转换开关 SA 转换至停止挡位时，控制电路断开电源，电动机停止运行。

6.2　改变转子外加电阻的调速控制电路

改变转差率 S 调速的方法有：绕线转子电动机在转子回路中串接电阻调速、绕线转子电动机串级调速、异步电动机定子交流调压调速、电磁转差离合器调速等实现。这些方法的共同点是在调速过程中产生大量转差功率并消耗在转子电路上，使转子发热，调速经济性差。

降压调速的方法比较简单，但对于一般笼形异步电动机，降压调速只有很窄的调速范围，没有多少实用价值。恒转矩负载时，降压调速只能用于高转差率或绕线转子异步电动机。异步电动机降压调速欲扩大调速范围，则必然使低速时转差率加大，转子铜耗大，功率低，此时电动机发热很厉害，不能长期运行。降压调速方法适用于调速性能要求不高的鼓风机、卷扬机等。

串级调速就是在绕线转子异步电动机转子电路内引入感应电动势，其频率与转子感应电动势频率相同，方向可以相同或相反，使转子电流发生变化，改变电动机的电磁转矩，从而达到调速的目的。因为转子电流与转子电路电势成正比，当引入电势与转子电势同相时，转子电流增加，使转矩提高，转速增加；当引入电势与转子电势反相时，转子电流减小，使转矩下降，转速降低。如能用某一装置使引入电势的大小平滑改变，则异步电动机的转速也就能平滑调节，即无级调速。要获得外加电势的频率随转子速度变化而变化的电源装置，在技术上比较复杂，设备也较庞大，是串级调速的主要缺点。串级调速主要适用于大容量的绕线转子异步电动机，转差能量可反馈到电网，效率较高。

目前工厂中改变转差率调速方法使用较多的是绕线转子电动机在转子回路中串接电阻调速、电磁转差离合器调速，下面将对这两种方法进行介绍。

三相绕线转子异步电动机的转子绕组通过三个滑环与外接电阻相连接，改变外接电阻的大小，可在一定范围内对电动机起调速作用。为了解绕线转子异步电动机转子回路中串入电阻的调速过程，先简单介绍异步电动机的机械特性。

电动机的机械特性是指电动机的转矩 M 与转速 n 的关系，即 $n=f(M)$。对异步电动机来说，当转子回路没有接入电阻时的机械特性，称为自然机械特性，如图 6-8(a) 所示。当转子回路串入电阻后的机械特性，称为人为机械特性，如图 6-8(b) 所示。

额定转矩 M_n 是电动机在额定电压和额定电流等额定条件下所产生的转矩，此时的转速称为额定转速 n_n。启动转矩 M_{st} 是电动机启动时的转矩，这时 $n=0$，$S=1$。

对于绕线转子异步电动机来说，当电网电压及频率不变时，在转子回路中串入电阻后，可以改善电动机的启动转矩。图 6-8(b) 中曲线 1 为自然特性，串入电阻 R1，其电阻值 $R_1=0$，曲线 2、3、4 为人为特性，串入的电阻分别为 R2、R3、R4，电阻值的大小为 $R_2<R_3<R_4$。当负载转矩一定时，电动机的速度与串入回路中的电阻有关，从图中看出，串入

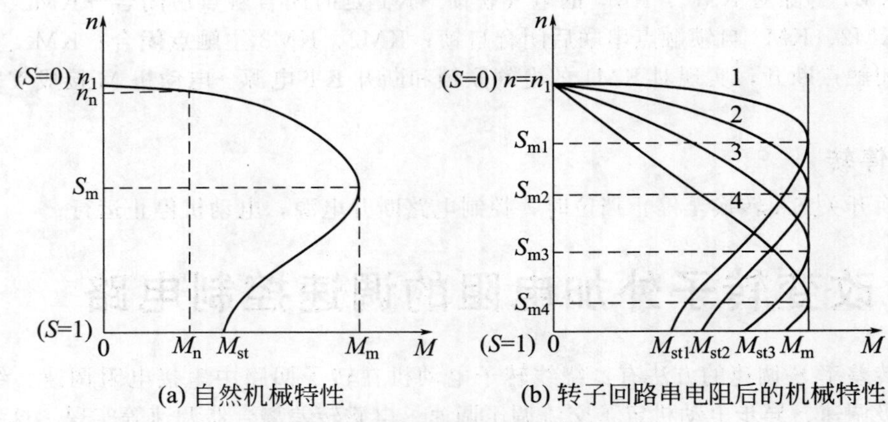

(a) 自然机械特性　　(b) 转子回路串电阻后的机械特性

图 6-8　异步电动机机械特性

M_n—额定转矩；n_n—额定转速；n_1—同步转速；S_n—额定转差率；

M_{st}—启动转矩；M_m—最大转矩；S_m—临界转差率。

电阻后，电动机的最大转矩 M_m 和同步转速 n_1 都不变，但临界转差率 S_m 随转子电阻 R 的阻值增大而增加，启动转矩 M_{st} 也随转子电阻 R 的阻值增大而增加。电阻越大，机械特性越软，电动机转速越低。

转子串接电阻的调速方法只适用于绕线转子电动机，由于串电阻后电动机机械特性变软，因而稳定性差，调速范围不大，只能是有级调速。在调速时能量损耗大，但由于这种方法简便和便于操作，适合重复短期负载，所以在目前特别是在起重机械设备上应用比较广泛。

绕线转子异步电动机改变转子电阻的调速控制，可以由凸轮控制器切换电阻来实现，也可通过主令控制器控制交流接触器顺次接入或切除电阻来实现，一般都兼有电动机可逆运行控制。对于容量不太大，且启动不太多的设备，用凸轮控制器控制。对于容量较大、启动频繁的设备，采用主令控制器控制。绕线转子异步电动机转子回路中串接不同的电阻既可启动又可调速，如果电动机要调速则将可变电阻调到相应的位置即可。

6.3　电磁调速异步电动机的控制电路

电磁调速是以异步电动机为原动机（它本身并不调速），通过改变电磁离合器的励磁电流来实现调速的。电磁调速异步电动机调速系统由笼形异步电动机、电磁转差离合器和励磁电源控制部分组成。电磁调速系统见图 6-9。

电磁转差离合器是将异步电动机转轴和生产机械转轴作软性连接以传递功率的一种装置。电磁转差离合器又叫滑差离合器。电磁转差离合器由电枢和磁极两部分组成，两者无机械连接，都可自由旋转。电枢由电动机带动，称主动部分；磁极用联轴器与负载相连，称从动部分。

电枢通常用整块的铁磁材料铸钢加工而成，形状像筒形的杯子，上面没有绕组。磁极则由铁芯和绕组两部分组成。

当励磁绕组通以直流电，异步电动机以恒速拖动电枢定向旋转时，在电枢中因切割磁力线而感应产生涡流，涡流与磁极的磁场作用产生电磁力，形成的电磁转矩使磁极跟着电枢同

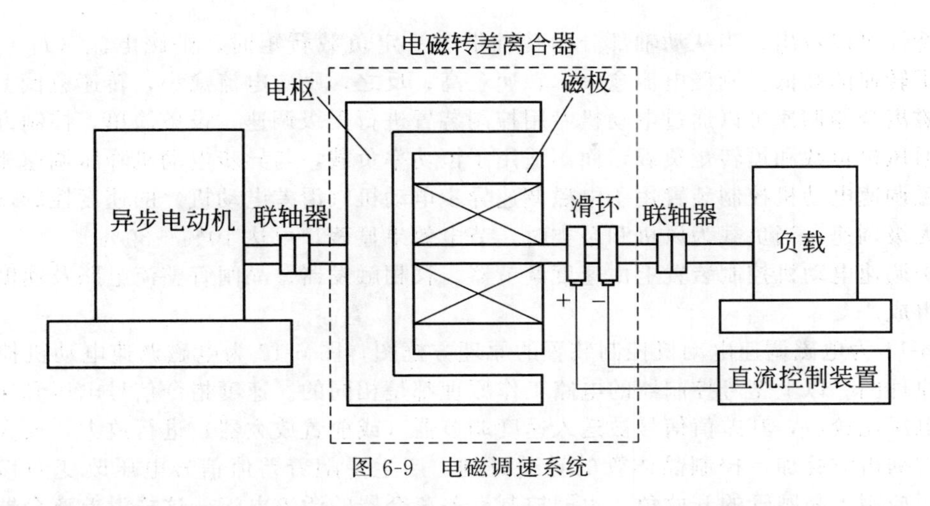

图 6-9　电磁调速系统

方向旋转。由于拖动电枢的三相异步电动机的固有机械特性较硬，因而可以认为电枢转速近似不变，而磁极的转速则由磁极磁场的强弱而定，即由励磁电流大小而定。因此改变励磁电流的大小，就可改变磁极的转速。当磁极电流等于零时，磁极没有磁通，电枢不会产生涡流，不能产生转矩，磁极也就不会转动，这就相当于磁极与电枢“离开”；一旦磁极加上励磁电流，磁极即刻转动起来，相当于磁极与电枢“合上”，因此取名为“离合器”。

此外我们还可看到它是基于电磁原理工作的，工作原理与异步电动机相同。磁极与电枢的速度不能相同，如果相同，电枢也就不会切割磁力线产生涡流，也就不能产生带动生产机械旋转的转矩。这就好像异步电动机的转子导体和定子旋转磁场之间的作用一样，依靠这个“转差”才能进行工作。所以这种离合器称为电磁转差离合器，通常将它连同拖动它的三相异步电动机统称为“滑差电动机”。目前我国已有系列化的电磁调速异步电动机。

在一般情况下，电磁离合器调速系统在不同的励磁电流下的机械特性是很软的，如图 6-10(a)所示。励磁电流越小，机械特性越软。显然，这样的机械特性不能应用在要求速度比较稳定的工作机械上。为了得到比较硬的机械特性，增大调速范围，提高调速的平滑性，在实际的调速系统上，增加速度负反馈环节，组成闭环调节系统，其机械特性如图 6-10(b)所示。

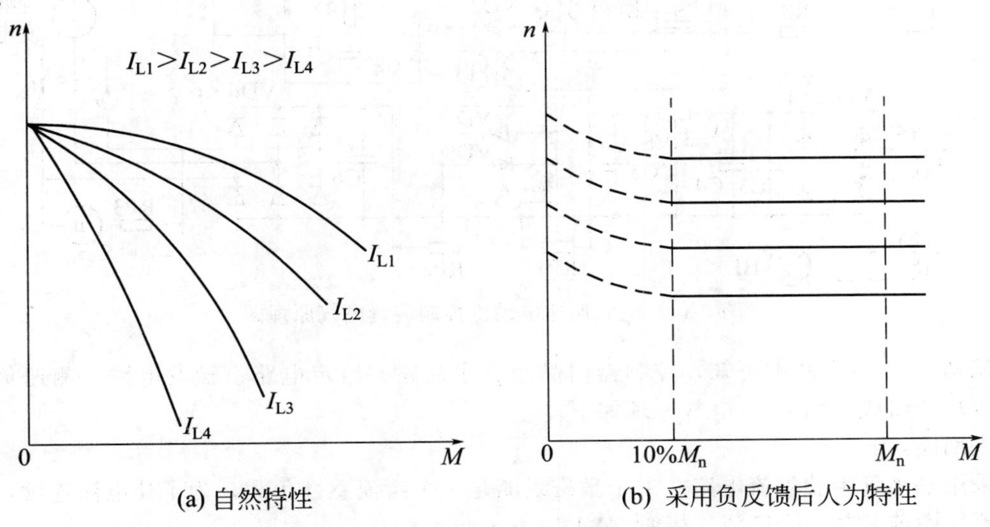

图 6-10　电磁离合器调速系统机械特性

从特性可以看出，当从动轴部分的转轴带有一定负载转矩时，励磁电流（I_L）的大小便决定了转速的高低。励磁电流愈大，转速愈高；反之，励磁电流愈小，转速愈低。

电磁离合器调速可以通过电动机专用控制装置进行无级调速，设备简单，控制方便，它适用于通风机负载和恒转矩负载，而不适用于恒功率负载，与异步电动机降压调速相似。

电磁调速电动机控制装置用于电磁调速异步电动机（滑差电动机）的速度控制，以实现恒转矩无级调速，当负载为风机和泵类时，节电效果显著，可达 10%～30%。

电磁调速电动机控制装置上由速度调节器、移相触发器、晶闸管整流电路及速度负反馈等环节组成。

图 6-11 为电磁调速电动机控制装置的原理方框图，图 6-12 为电磁调速电动机控制装置的电气原理图。以上型号控制器的电路工作原理都是相同的。速度指令信号电压和速度负反馈信号电压比较后，其差值信号被送入速度调节器（或前置放大器）进行放大，放大后的信号电压与锯齿波叠加，控制晶体管的导通时刻，产生了随着差值信号电压改变而移动的脉冲，从而控制了晶闸管的开放角，也即控制滑差离合器的激磁电流，这样滑差离合器的转速随着激磁电流的改变而改变。电磁调速电动机的恒转矩无级调速才得以实现。

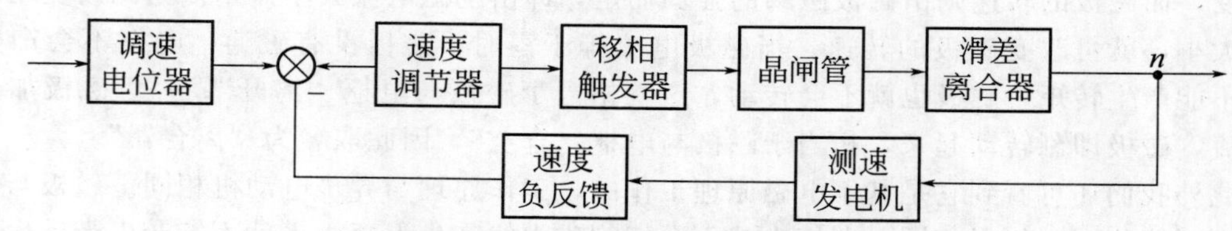

图 6-11　电磁调速电动机控制装置原理方框图

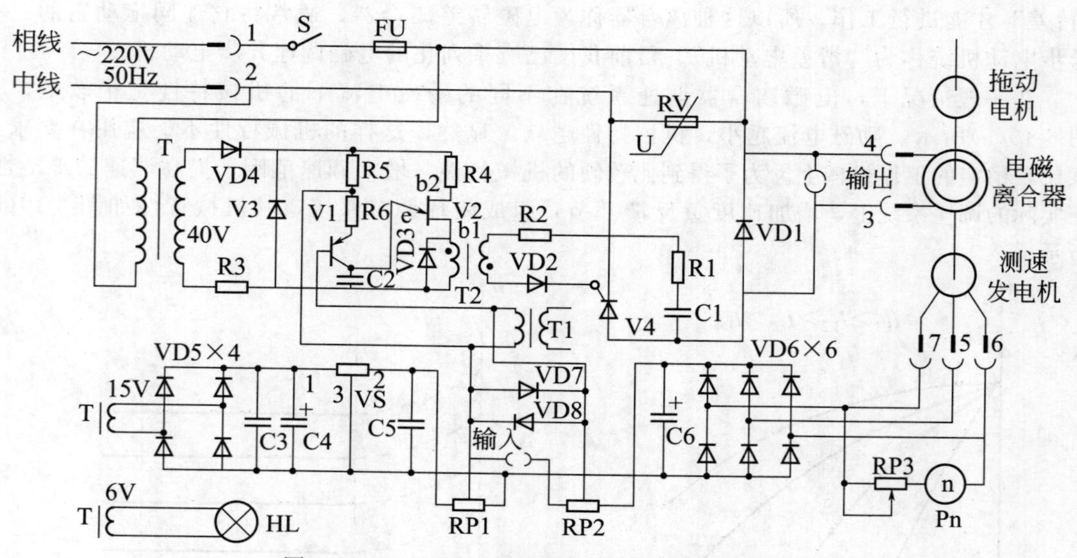

图 6-12　电磁调速电动机控制装置电气原理图

从图 6-11 方框图中可知，控制器由晶闸管主回路、给定电路、触发电路、测速负反馈电路等环节组成。图 6-12 电气原理如下。

主回路：

采用晶闸管半波整流电路。由于激磁线圈是一个续流感性负载，为了让电流连续，因此在激磁线圈前并联一个续流二极管（VD1）。

主回路保护装置：

用熔断器（FU）进行短路保护，用浪涌吸收器（RV）进行交流侧浪涌电压保护，用阻容吸收回路（C1 与 R1）进行元件侧过电压保护。

给定电路：

15V 交流电压由变压器二次侧经 VD5×4 桥式整流，C3、C4 滤波器后，经稳压管 VS 加到给定电位器 RP1 两端。

测速负反馈电路：

测速发电机三相电压经 VD6×6 桥式整流后由 C6 滤波加到反馈电位器 RP2 两端，此直流电压随调速电动机的转速变化而成线性变化，作为速度反馈信号与给定信号比较，由于它的极性是与给定信号电压相反，它的增加即起着减小综合信号（给定信号减反馈信号）即负反馈作用。

触发电路：

采用单结晶体管触发电路。这种电路比较简单，可靠性高，调整容易，温度补偿性较好，受温度影响小，移相范围能达到 160°左右。当 C2 充电电压 U_C 达到单结晶体管的峰点电压 U_P 时，e-b_1 间的电阻突然变小，C2 就通过 e-b_1 放电，形成脉冲电流。C2 放电后，当 $U_C > U_P$ 时，e-b_1 间又成为高阻态，直到 C2 再充电至 U_P 值时，e-b_1 间又呈现低阻态，脉冲变压器 T2 一次侧就有脉冲电流流过，这样 T2 二次侧得到一系列脉冲电压。

本电路由电源变压器二次侧 40V 交流电压经 VD4 整流，电阻 R3 和稳压管 V3 削波后，供给晶体管 V1 和单结晶体管 V2。

由给定电位器 RP1 取出的给定电压和测速负反馈电压进行比较后，作为控制信号加至晶体管 V1 的基极和发射极（晶体管 V1 相当于可变电阻）以改变 V1 的内阻，内阻的改变导致集电极电流的大小的改变，也就改变了电容 C2 的充放电时间，使单结晶体管产生的触发脉冲能进行自动移相，从而改变晶闸管的导通角而实现控制电动机转速的目的。

6.4 异步电动机变频调速控制电路

异步电动机变频调速控制是通过改变三相异步电动机电源的频率 f_1，可以改变旋转磁势的同步转速，从而达到调速的目的。额定频率称为基频，变频调速时可以从基频向上调，也可以从基频向下调。从基频向下调速时，为恒转矩调速方式；从基频向上调时，近似为恒功率调速方式。变频调速是目前公认的交流电动机最理想、最有前途的调速方案。

变频调速系统的核心是变频器，它是一种将固定频率的交流电变换成频率、电压连续可调的交流电供给负载的电源装置。应用变频器调速可以大大提高电动机转速的控制精度、调速范围，自动控制实现无级调速，在最节能的转速下运行，已是企业改造和产品更新换代的理想调速装置。

6.4.1 变频器的工作原理

逆变的基本工作原理：将直流电变换为交流电的过程称为逆变，完成逆变功能的装置叫逆变器，它是变频器的重要组成部分。电压型逆变器的动作原理可用图 6-13 机械开关的动作来说明。

当开关 S1、S2 与 S3、S4 轮流闭合和断开时，在负载上即可得到交流电压，完成直流到交流的逆变过程。用功能与机械开关类似的逆变器开关元件取代机械开关，即可得到单相逆变电路，电路结构和输出电压波形如图 6-14 所示。改变逆变器开关元件的导通与截止时间，就可改变输出电压的频率，即完成变频。

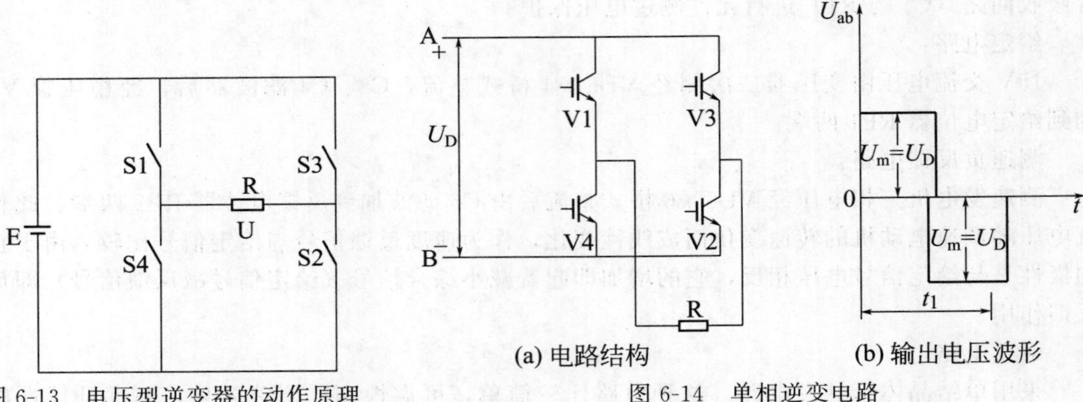

(a) 电路结构　(b) 输出电压波形

图 6-13　电压型逆变器的动作原理　　图 6-14　单相逆变电路

生产中常用的变频器采用三相逆变电路。只要按照一定的规律来控制 6 个逆变器开关元件的导通和截止，就可把直流电逆变成三相交流电。而逆变后的交流电频率，则可以在上述导通规律不变的前提下，通过改变控制信号的频率来进行调节。

6.4.2　变频器调速的应用电路

本节以日本三垦 SAMCO-vm05 400V 系列 SHF-1.5K～55K 变频器为例讲解变频器调速的应用电路。

(1) 变频器铭牌

使用变频器时，首先应注意变频器的铭牌数据，它用最简洁的方式给出了变频器的最重要的信息，包括电源电压、变频器容量、变频器电流等参数，并确认这些参数是否与所需的要求相符合。图 6-15 为三垦公司 SAMCO-vm05 400V 系列 SHF-1.5K～55K 变频器铭牌。

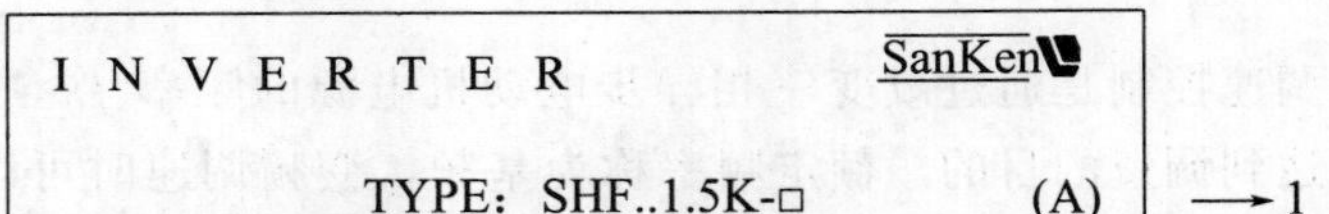

I N V E R T E R	SanKen	
	TYPE：SHF..1.5K-□　(A)	→ 1
SOURCE	3PH 380～460V 50/60Hz	→ 2
OUTPUT	4.0 A	→ 3
MOTOR	Max. 1.5kW	→ 4
OVERLOAD	150% 1min	→ 5
SERIAL NO.	**********	→ 6
SANKEN L.D.EODCTRIC (JIANGYIN) CO..LTD.		→ 7

图 6-15　SAMCO-vmo5 变频器铭牌

铭牌中数字代表意义：

图 6-15 中 1 为变频器型号，SHF..1.5K-□中的□可为 A、B、C（A 型：标准型；B 型：卷绕专用型；C 型：工程专用型）。

2为电源参数，其中电源相数：三相，输入电压范围：380～460V，输入电压频率：50/60Hz。

3为输出参数，额定输出电流：4.0A。

4为电动机参数，适用电动机功率：1.5kW。

5为过载参数，过载能力：150%，1min。

6—生产序号。

7—生产公司。

(2) 变频器操作面板

变频器的操作面板又称功能单元，是指变频器上有数字显示和数个按键的部分。其主要功能：显示频率、电流、电压等；设定操作模式，操作命令、功能码；读取变频器运行信息；监视变频器运行；变频器运行参数的自整定；故障报警状态及复位。图6-16是三垦SAMCO-vmo5 400V系列SHF-1.5K～55K操作面板。

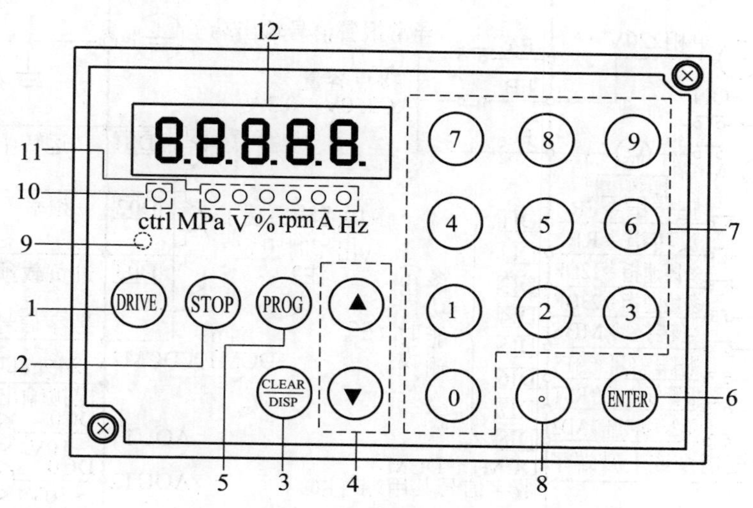

图6-16 SAMCO-vmo5操作面板

操作面板的按键功能说明如下：

1—运转键 开始正转或反转（运转方向可通过Cd130切换）；

2—停止键 停止运转；处于报警状态时可用于解除报警信号；

3—显示切换/清除键 在状态显示模式下切换7段监视器的显示内容；在功能码显示模式下可消除已输入的数据，或者使最近一次“输入键”的操作无效；

4—步进键 可在状态显示模式下进行频率上升或下降方向的步进设定；

5—程序键 进行状态显示模式和功能显示模式的切换；

6—输入键 将7段显示器上的数据，输入主机内予以确定；

7—数字键 可在状态显示模式下直接设置频率，也可向7段显示器输入数据；

8—小数点键 设置频率和输入数据用；

9—运转中指示灯；

10—控制中指示灯；

11—显示值单位指示灯；

12—7段显示器，在7段显示器中可显示：频率、输出电流、转速、负载率、输出电压、压力值、无单位、各种设定值及报警内容。

(3) 变频器接线图

变频器的输入、输出端子配置，不同的变频器的端子配置不同，三星 SAMCO-vmo5 400V 系列 SHF-1.5K～55K 基本接线总图如图 6-17 所示。它包括主电路接线和控制电路接线，其中注释表示意义如下。

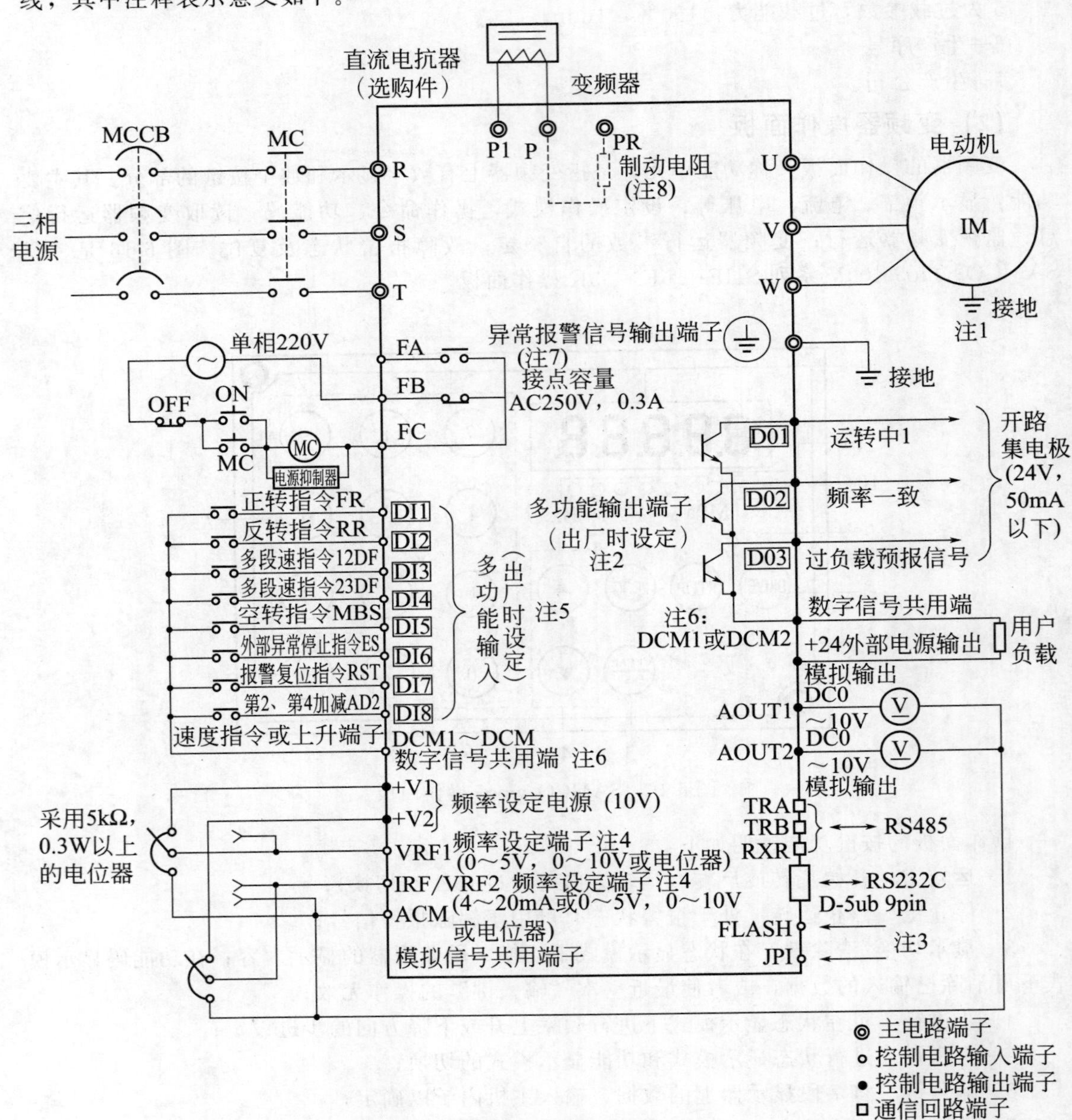

图 6-17 变频器基本接线总图

注 1—变频器和电动机要可靠接地；注 2—多功能输出端子，可通过功能码 Cd038～Cd640 分别设定不同功能；注 3—版本升级端子，正常不接；注 4—通过功能码 Cd002 设定，可作为各种反馈信号的输入端子使用；注 5—此为多功能输入端子，通过功能码 Cd630～Cd637 的设定可设定为多种功能；注 6—DCM1、DCM2 为数字公共端子；注 7—异常报警信号输出端子，通过功能码 Cd674 可设定为多功能端子；注 8—SHF1.5～15K，SHF2.2～18.5K 可直接连接制动电阻。

① 主电路接线

图 6-18 所示为三星 SAMCO-vmo5 400V 系列 SHF-5.5K～15K 主电路端子接线。主电路端子功能说明如表 6-1 所示。

表 6-1　主电路端子说明

标记	名称	功能说明
R、S、T	输入电源端子	连接三相市电的端子
U、V、W	变频器输出端子	连接三相异步电动机的端子
P、P1	DC 电抗器连接端子	连接 DC 电抗器的端子
P、PR	制动电阻连接端子	在 P-PR 间连接制动电阻的端子
P、X	直流回路电压连接端子	P 为直流正极端子，X 为直流负极端子

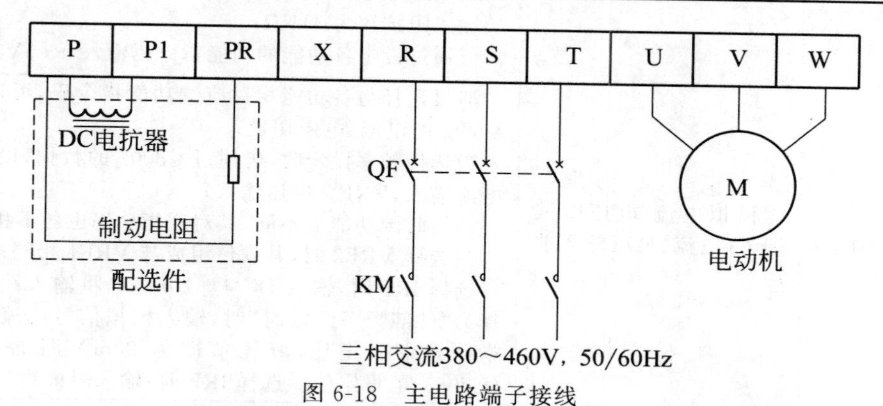

图 6-18　主电路端子接线

交流电源通过断路器连接至主电路电源端子（R、S、T），连接时不需考虑相序。交流电源最好通过一个电磁接触器连接至变频器，注意不要用主电源开关的接通和断开来启动和停止变频器运行，而应使用控制端子 DI1/DI2 或面板上 DRIVE/STOP 键控制。U、V、W 是变频器输出端，与电动机相接。输出端与输入端绝对不允许接错，否则会发生电源短路故障。

② 控制电路接线

图 6-19 所示为三星 SAMCO-vmo5 400V 系列 SHF-1.5K～55K 控制电路接线。控制电路端子功能说明如表 6-2 所示。

表 6-2　控制电路端子说明

端子标记		端子名称	内容说明
输入端子	DCM1 DCM2	数字信号共用端	数字输入信号共用端子和＋24V 电源共用端子
	DI1 DI2 DI3 DI4 DI5 DI6 DI7 DI8	多功能输入端子 通过 Cd630～Cd637 选择功能	与 DCM1、DCM2 的任意一个短接时，信号输入开始； 与 DCM1、DCM2 的任意一个断开时，信号输入关闭

续表

端子标记		端子名称	内容说明
输入端子	ACM	模拟信号共用端	模拟信号共用端子
	+V1	频率设定 VRF1 用电位器连接端子	请连接 5KΩ、0.3W 以上的电位器(功能代码 Cd002=30r5); 不能从本端子向外部供电,除电位器以外,请勿连接任何元件
	+V2	频率设定 VRF2 用电位器连接端子	
	VFR1	模拟电压输入端子	输入 DC 0～10V。当选择"频率设定"为外部输入功能时,输入模拟信号电压与变频器指令频率成正比,其比值即为 10V 时的增益频率(Cd055)设定值(将功能指令码 Cd002 设为与 VRF 相关的数据时); 输入阻抗约为 31KΩ; 可通过设定各功能的功能指令码输入 0～5V
	IRF/VRF2	模拟电流/电压输入端子(电流、电压输入兼用)	通过选择与各功能相对应的功能指令码,可进行 IRF/VRF2 的电流/电压切换; 当选择频率设定时,可通过 Cd002 的数据,设置 IRF=电流输入、VRF=电压输入; 切换时因功能的不同,其对应指令码也各不相同; 当选择 VRF2 时,其硬件组成与 VRF1 相同; 选择 IRF 时,输入 DC 4～20mA。将输入端子机能选择为"外部频率设定时"时,输入模拟信号电流和变频器指令频率成正比,其比值即为 20mA 时的增益频率(Cd063)的设定值。选择 IRF 时,输入阻抗约为 500Ω
输出端子	+24V	+24V 输出电源	DC+24V 最大允许输出电流为 150mA
	AOUT1 AOUT2	内置模拟输出端子(2个信道输出)	接地侧请使用 ACM 的模拟信号共用端子; 从 Cd 126(AOUT1),Cd128(AOUT2)的内容中选择监视器项目的其中一项进行模拟输出; 输出信号为直流 0～10V,最大容许电流为 15mA(但是,由于输出电流的增大可引起输出电压降低,因此可通过输出系数进行调节); 输出信号可通过功能指令码 Cd 127(AOUT1),Cd129(AOUT2)在 0～20 倍范围内变动
	D01 D02 D03	多功能输出端子 通过 Cd638～Cd640 选择功能	开路集电极输出 DC 24V、50mA; 可通过选择的各功能接通信号; 使用与 DCM1～DCM2 的数字信号
	FA FB FC	异常报警信号输出端子以及功能接点输出	该端子表明是变频器内部的保护功能启动而导致停机的; Cd674:按照继电器接点输出选择设定的内容,可进行多功能接点输出,正常时:FA-FC 开、FB-FC 闭,异常时:FA-FC 闭、FB-FC 开,接点容量:AC 250V,0.3A
通信端子	TRA TRB	RS485 串行通信端子	收发信号端子
	RXR		终端电阻短接端子
	JP1	版本升级用跳线	非进行版本升级时请勿连接

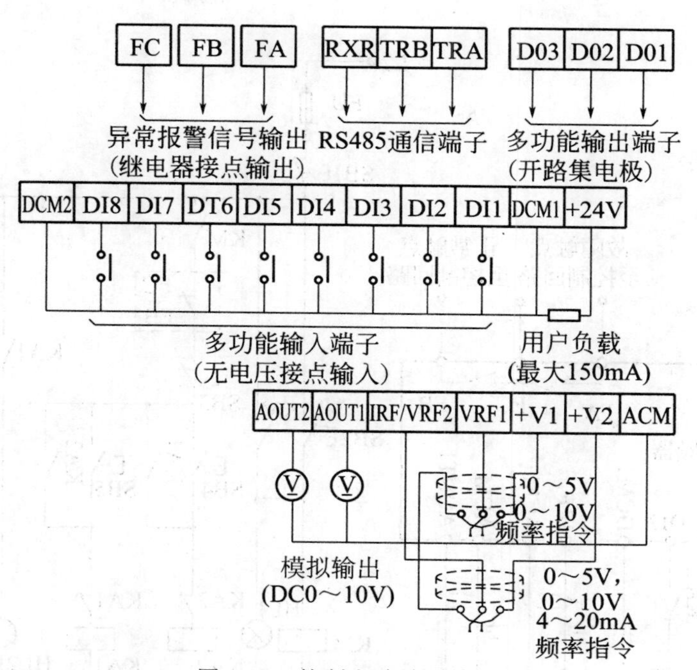

图 6-19 控制电路端子接线

控制电路大体可分为模拟和数字两种。模拟量控制线主要包括：输入侧的给定信号和反馈线；输出侧的频率信号线和电流信号线。由于模拟信号的抗干扰能力较低，因此模拟量控制线必须使用屏蔽线。屏蔽层靠近变频器的一端应接控制电路的公共端 ACM（其他型号为 COM)，而不应接在变频器的地端或大地，屏蔽层的另一端应悬空。变频器的启动、点动、多挡控制等的控制线属数字量控制线。一般模拟量控制线的接线原则也都适用于数字量控制线。因数字量的抗干扰能力强，在距离不很远时，允许不使用屏蔽线，但同一信号的两根线必须绞合在一起，且绞合间距应尽可能小。

③ 变频器应用控制电路

系统的变频调速控制，在实际应用系统中往往不是独立运行，而是与其他低压电器联锁共同完成的。用变频器远程自动控制电动机调速电路如图 6-20 所示。控制电路端子说明见表 6-2。

在图 6-20 中，主电路由断路器 QF、接触器 KM、变频器、电动机 M 组成。QF 既作为电源开关，又是在变频器保护之外作为电动机短路的后备保护。KM 控制变频器的电源接通与断开。电流互感器 TA 测量电动机运行电流。

在控制电路中，按钮 SB1、SB2 可以远程控制接触器 KM，从而控制变频器的通电与断电。按钮 SB3、SB4、SB5 可以分别远程控制中间继电器 KA1、KA2 的吸合与断开，KA1、KA2 又分别控制变频器 DI1、DI2 控制端子，从而控制电动机正、反转运行。在 KA1、KA2 控制电路中设有电气联锁，只能有一只中间继电器吸合，保证变频器控制电动机单向运转。在 KA1、KA2 控制电路中又串入了变频器正常状态下常闭触点（FB-FC）和接触器 KM 的常开触点。其主要作用，一是保证变频器在正常状态下才能进行控制操作，当变频器故障时常闭触点（FB-FC）断开，变频器不能启动运行；二是保证在变频器送上电源之后才能进行控制操作。变频器的频率控制通过控制端子 IRF 与 ACM 由外部仪表输入 4～20mA 信号。远程频率显示由变频器控制端子 AOUT1 与 ACM 输出 0～10V 至频率表。

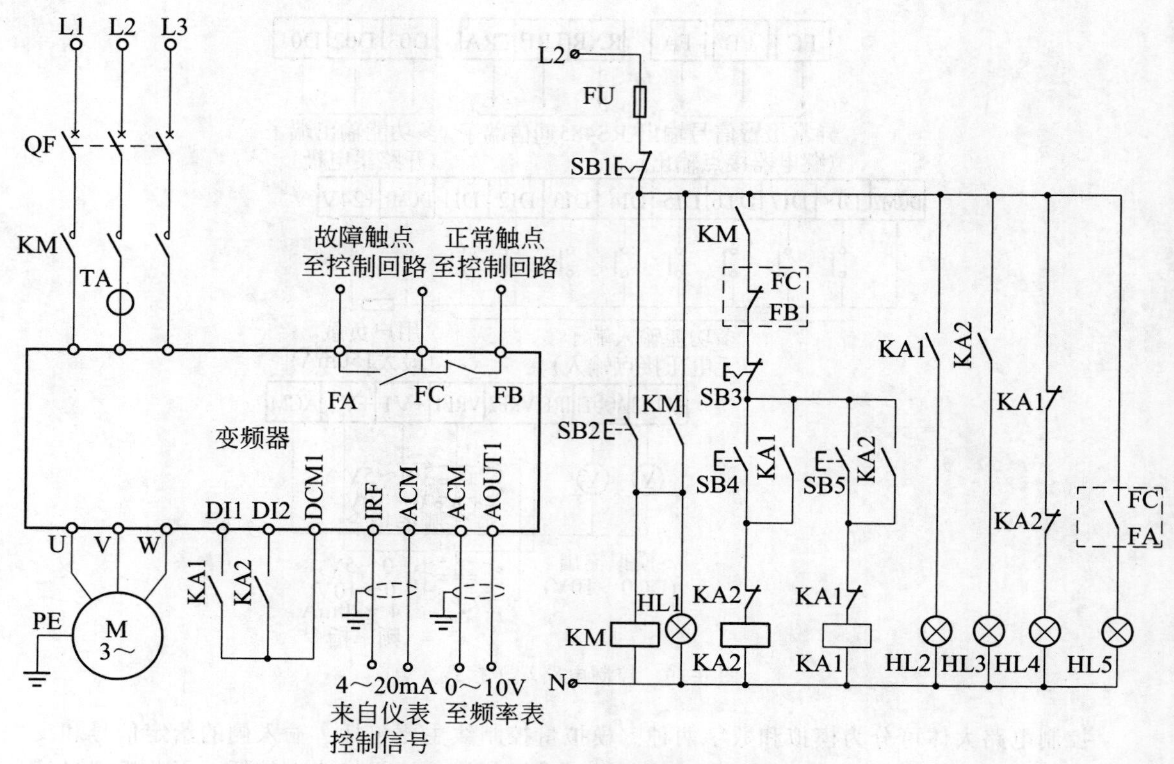

图 6-20 变频器远程自动控制电动机调速电路

本电路信号指示中，HL1 指示灯为变频器电源指示灯；HL2 为电动机正转运行指示灯；HL3 为电动机反转运行指示灯；HL4 为电动机停止指示灯；HL5 为变频器故障指示灯。

变频器主要功能预置：

运转指令 Cd001 选择 2（外部端子）；

调速频率设定方法 Cd002 选择 6（外部模拟信号 IRF 4～20mA）；

V/f 图形 Cd003 选择 1（直线图形）；

上限频率 Cd007 设定 50Hz；

电动机旋转方向选择 1（正转、反转均可）；

电动机种类选择 1（通用型电动机）；

电动机极数、电压、容量按实际电动机参数输入；

电动机控制模式选择 1（V/f 控制模式）；

内置模拟输出功能 1 选择 2（输出频率）；

其他参数为默认，即可进行试车调试。

第7章 三相异步电动机的制动控制电路

三相异步电动机在断开电源之后，由于惯性作用不会马上停止转动，还要继续旋转，需要一定的时间才能完全停下来。这种情况对于某些生产机械是不能满足要求的。例如：起重机的吊钩需要准确定位；万能铣床、镗床、组合机床等，都要求能迅速停车和准确定位，这就要求对电动机进行制动，强迫其立即停车。所谓制动，就是给电动机一个与转动方向相反的转矩使它迅速停转（或限制其转速）。制动停车的方式一般有两类：机械制动和电气制动。

7.1 机械制动控制电路

在切断电源后，利用机械装置使电动机迅速停转的方法称为机械制动。机械制动应用较普遍的有：电磁抱闸制动器和电磁离合器制动。

7.1.1 电磁抱闸制动器制动控制电路

（1）电磁抱闸的结构

电磁抱闸由制动电磁铁和闸瓦制动器两部分组成。制动电磁铁由铁芯、衔铁和线圈三部分组成，并有单相和三相之分。闸瓦制动器包括闸轮、闸瓦、杠杆和弹簧等，闸轮与电动机装在同一根转轴上，制动强度可通过调整机械结构来改变。电磁抱闸制动器分为断电制动型和通电制动型两种。

（2）电磁抱闸制动器断电制动控制电路

断电制动型的工作原理：当制动电磁铁的线圈得电时，制动器的闸瓦与闸轮分开，无制动作用；当线圈失电时，闸瓦紧紧抱住闸轮制动。电磁抱闸制动器断电制动控制电路如图 7-1所示。

电路工作原理：

先合上电源开关 QF。

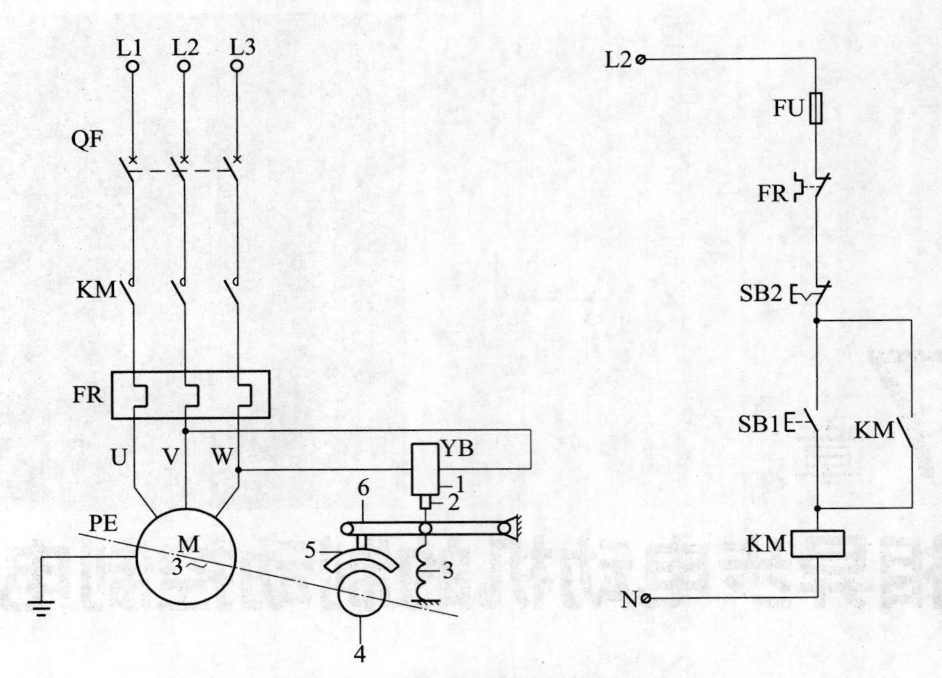

图 7-1　电磁抱闸制动器断电制动控制电路

1—线圈；2—衔铁；3—弹簧；4—闸轮；5—闸瓦；6—杠杆

① 启动运转　按下启动按钮 SB1，接触器 KM 线圈得电，其自锁触点和主触点闭合，电动机 M 接通电源，同时电磁抱闸制动器 YB 线圈得电，衔铁与铁芯吸合，衔铁克服弹簧拉力，迫使制动杠杆向上移动，从而使制动器的闸瓦与闸轮分开，电动机正常运转。

② 制动停转　按下停止按钮 SB2，接触器 KM 线圈失电，其自锁触点和主触点分断，电动机 M 失电，同时电磁抱闸制动器 YB 线圈也失电，衔铁与铁芯分开，在弹簧拉力的作用下，闸瓦紧紧抱住闸轮，使电动机被迅速制动而停转。

这种制动方法在电梯吊车、卷扬机等一类升降机械上得到了广泛的应用。因为这种制动方法，在按动停止按钮时，电动机断电，电磁抱闸就会立即使闸瓦抱住闸轮，使电动机迅速制动停转，重物可准确定位。另外，如果电路发生断电、停电等紧急故障时，电磁抱闸也将迅速使电动机制动，从而避免了重物下落和电动机反转的事故。这种制动电路中电磁抱闸线圈耗电时间与电动机运行时间同样长，故很不经济，并且有些机床经常需要调整工件位置，从而不能采用这种制动方法，而是采用下述通电制动控制电路。

(3) 电磁抱闸制动器得电制动控制电路

通电制动型的工作原理：当制动电磁铁的线圈得电时，闸瓦紧紧抱住闸轮制动；当线圈失电时，制动器的闸瓦与闸轮分开，无制动作用。电磁抱闸制动器通电制动控制电路如图 7-2所示。

这种通电制动与断电制动方法稍有不同。当电动机得电运转时，电磁抱闸制动器线圈断电，闸瓦与闸轮分开，无制动作用；当电动机失电需停转时，电磁抱闸制动器的线圈得电，使闸瓦紧紧抱住闸轮制动；当电动机处于停转常态时，电磁抱闸制动器线圈也无电，闸瓦与闸轮分开，这样操作人员可以用手扳动主轴调整工件、对刀等。

电路工作原理：

先合上电源开关 QF。

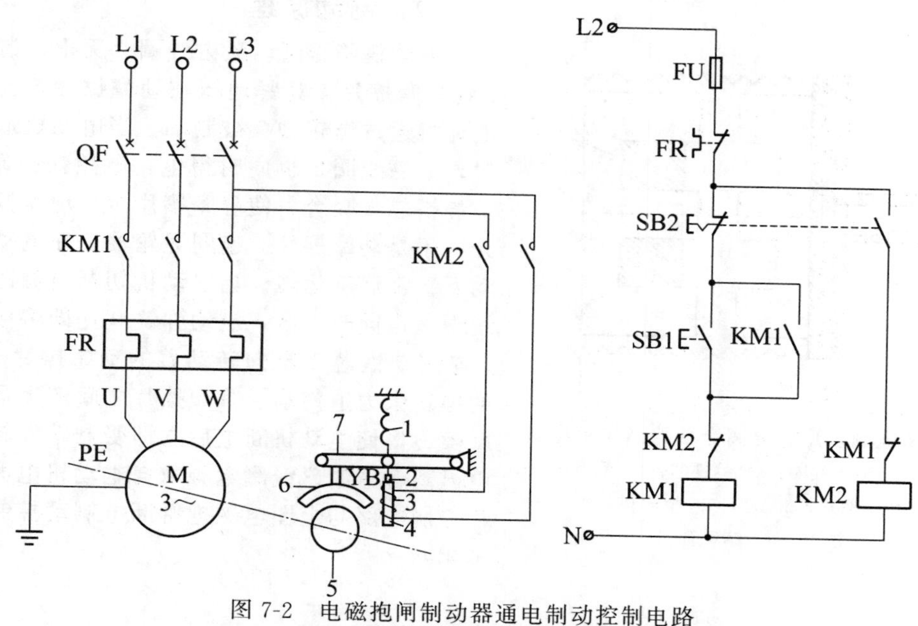

图 7-2　电磁抱闸制动器通电制动控制电路

1—弹簧；2—衔铁；3—线圈；4—铁芯；5—闸轮；6—闸瓦；7—杠杆

① 启动运转　按下启动按钮 SB1，接触器 KM1 线圈得电，其自锁触点和主触点闭合，电动机 M 接通电源启动运转。由于复合按钮 SB2 的常开接点及与其串联的接触器 KM1 联锁触点均断开，使接触器 KM2 不能得电动作，所以电磁抱闸制动器 YB 线圈无电，衔铁与铁芯分开，在弹簧拉力的作用下，使制动器的闸瓦与闸轮分开，电动机正常运转。

② 制动停转　按下复合按钮 SB2，其常闭触点先分断，使接触器 KM1 线圈失电，其自锁触点和主触点分断，电动机 M 失电，KM1 联锁触点闭合，解除对接触器 KM2 的联锁。

SB2 常开触点后闭合，接触器 KM2 线圈得电，KM2 主触点闭合，电磁抱闸制动器 YB 线圈得电，铁芯吸合衔铁，衔铁克服弹簧拉力，闸瓦紧紧抱住闸轮，使电动机被迅速制动而停转。KM2 常闭触点断开实现对 KM1 联锁。

松开按钮 SB2 后，KM2 线圈断电，电磁抱闸线圈也断电，闸瓦与闸轮分开，恢复常态。

7.1.2　电磁离合器制动

电磁离合器制动的原理和电磁抱闸制动器的制动原理类似。电动葫芦的绳轮常采用这种制动方法。断电制动型电磁离合器的结构示意图如图 7-3 所示。其结构及制动原理简述如下。

(1) 结构

电磁离合器主要由制动电磁铁（包括动铁芯 1、静铁芯 3 和激磁线圈 2）、静摩擦片 4、动摩擦片 5 以及制动弹簧 9 等组成。电磁铁的静铁芯 3 靠导向轴连接在电动葫芦本体上，动铁芯 1 与静摩擦片 4 固定在一起，并只能作轴向移动而不能绕轴转动。动摩擦片 5 通过连接法兰 8 与绳轮轴 7（与电动机共轴）由键 6 固定在一起，可随电动机一起转动。

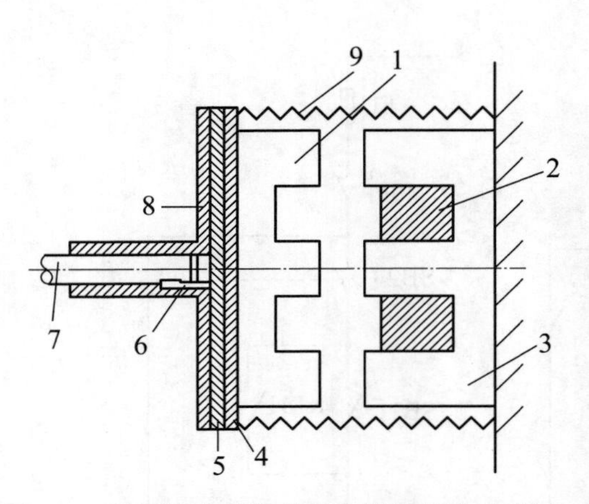

图 7-3　断电制动型电磁离合器的结构示意图
1—动铁芯；2—激磁线圈；3—静铁芯；4—静摩擦片；5—动摩擦片；6—键；7—绳轮轴；8—法兰；9—制动弹簧

(2) 制动原理

电动机静止时，激磁线圈 2 无电，制动弹簧 9 将静摩擦片 4 紧紧地压在动摩擦片 5 上，此时电动机通过绳轮轴 7 被制动。当电动机通电运转时，激磁线圈 2 也同时得电，电磁铁的动铁芯 1 被静铁芯 3 吸合，使静摩擦片 4 与动摩擦片 5 分开，于是动摩擦片 5 连同绳轮轴 7 在电动机的带动下正常启动运转。当电动机切断电源时，激磁线圈 2 也同时失电，制动弹簧 9 立即将静摩擦片 4 连同动铁芯 1 推向转动着的动摩擦片 5，强大的弹簧张力迫使动、静摩擦片之间产生足够大的摩擦力，使电动机断电后立即受制动停转。一般电磁离合器激磁线圈电源取自电动机电源，其制动控制电路与上图电磁抱闸断电制动控制电路基本相同。

7.2　电气制动控制电路

使电动机在切断电源停转的过程中，产生一个和电动机实际旋转方向相反的电磁力矩（制动力矩），迫使电动机迅速制动停转的方法叫电气制动。电气制动常用的方法有：反接制动、能耗制动、电容制动和再生发电制动等，下面分别加以介绍。

7.2.1　反接制动控制电路

三相异步电动机反接制动有两种情况：一种是在负载转矩作用下使正转接线的电动机出现反转的倒拉反接制动，它往往出现在重力负载的场合，这一制动不能实现电动机转速为零。另一种是电源反接制动，指依靠改变电动机定子绕组的电源相序来产生制动力矩，迫使电动机迅速停转的一种方法。进行反接制动时，首先将三相电源相序切换，然后在电动机转速接近零时，将电源及时切除。当三相电源不能及时切除时，电动机将会反向升速，发生事故。控制电路是采用速度继电器来判断电动机的零速点并及时切断三相电源。速度继电器 KS 的转子与电动机的轴相连，当电动机正常转动时，速度继电器的动合触点闭合，电动机停车转速接近零时，动合触点断开，切断接触器线圈电路。

(1) 三相异步电动机单向运转反接制动控制电路

电动机单向运转反接制动电路如图 7-4 所示。该电路的主电路和正、反转控制电路的主电路相同，只是在反接制动时增加了三个限流电阻 R。电路中 KM1 为正转运行接触器，KM2 为反接制动接触器，KS 为速度继电器，其轴与电动机轴相连，在图中用点画线表示。

电路的工作原理：

先合上电源开关 QF。

① 单向启动　按下 SB1→KM1 线圈得电→KM1 常开触点闭合实现自锁；KM1 主触点闭合；KM1 常闭触点断开实现对 KM2 线圈联锁→电动机 M 启动运转→当电动机转速上升到一定值（120r/min 左右）时，KS 常开触点闭合为制动电路得电作准备。

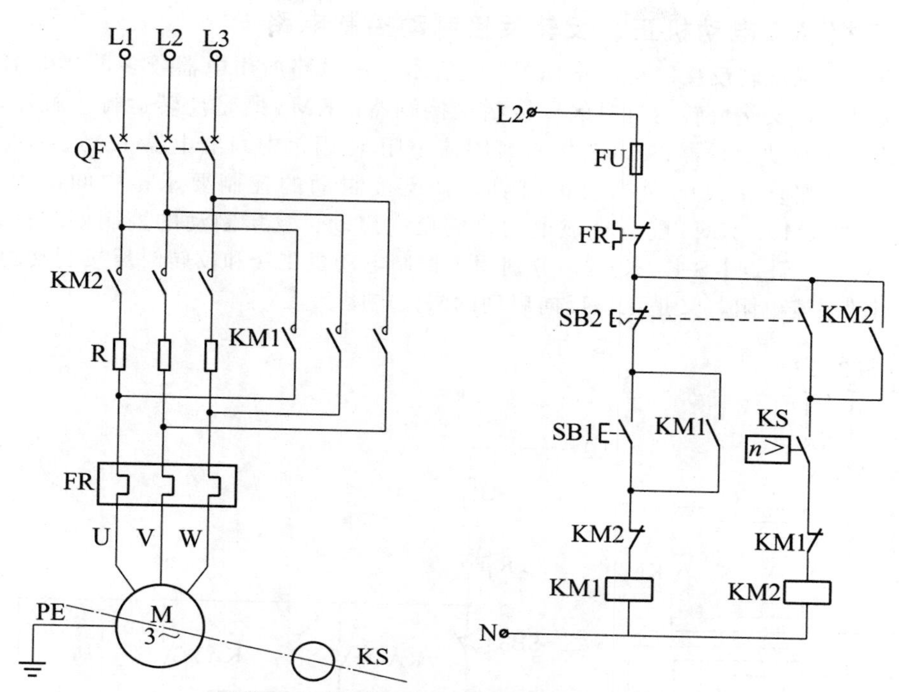

图 7-4　电动机单向运转反接制动电路

② 反接制动　按下复合按钮 SB2→SB2 常闭触点先断开→KM1 线圈失电→KM1 主触点断开，电动机 M 失电；KM1 解除自锁；KM1 常闭触点恢复闭合，解除对 KM2 的联锁，为 KM2 线圈得电作准备→SB2 常开触点后闭合→KM2 线圈得电→KM2 常开触点闭合实现自锁；KM2 主触点闭合；KM2 常闭点断开实现对 KM1 线圈联锁；KM2 主触点闭合→电动机 M 串接 R 反接制动→当电动机转速下降到一定值时（100r/min 左右）时，KS 常开触点分断→KM2 线圈失电→KM2 解除自锁；KM2 常闭触点恢复闭合，解除对 KM1 的联锁，为下次 KM1 线圈得电作准备；KM2 主触点断开，电动机 M 脱开电源，制动结束。

反接制动时，由于旋转磁场与转子的相对转速（n_1+n）很高，故转子绕组中感生电流很大，致使定子绕组中的电流也很大，一般约为电动机额定电流的 10 倍左右。因此，反接制动适用于 10kW 以下小容量电动机制动，并且对 4.5kW 以上的电动机进行反接制动时，需在定子回路中串入限流电阻 R，以限制反接制动电流。限流电阻 R 的阻值 R 的大小可参考下述经验计算公式进行估算。

在电源电压为 380V 时，若要使反接制动电流等于电动机直接启动时的启动电流 $\frac{1}{2}I_{st}$，则三相电路每相应串入的电阻值 R（Ω）可取为：

$$R \approx 1.5 \times \frac{220}{I_{st}}$$

若使反接制动电流等于启动电流 I_{st}，则每相串入的电阻值 R' 可取为：

$$R' \approx 1.3 \times \frac{220}{I_{st}}$$

如果反接制动时只在电源两相中串接电阻，则电阻值应加大，分别取上述电阻值的 1.5 倍。

（2）三相异步电动机正、反转反接制动控制电路

电动机正、反运转反接制动电路如图 7-5 所示。本电路所用电器较多，其中 KM1 既是正转运行接触器，又是反转运行时的反接制动接触器；KM2 既是反转运行接触器，又是正转运行时的反接制动接触器；KM3 作短接限流电阻 R 用；中间继电器 KA1、KA3 和接触器 KM1、KM3 配合完成电动机的正向启动、反接制动的控制要求；中间继电器 KA2、KA4 和接触器 KM2、KM3 配合完成电动机的反向启动、反接制动的控制要求；速度继电器 KS 有两对常开触点 KS-1、KS-2，分别用于控制电动机正转和反转时反接制动的时间；R 既是反接制动限流电阻，又是正、反向启动的限流电阻。

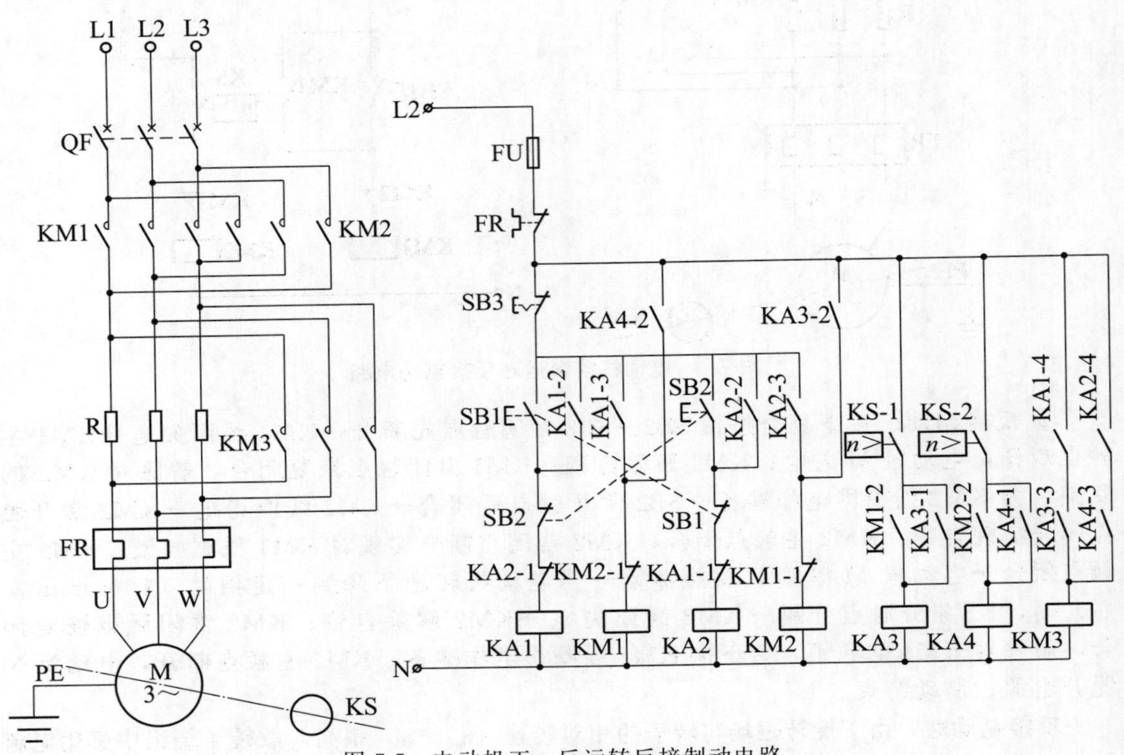

图 7-5　电动机正、反运转反接制动电路

电路的工作原理：

先合上电源开关 QF。

① 正转启动运转

按下启动按钮 SB1→SB1 常闭触点先断开，实现对 KA2 联锁→SB1 常开触点后闭合→KA1 线圈得电→KA1-1 分断，实现对 KA2 联锁；KA1-2 闭合自锁；KA1-4 闭合，为 KM3 线圈得电作准备；KA1-3 闭合，KM1 线圈得电→KM1 主触点闭合，电动机 M 串电阻 R 降压启动；→KM1-1 分断，实现对 KM2 联锁；KM1-2 闭合，为 KA3 线圈得电作准备→至电动机转速上升到一定值时，KS-1 闭合→KA3 线圈得电→KA3-1 闭合，实现自锁；KA3-2 闭合，为 KM2 线圈得电作准备；KA3-3 闭合，KM3 线圈得电→KM3 主触点闭合→电阻 R 被短接→电动机 M 全压正转运行。

② 反接制动停转

按下 SB3→KA1、KM1 线圈失电→KA1-1 恢复闭合，解除对 KA2 联锁；KA1-2 分断，

解除自锁；KA1-3 分断，避免 SB3 复位后 KM1 线圈自行得电；KA1-4 分断，KM3 线圈失电→KM3 主触点分断，R 接入制动电路为反接制动作准备。

同时 KM1-2 分断，KM1 主触点分断，电动机 M 惯性运转→KM1-1 闭合→KM2 线圈得电→KM2-1 分断，实现对 KM1 联锁；KM2-2 闭合；KM2 主触点闭合→电动机 M 反接制动→至转速下降到一定值时，KS-1 分断→KA3 线圈失电→KA3-1 分断，解除自锁；KA3-3 分断；KA3-2 分断，KM2 线圈失电→KM2-1 恢复闭合，解除对 KM1 的联锁；KM2-2 分断；KM2 主触点分断，电动机 M 反接制动结束。

③ 反转启动及反接制动

电动机的反向启动及反接制动控制是由启动按钮 SB2、中间继电器 KA2 和 KA4、接触器 KM2 和 KM3、停止按钮 SB3、速度继电器的常开触点 KS-2 等电器来完成，其启动过程、制动过程和上述类同。

双向启动反接制动控制电路所用电器较多，电路也较繁杂，但操作方便，运行安全可靠，是一种比较完善的控制电路。电路中的电阻 R 既能限制反接制动电流，又能限制启动电流；中间继电器 KA3、KA4 可避免停车时由于速度继电器 KS-1 或 KS-2 触点的偶然闭合而接通电源。

反接制动的优点是制动力强，制动迅速。缺点是制动准确性差，制动过程中冲击强烈，易损坏传动零件，制动能量消耗大，不宜经常制动。因此，反接制动一般适用于制动要求迅速、系统惯性较大，不经常启动与制动的场合，如铣床、镗床、中型车床等主轴的制动控制。

7.2.2 能耗制动控制电路

所谓能耗制动，就是在电动机脱离三相电源以后，在定子绕组任两相中通入直流电，产生静止的磁场，转子感应电流与该静止磁场的作用产生与转子惯性转动方向相反的反向转矩，迫使电动机迅速停转的方法。在能耗制动中，按对输入直流电的控制方式分，有时间原则控制和速度原则控制两种，时间原则又分为无变压器和有变压器能耗电路。

(1) 按时间原则单向运行能耗制动控制电路

① 按时间原则无变压器单相半波整流单向运行能耗制动控制电路

无变压器单相半波整流单向运行能耗制动控制电路，如图 7-6 所示。

图 7-6 采用单相半波整流器作为直流电源，所用附加设备较少，电路简单，成本低，常用于 10kW 以下小容量电动机且对制动要求不高的场合。

电路工作原理：

先合上电源开关 QF。

a. 单向启动运转　按下 SB1→KM1 线圈得电→KM1 自锁点闭合自锁；KM1 主触点闭合；KM1 常闭触点断开，实现对 KM2 联锁→电动机 M 启动运转。

b. 能耗制动停转　按下 SB2→SB2 常闭触点先分断→KM1 线圈失电→KM1 自锁点分断，解除自锁；KM1 常闭触点闭合，解除对 KM2 联锁；KM1 主触点分断，M 暂失电并惯性运转→SB2 常开触点后闭合→KM2、KT 线圈得电→KM2 常闭触点断开，实现对 KM1 的联锁；同时 KT 常开触点瞬时闭合，KM2 常开触点闭合，两接点串联后自锁；KM2 主触点闭合，电动机 M 接入直流电源能耗制动；经一定时间后，KT 延时断开常闭触点断开→KM2 线圈失电→KM2 自锁点断开，KT 线圈失电，KT 触点复位；KM2 联锁点复位；KM2 主触点断开，电动机 M 切断直流电源并停转，能耗制动结束。

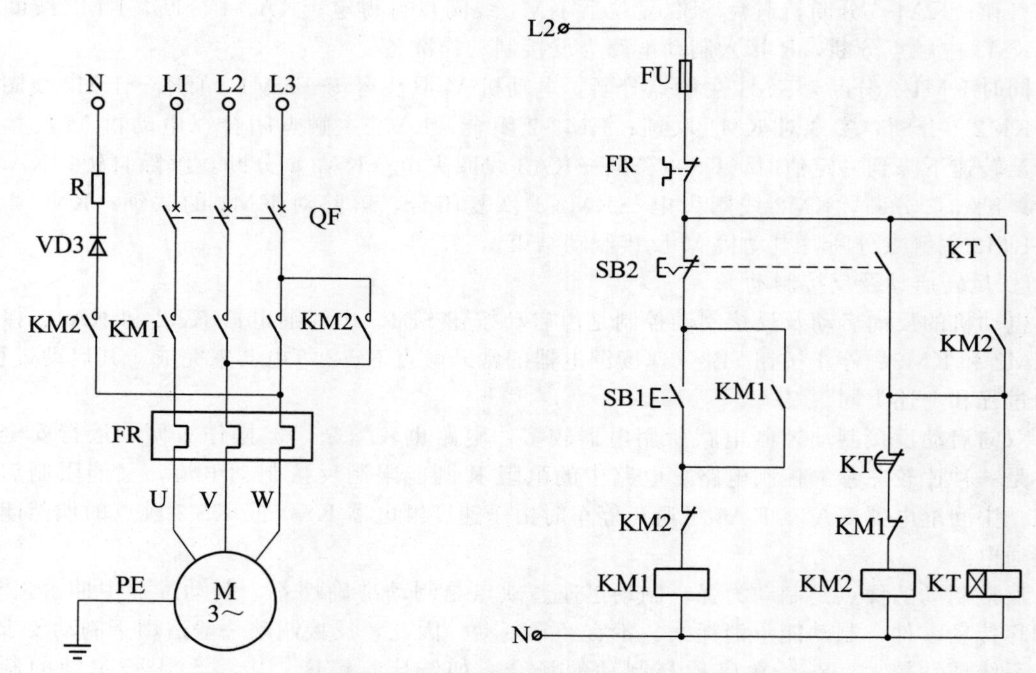

图 7-6　无变压器单相半波整流单向运行能耗制动控制电路

② 按时间原则有变压器单相桥式整流能耗制动控制电路

对 10kW 以上容量的电动机多采用此电路。有变压器单相桥式整流能耗制动控制电路如图 7-7 所示，其中直流电源由单相桥式整流器 VC 供给，TB 是整流变压器，电阻 R 是用来调节直流电流的，从而调节制动强度，整流变压器一次侧与整流器的直流侧同时进行切换，有利于延长触头的使用寿命。本电路工作原理与上图相同，不再分析。

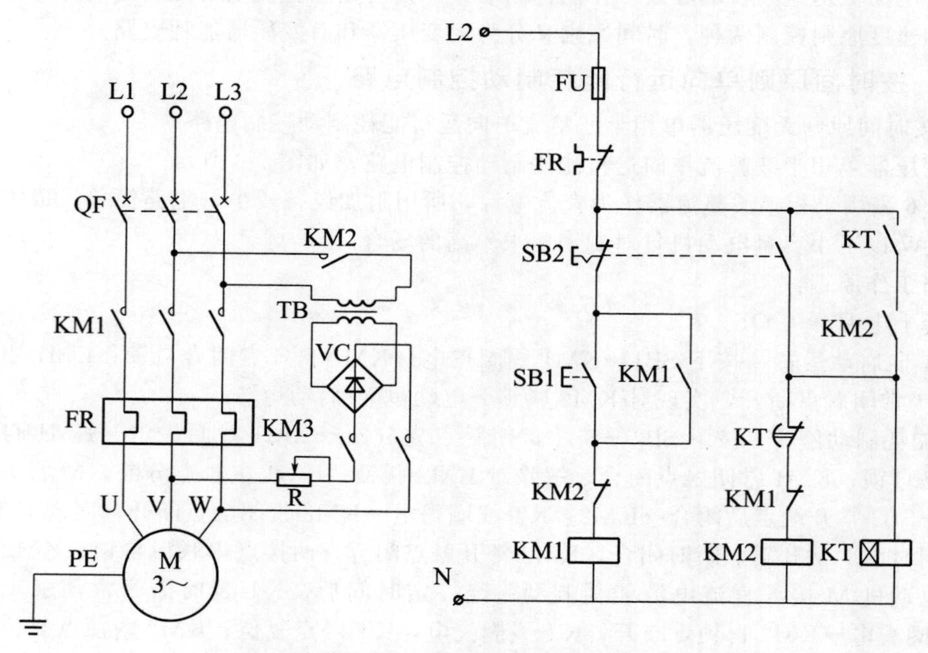

图 7-7　有变压器单相桥式整流能耗制动控制电路

能耗制动的优点是制动准确、平稳、且能量消耗较小。缺点是需附加直流电源装置，设备费用较高。因此能耗制动一般用于要求制动准确、平稳的场合，如磨床、立式铣床等控制电路中。

能耗制动产生的制动力矩大小，与通入定子绕组中的直流电流大小、电动机的转速及转子电阻值大小有关。电流越大，产生的静止磁场就越强，而转速越高，转子切割磁力线的速度就越大，产生的制动力矩也就越大。但对笼形异步电动机，增大制动力矩只能通过增大通入电动机的直流电流来实现，而通入的直流又不能太大，过大会烧坏定子绕组。因此能耗制动所需的直流电源一般用以下方法进行估算。

以常用的单相桥式整流电路为例，其估算步骤如下。

a. 首先测量出电动机三根进线中任意两根之间的电阻值 R（Ω）。

b. 测量出电动机的进线空载电流 I_0（A）；

c. 能耗制动所需的直流电流 $I_L=KI_0$（A），能耗制动所需的直流电压 $U_L=I_LR$（V）。其中 K 是系数，一般取 3.5～4。若考虑到电动机定子绕组的发热情况，并使电动机达到比较满意的制动效果，对转速高、惯性大的传动装置可取其上限。

d. 单相桥式整流电源变压器二次绕组电压和电流有效值为：

$$U_2=\frac{U_L}{0.9}\ \text{(V)}$$

$$I_2=\frac{I_L}{0.9}\ \text{(A)}$$

变压器计算容量为：

$$S=U_2I_2\ \text{(V·A)}$$

如果制动不频繁，可取变压器实际容量为：

$$S'=\left(\frac{1}{3}\sim\frac{1}{4}\right)S\ \text{(V·A)}$$

可调电阻 $R\approx2\Omega$，电阻率 $P=I_L{}^2R$（W），实际选用时，电阻功率也可小些。

(2) 按速度原则控制电动机正、反转运行能耗制动控制电路

按速度原则控制电动机正、反转运行能耗制动电路，如图 7-8 所示。

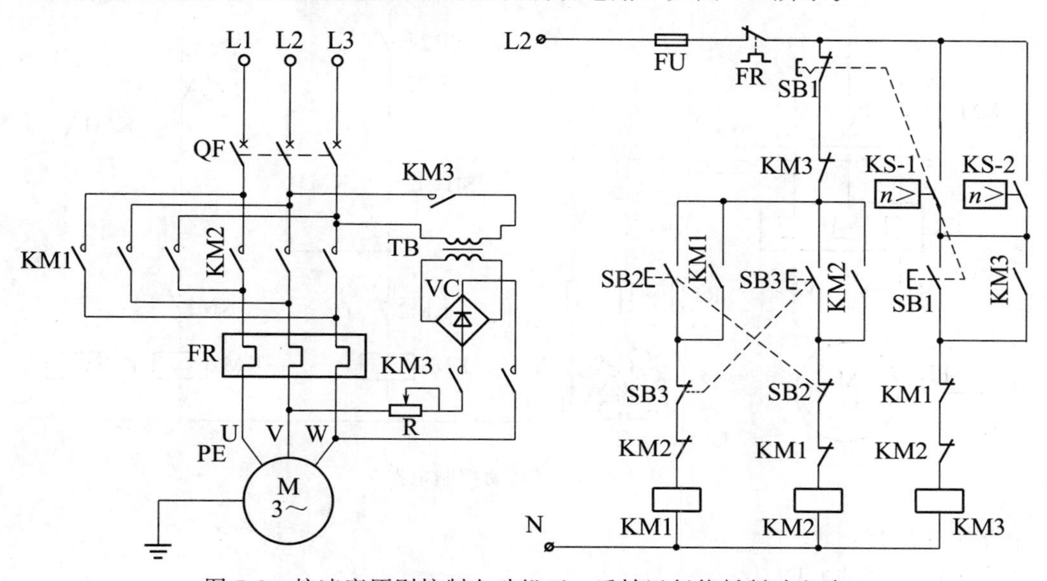

图 7-8　按速度原则控制电动机正、反转运行能耗制动电路

电路工作原理：

合上电源开关 QF。

根据需要按下正转或反转启动按钮 SB2 或 SB3，相应接触器 KM1 或 KM2 线圈通电吸合并自锁，电动机启动旋转。此时速度继电器相应的正向或反向触点 KS-1 或 KS-2 闭合，为停车接通 KM3 实现能耗制动作准备。停车时按下停止按钮 SB1，KM1 或 KM2 线圈失电，电动机定子三相交流电源切除，KM3 线圈得电并自锁，电动机定子接入直流电源进行能耗制动，电动机转速迅速下降。当速度继电器转速低于 100r/min 时，速度继电器释放，其触点在反力弹簧作用下复位断开，使 KM3 线圈断电释放，切除直流电源，能耗制动结束，以后电动机自然停车至零。

对于负载转矩为稳定的电动机制动时，采用时间原则控制为宜，因为此时对时间继电器的延时整定值较为固定。而对于那些能够通过传动机构来反映电动机转速的，采用速度原则控制较为合适。

7.2.3 电容制动控制电路

当电动机切断交流电源后，立即在电动机定子绕组的出线端接入电容器来迫使电动机迅速停转的方法叫电容制动。其制动原理是：当旋转着的电动机断开交流电源时，转子内仍有剩磁。随着转子的惯性转动，有一个随转子转动的旋转磁场。这个磁场切割定子绕组产生感应电动势，并通过电容器回路形成感生电流，该电流产生的磁场与转子绕组中感生电流相互作用，产生一个与旋转方向相反的制动转矩，使电动机受制动迅速停转。电容制动控制电路如图 7-9 所示。

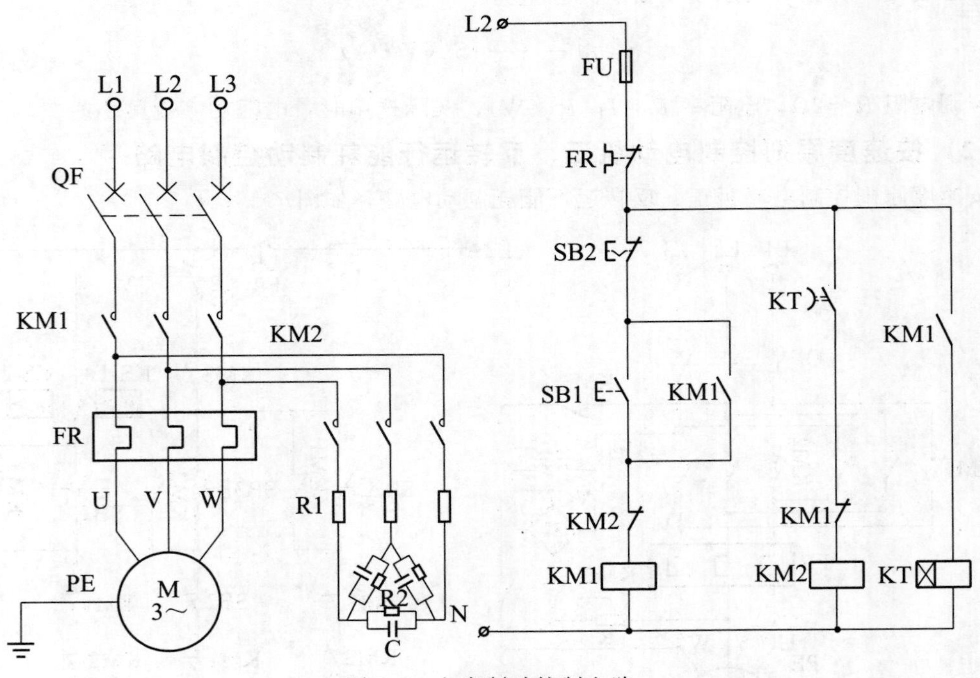

图 7-9 电容制动控制电路

电路工作原理：

先合上电源开关 QF。

（1）启动运转

按下 SB1→KM1 线圈得电→KM1 自锁点闭合自锁；KM1 主触点闭合，电动机 M 启动运转；KM1 常闭触点断开实现对 KM2 联锁；KM1 常开辅助触点闭合→KT 线圈得电→KT 延时断开的常开触点瞬时闭合，为 KM2 得电做好了准备。

（2）电容制动停转

按下 SB2→KM1 线圈失电→KM1 自锁解除；KM1 主触点分断，电动机 M 失电惯性运转；KM1 常闭点闭合，解除 KM2 联锁，KM2 线圈得电；→KM2 常闭触点断开实现对 KM1 的联锁；KM2 主触点闭合，电动机 M 接入三相电容进行电容制动至停转→KM1 常开触点断开，KT 线圈失电→经 KT 整定时间，KT 失电延时断开常开触点断开→KM2 线圈失电→KM2 常闭触点恢复闭合，解除对 KM1 联锁；KM2 主触点断开，三相电容被切除。

控制电路中，电阻 R1 是调节电阻，用以调节制动力矩的大小，电阻 R2 为放电电阻。经验证明：电容器的电容，对于 380V、50Hz 的笼形异步电动机，每千瓦每相约需要 150μF 左右。电容器的耐压应不小于电动机的额定电压。

实验证明，对于 5.5kW、三角形接法的三相异步电动机，无制动停车时间为 22s，采用电容制动后其停车时间仅需 1s。对于 5.5kW、星形接法的三相异步电动机，无制动停车时间为 36s，采用电容制动后其停车时间仅需 2s。所以电容制动是一种制动迅速、能量损耗小、设备简单的制动方法，一般用于 10kW 以下的小容量电动机，特别适用于存在机械摩擦和阻尼的生产机械和需要多台电动机同时制动的场合。

7.2.4　再生发电制动控制电路

再生发电制动主要用在起重机械和多速异步电动机上。现以起重机械为例说明其制动原理。

当起重机在高处开始下放重物时，电动机转速 n 小于同步转速 n_1，这时电动机处于电动运行状态，其重力转矩 T_G 和电磁转矩 T 方向一致，如图 7-10(a) 所示。但由于重力的作用，在重物下放过程中，会使电动机的转速 n 大于同步转速 n_1，这时电动机处于发电运行状态。此时，转子绕组内感应电动势和电流均改变方向，产生阻止重物下降的电磁转矩，电磁转矩变为制动转矩限制了重物的下降速度，如图 7-10(b) 所示。

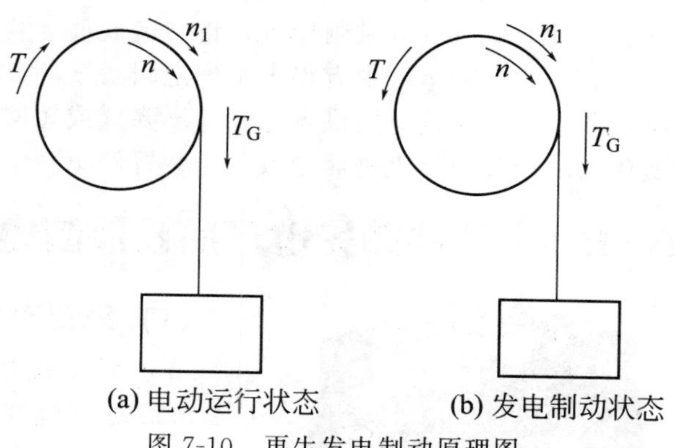

图 7-10　再生发电制动原理图

对多速电动机变速时，如使电动机由 2 极变 4 极，定子旋转磁场的同步转速 n_1 由 3000r/min 变为 1500r/min，而转子由于惯性仍以原来的转速 n（接近 3000r/min）旋转，此时 $n>n_1$，电动机处于发电状态。

再生发电制动是一种比较经济的制动方法，制动时不需要改变电路即可从电动运行状态自动地转入发电制动状态，把机械能转换成电能，再回馈到电网，节能效果显著。缺点是仅当电动机转速大于同步转速时才能实现发电制动。所以常用于在位能负载作用下的起重机械和多速异步电动机由高速转为低速时的情况。

第8章 其他控制电路

8.1 异步电动机抗晃电控制电路

长期以来，在石化、制药、钢铁、集成电路芯片、化纤、玻璃等生产领域，有一些由交流电动机驱动的重要生产设备，如石化企业的苯酚丙酮装置冷却水泵、制药厂的搅拌罐、炼钢转炉氧枪提升传动装置、化纤抽丝工艺等许多电动机在工艺流程上是不允许跳闸停机的，此部分关键电动机一旦跳闸停机，将会造成整个装置非计划停运，给企业带来很大的经济损失。然而，在实际运行中有很多不确定因素（例如雷击、设备故障等），很容易对电网产生影响，使企业内部配电网供电电源电压降低或短时中断后又恢复供电（通常称为晃电），造成低压电动机跳闸停机进而导致整个装置停车。

8.1.1 几种防晃电产品及控制电路

图 8-1 CJC20 系列自保持节能型交流接触器

(1) 采用节能型交流接触器

节能型交流接触器通常具有比较低的保持电压，如 CJ20J 系列交流接触器标称的控制电源吸合电压范围为（85%～110%）U_s、释放电压范围为（20%～75%）U_s，采用这种低释放电压水平的交流接触器，可以防止相当一部分电压骤降的晃电造成影响。采用这种方法，虽然也基本能达到 70%U_s 以下释放电压的水平，但防晃电效果较差，因为节能型交流接触器对于电源短时中断的晃电情况无能为力。还有一种如图 8-1 所示的 CJC20 系列自保持节能型交流接触器，是将铁芯原硅钢片改为使用半硬磁钢，利用铁芯剩磁保持吸合，当用反向直流或交流去磁时接触器才释放。此类交流接触器主要用于不频繁操作场合。

（2）采用专门的防晃电交流接触器的控制电路

FS防晃电交流接触器接线图和外观图见图8-2，用于连续性生产作业线因雷击、短路重合等供电系统发生的瞬间失压、失电（俗称晃电）时保持接触器不会脱扣。而操作接通、分断与常规接触器完全相同。其采用双线圈结构，吸合速度快、强劲有力，在吸合或释放时干净利落，动作特性较好。电源正常状态下，控制模块处于储能状态。接触器的启动或停止与常规接触器一样，当有“晃电”发生使电压降到接触器的维持电压以下时，控制模块开始工作，以储能释放的形式保持接触器继续吸合，避免交流接触器跳闸。当电源电压恢复后，控制模块又转入储能状态。当停止按钮发出正常分闸指令时，正确区分出来，及时分闸。

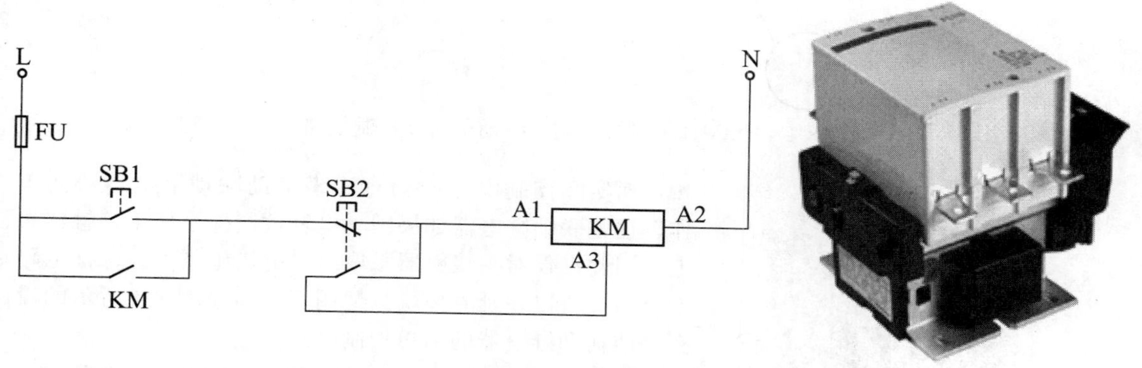

图8-2 FS防晃电交流接触器接线图和外观图

由于控制模块使用了特殊的电源转换部件，使得FS接触器的体积和安装结构保持了常规接触器原有的特征，且不依赖辅助工作电源和辅助机械装置，其控制器附加在常规接触器侧面，因而体积小，可靠性高。缺点是控制线路比较复杂。

（3）采用FS-MD延时模块的控制电路

FS-MD延时模块可以通过面板设置所有参数且使其可视化并实现以下功能。

① 用户根据需要设定延时时间0.3～6.6s，时间等级为0.3s。

② 使交流接触器按设定时间精确延时脱扣，有效抵御“晃电”。

③ 使交流接触器无声节电运行，节电率可达80%以上。

FS-MD延时模块外形见图8-3，控制原理图如图8-4所示。

图8-4控制电路中虚线框中为FS-MD延时模块，1、3端子输入220V交流电源，5、6端子输出100V直流电压，实现交流接触器的直流无声运行。延时模块的内部控制电路一旦监测到1、3端子输入的交流电源发生晃电，则根据预先设定的延时时间维持5、6端子输出的直流电压，确保接触器不会释放，起到防晃电的作用。不过一个FS-MD延时模块只适用于一个接触器的防晃电保

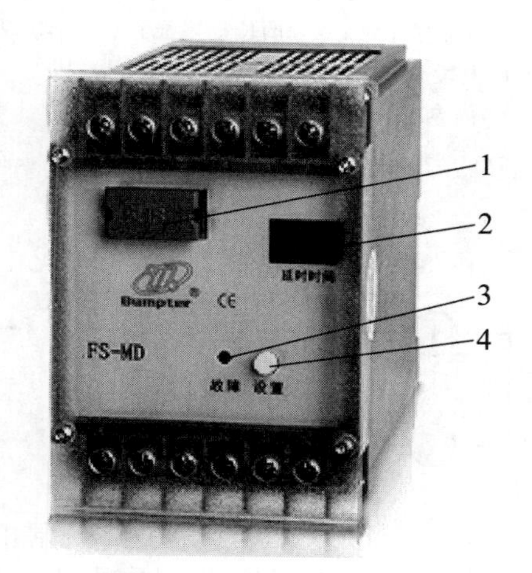

图8-3 FS-MD延时模块
1—温度保险座；2—两位七段光管；3—故障信号警告灯；4—设置延时时间

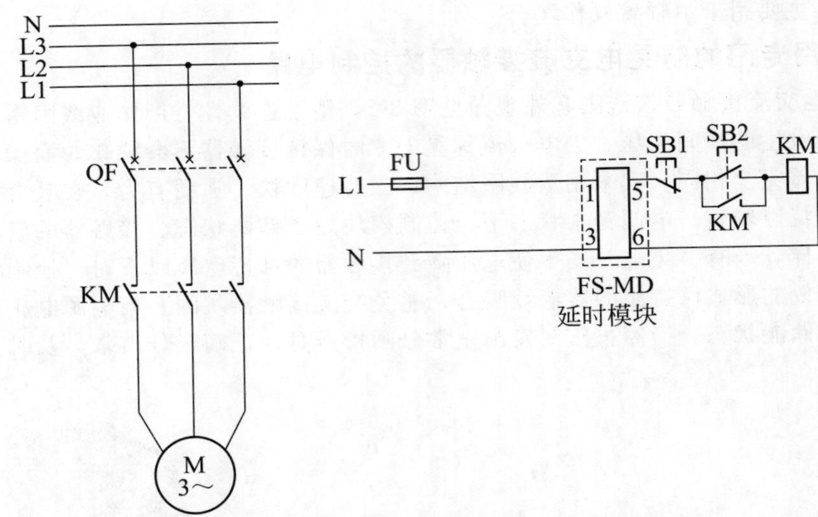

图 8-4　FS-MD 延时模块用于电动机启动控制电路

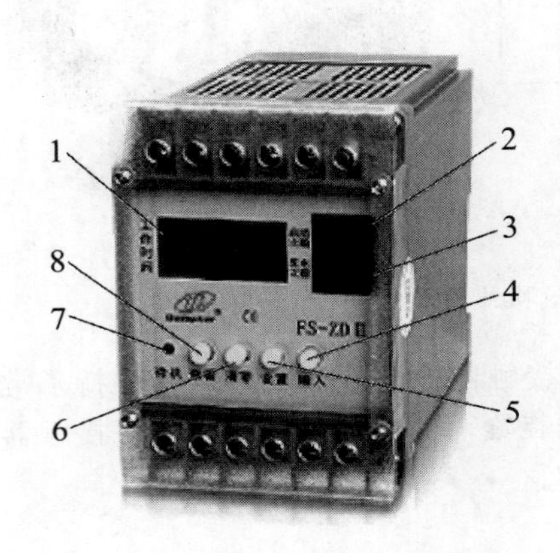

图 8-5　FS-ZD 系列抗晃电再启动继电器

1—液晶显示屏；2—两位七段光管；3—两位七段光管；4—功能参数设定；5—功能参数选择；6—液晶显示第一行时间清零；7—模块状态指示；8—查看液晶显示时间

护，而实际控制电路中会有许多辅助联锁继电器协同工作，这些联锁继电器如果因晃电释放同样会使主接触器失电，因此仅仅对主接触器采取防晃电措施是不能保证电路安全的。所以该延时模块只适用于类似于图 8-4 所示的没有其他辅助继电器的简单控制电路。

(4) 采用 FS-ZD 系列抗晃电再启动继电器

FS-ZD 系列抗晃电再启动继电器如图 8-5 所示，该继电器采用单片机控制，用于控制 220V 或 380V 交流接触器再次启动的控制器，可以通过面板设置所有参数且使其可视化并实现以下功能。

① 高精度定时，实现精确再启动。延时再启动设定时间：0.5～30s，晃电结束电压恢复后，按照这个时间进行延时启动。

② 可设定闭锁不启动时间，不影响接触器的正常启动和停止。闭锁不启动设定时间：0.5～30s，当晃电持续时间超过这个时间，将闭锁不启动。

③ 记录并显示启动次数和电网的晃电次数。

图 8-6 所示为 FS-ZD 系列抗晃电再启动继电器端子接线图。

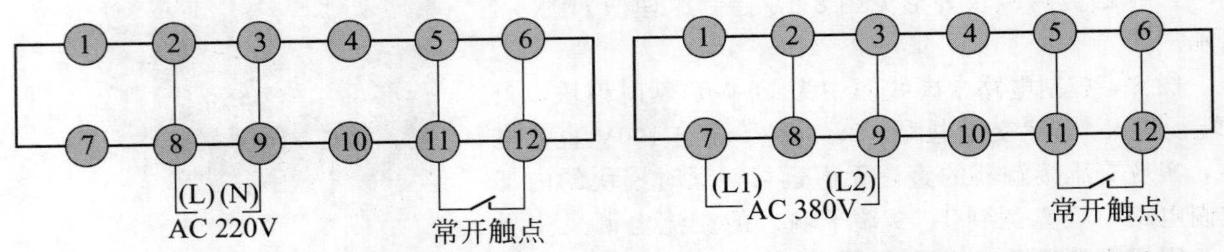

(a) FS-ZD再启动系列控制器工作电压AC220V端子接线图

(b) FS-ZD再启动系列控制器工作电压AC380V端子接线图

图 8-6　FS-ZD 系列抗晃电再启动继电器端子接线图

图 8-7 所示为采用 FS-ZD 自启动控制器的三相异步电动机启动控制线路，当按下启动按钮 SB1 后，接触器 KM 吸合，其辅助常开触点闭合完成自保，主触头闭合电动机开始运转。当系统发生晃电时，接触器 KM 释放。与此同时，FS-ZD 自启动继电器通过 2、3 电源输入端子监测到系统发生晃电，如果电网在规定时间内恢复正常，则 FS-ZD 自启动继电器的 5、6 端子按设定的时间延时后闭合自动启动电动机。

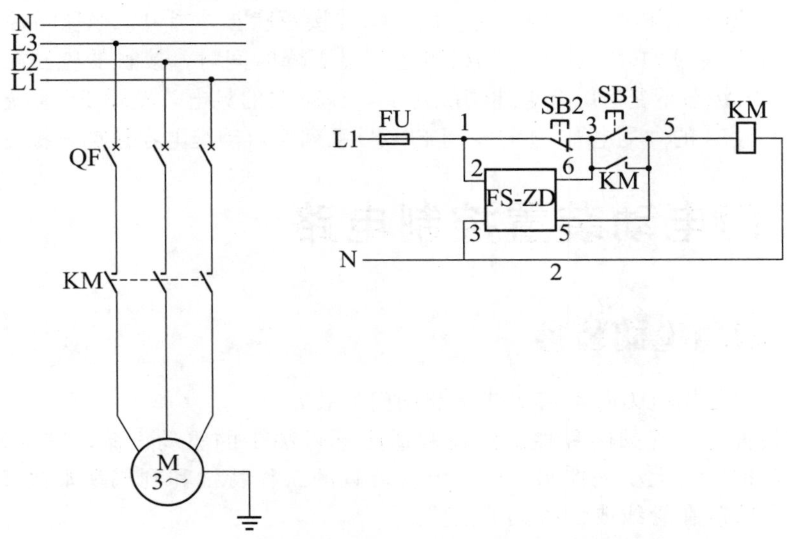

图 8-7　采用 FS-ZD 自启动控制器的启动控制线路

和普通再启动继电器相比，FS-ZD 系列抗晃电自启动继电器不仅功能强大，体积小巧，能区分正常停车与系统晃电的区别，而且不管原有控制电路有多复杂，FS-ZD 系列抗晃电自启动继电器都可以起到很好的保护作用，对原有控制回路改动也很少。

8.1.2　防晃电技术的应用选型

“晃电”对于系统的影响，取决于电源电压的下降速率和持续时间，电容作用将延缓电压下降和上升速率。当电压下降到交流接触器的释放电压及持续时间超过释放时间（>80ms），接触器立即脱扣。如果“晃电”持续时间<500ms，电动机拖动的设备由于惯性原因，转速不会出现明显下降，但当“晃电”消失后，电源系统的恢复以及电动机恢复运行状态，有以下要求。

（1）电压下跌型“晃电”（电压降到一定值）

“晃电”持续的时间长（一般小于 2s），电压降到额定值 70%以下，接触器脱扣。在这个时间内，电动机功率下降，转速开始降低，但由于转动惯量的作用，转速下降的并不明显，电压恢复后，电动机电流有小幅度过冲后便恢复到运行值，这种情况电动机供电系统应保持，亦即接触器不应脱扣，对生产连续性的保持将不受影响。如果“晃电”持续时间继续增加，则电动机转速迅速下降如果再启动的话启动电流会大幅度上升，因此“晃电”接触器不脱扣的时间小于 2s 为佳。

（2）电压失去型“晃电”（电压失去，电压降到零）

“晃电”持续的时间短，电网系统大，等效电容大，不同系统“晃电”电压恢复时，电动机电流从 0 开始上升，并有非周期分量的冲击，如果电动机电流非周期分量的冲击时间极短（小于 10ms），然后迅速恢复到运行值，这种情况电动机供电系统应保持，亦即接触器不应脱扣，对生产连续性的保持将不受影响。因此，可以承受对电网的冲击，电动机电源不开断（接触器不脱扣），使生产的连续性不受影响。

（3）“晃电”使电压下降到零，并且电动机转速下降低于额定值的30%，电压恢复后，此时非周期电流分量对电网的冲击影响将不得不考虑采取分批启动的方式进行，对生产的影响不可避免。

“晃电”使电网电压下降30%时，主电路应保持接通状态，当电压恢复时原有的生产状态保持不变。“晃电”持续的时间大于电动机转速明显下降时间时，接触器应脱扣，启动停止应保持接触器原有的状态不变。综合上述情况建议，1.5s内的晃电，使用FS系统“晃电”不脱扣接触器；大于1.5s的“晃电”，适宜使用FS-ZD系列再启动继电器分期分批自动控制器。

8.2 阀门电动装置控制电路

8.2.1 阀门电动装置

阀门电动装置是用电力驱动启闭或调节阀门的装置。

阀门电动装置是实现阀门程控、自控和遥控不可缺少的驱动设备，其运动过程可由行程、转矩或轴向推力的大小来控制。阀门电动装置的工作特性和利用率取决于阀门的种类、装置工作规范及阀门在管线或设备上的位置。

（1）阀门电动装置的组成

① 专用电动机，特点是过载能力强、启动转矩大、转动惯量小，短时、断续工作。

② 减速机构，用以降低电动机的输出转速。

③ 行程控制机构，用以调节和准确控制阀门的启闭位置。

④ 转矩限制机构，用以调节转矩（或推力）并使之不超过预定值。

⑤ 手动、电动切换机构，进行手动或电动操作的联锁机构。

⑥ 开度指示器，用以显示阀门在启闭过程中所处的位置。

（2）电动执行器的控制模式

根据生产工艺控制要求确定电动执行器的控制模式见表8-1，篇幅所限本节仅介绍开关型电动执行器控制原理。

表8-1 电动执行器的控制模式

类型	特点	结构分类
开关型（开环控制）	开关型电动执行器一般实现对阀门的开或关控制，阀门要么处于全开位置，要么处于全关位置，此类阀门不需对介质流量进行精确控制。特别值得一提的是开关型电动执行器因结构形式的不同还可分为分体结构和一体化结构。选型时必需对此做出说明，不然经常会发生在现场安装时与控制系统冲突等不匹配现象	1. 分体结构(通常称为普通型) 控制单元与电动执行器分离，电动执行器不能单独实现对阀门的控制，必需外加控制单元才能实现控制，一般外部采用控制器或控制柜形式进行配套 此结构的缺点是不便于系统整体安装，增加接线及安装费用，且容易出现故障，当故障发生时不便于诊断和维修，性价比不理想
		2. 一体化结构(通常称为整体型) 控制单元与电动执行器封装成一体，无需外配控制单元即可现实就地操作，远程只需输出相关控制信息就可对其进行操作 此结构的优点是方便系统整体安装，减少接线及安装费用，容易诊断并排除故障。但传统的一体化结构产品也有很多不完善的地方，所以产生了智能电动执行器

续表

类型	特点	结构分类
调节型（闭环控制）	调节型电动执行器不仅具有开关型一体化结构的功能，还能对阀门进行精确控制，调节介质流量	1. 控制信号类型（电流、电压） 调节型电动执行器控制信号一般有电流信号（4～20mA、0～10mA）或电压信号（0～5V、1～5V），选型时须明确其控制信号类型及参数
		2. 工作形式（电开型、电关型） 调节型电动执行器工作方式一般为电开型（以4～20mA的控制为例，电开型是指4mA信号对应的是阀关，20mA对应的是阀开），另一种为电关型（以4～20mA的控制为例，电关型是指4mA信号对应的是阀开，20mA对应的是阀关）
		3. 失信号保护 失信号保护是指因线路等故障造成控制信号丢失时，电动执行器将控制阀门启闭到设定的保护值，常见的保护值为全开、全关、保持原位三种情况

(3) 阀门电动装置的主要参数

① 操作力矩

操作力矩是选择阀门电动装置的最主要参数，电动装置输出力矩应为阀门操作最大力矩的1.2～1.5倍。

② 操作推力

阀门电动装置的主机结构有两种：一种是不配置推力盘，直接输出力矩；另一种是配置推力盘，输出力矩通过推力盘中的阀杆螺母转换为输出推力。

③ 输出轴转动圈数

阀门电动装置输出轴转动圈数的多少与阀门的公称通径、阀杆螺距、螺纹头数有关，要按$M=H/(ZS)$计算（M为电动装置应满足的总转动圈数，H为阀门开启高度，S为阀杆传动螺纹螺距，Z为阀杆螺纹头数）

④ 阀杆直径

对多回转类明杆阀门，如果电动装置允许通过的最大阀杆直径不能通过所配阀门的阀杆，便不能组装成电动阀门。因此，电动装置空心输出轴的内径必须大于明杆阀门的阀杆外径。对部分回转阀门以及多回转阀门中的暗杆阀门，虽不用考虑阀杆直径的通过问题，但在选配时亦应充分考虑阀杆直径与键槽的尺寸，以使组装后能正常工作。

⑤ 输出转速

阀门的启闭速度若过快，易产生水击现象。因此，应根据不同使用条件，选择恰当的启闭速度。

8.2.2 多回转电动阀门

图8-8所示的多回转阀门电动装置，通称为Z型。适用于阀瓣做直线运动的阀门，如闸阀、单向阀、隔膜阀、水闸门等。用于阀门的开启、关闭或调节，是对阀门实现远控、集控和自控的必不可少的驱动装置。他们具有功能全、性能可靠、控制系统先进、体积小、重量轻、使用维护方便等特点。广泛用于电力、冶金、石油、化工、造纸、污水处理等部门。

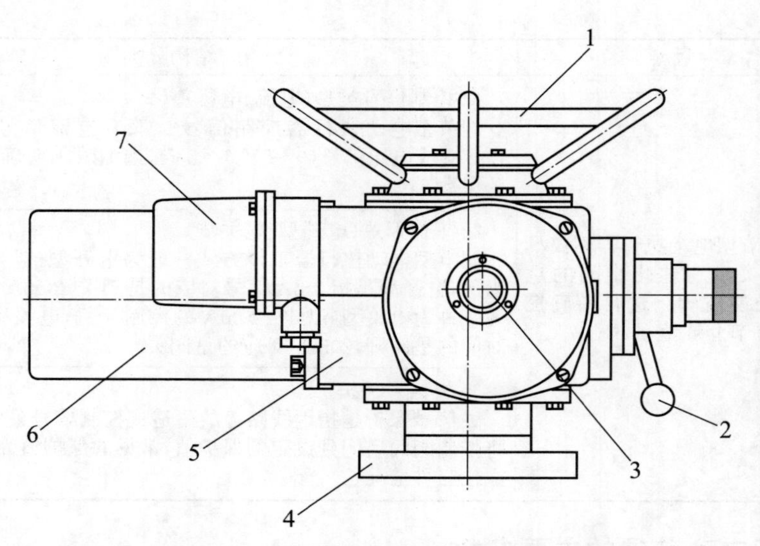

图 8-8　Z 型多回转阀门电动装置结构图

1—手轮；2—手、电动切换机构；3—开度表；4—阀门连接法兰；
5—减速机构；6—电动机；7—接线盒

(1) 型号表示方法和示例

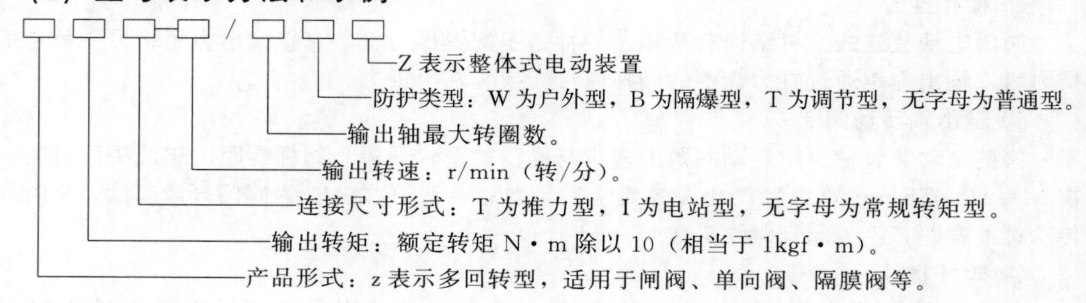

型号示例：

① Z30I-18W：多回转电动装置，输出转矩为 300N·m（30kgf·m），电站型接口，输出转速为 18r/min，最大转圈数为 60，常规户外型。

② Z45T-24B/S：多回转电动装置，输出转矩为 450N·m（45kgf·m），推力型接口，输出转速为 24r/min，最大转圈数为 120，隔爆型，带手动减速箱。

③ Z120-24W/240T：多回转电动装置，输出转矩为 1200N·m（120kgf·m），转矩型接口，输出转速为 24r/min，最大转圈数为 240 圈，整体调节型。

(2) Z 型多回转阀门电动装置的结构

Z 型电动装置由电动机，减速机构，力矩控制机构，行程控制机构，开度指示机构，手、电动切换机构，手轮及电气部分组成。其装置结构图见图 8-8，传动原理如图 8-9 所示。

① 电动机

户外型采用 YDF 型阀门专用三相异步电动机，隔爆型采用 YBDF 型阀门专用三相异步电动机。

② 减速机构

由一对直齿轮和蜗轮副两级传动组成。电动机的动力经减速机构传递给输出轴。

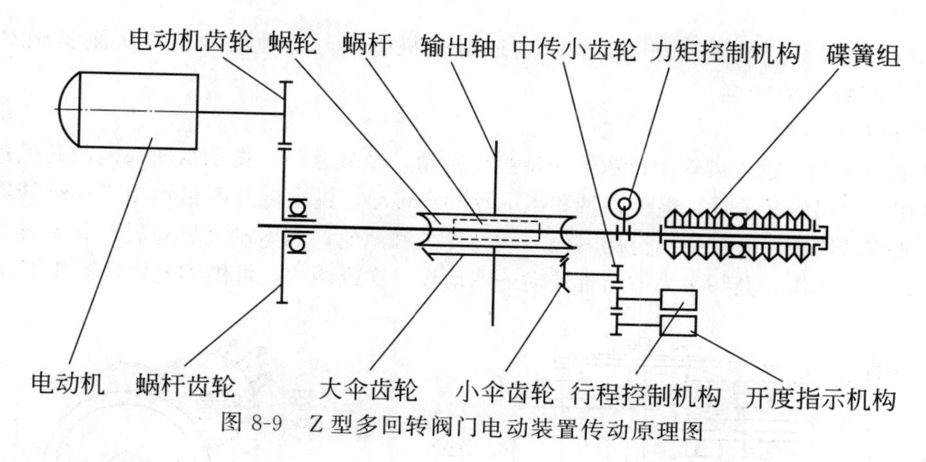

图 8-9　Z 型多回转阀门电动装置传动原理图

③ 力矩控制机构

结构见图 8-10。当输出轴上受到一定转矩后，蜗杆除旋转外还产生轴向位移，带动曲拐，曲拐直接（或通过撞块）带动支架产生角位移。当输出轴上的转矩增大到整定转矩时，则支架产生的位移量使微动开关动作，从而切断电动机电源，电动机停转。以此实现对电动装置输出转矩的控制，达到保护电动阀门的目的。

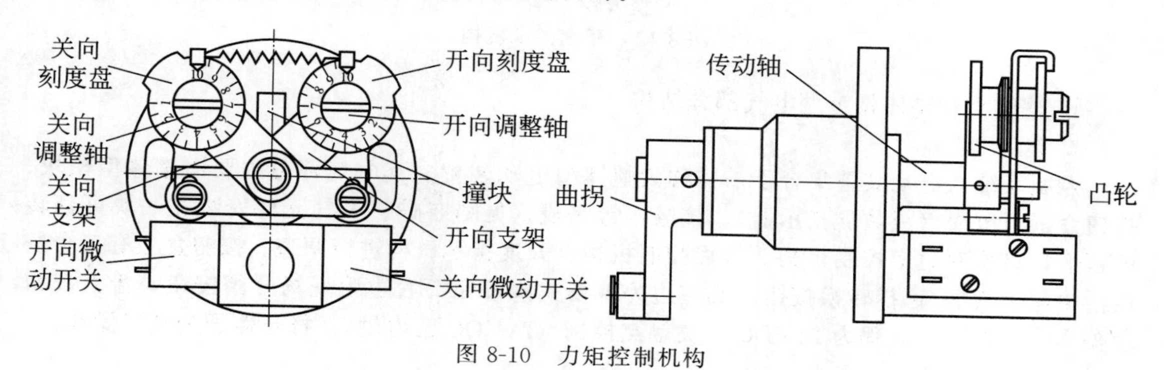

图 8-10　力矩控制机构

④ 行程控制机构

采用十进制计数器原理，又称为计数器，控制精度高，结构见图 8-11。其工作原理为：由减速箱内的一对大、小伞齿轮带动中传小齿轮，再带动行程控制机构工作。如果行程控制器按阀门开、关的位置已调整好，当控制器随输出轴转动到预先调整好的位置（圈数）时，

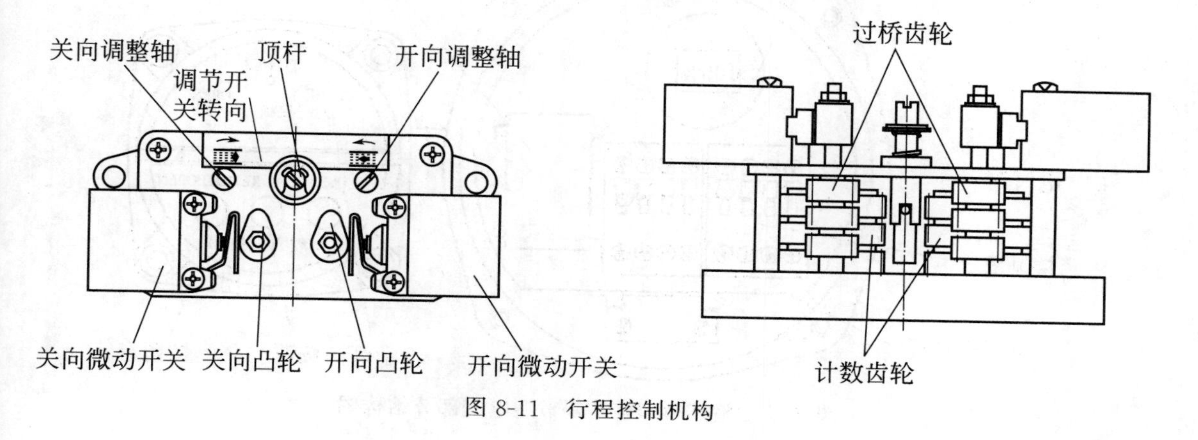

图 8-11　行程控制机构

则凸轮将转动 90°，迫使微动开关动作，切断电动机电源，电动机停转，从而实现对电动装置行程（转圈数）的控制。

⑤ 开度指示机构

结构见图 8-12。输入齿轮由计数器个位齿轮带动，经减速后，指示盘随阀门的开关过程同时转动，以指示阀门的开关量，电位器轴和指示盘同步转动，供远传开度指示用。移动转圈数调整齿轮可以改变转圈数。开度指示机构内设一微动开关和凸轮，当电动装置运转时，旋转凸轮周期性地使微动开关动作，其频率为输出轴转动一圈动作一次或两次，可供闪光信号等使用。

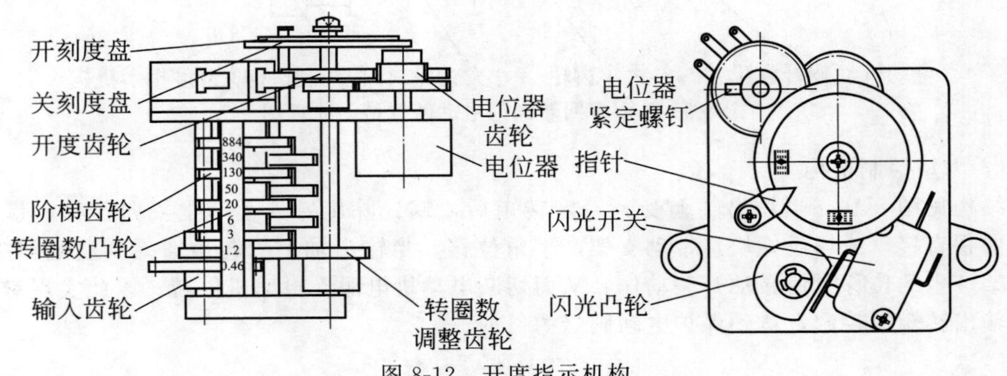

图 8-12 开度指示机构

⑥ 整体型和整体调节型电气部分结构

a. 整体型

控制系统与电动装置集合于一体称为整体型电动装置，其电气部分主要由整体型模块、按钮盒、开度表（或数显指示器）、接触器等组成，见图 8-13。电气元件安装在一块可翻转的板上，以便对力矩控制机构、行程控制机构、开度指示机构进行调整。按钮盒上有三个按钮，中间为现场/远控转换按钮，其左边为现场关阀按钮，右边为现场开阀按钮，盖上按钮盒盖为远方控制，远程为 24VDC 开关触点控制（24VDC 已内供），打开盖子为现场操作。

b. 整体调节型

在整体型基础上引入调节系统即形成整体调节型电动装置，其电气部分由调节模块、按钮盒、开度表（或数显指示器）、接触器等组成。可接收和输出 4～20mA 标准信号。见图 8-13。

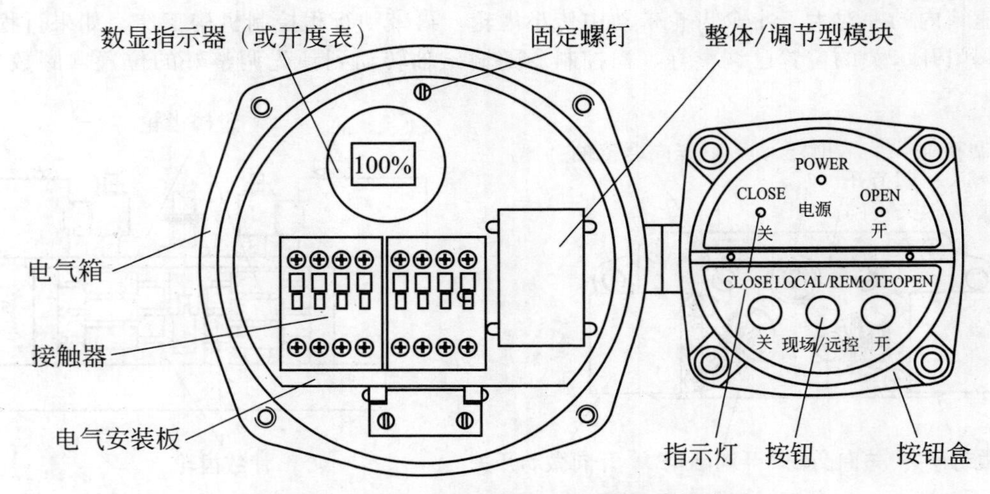

图 8-13 整体型和整体调节型电气部分结构图

8.2.3　多回转电动阀门装置电气控制原理图

(1) 普通型电气控制原理

普通型电气控制单元在电动阀外部，电气原理图见图 8-14，KMO 是开阀接触器，KMC 是关阀接触器，多回转电动阀门控制电路和普通电动机正、反转控制电路的基本控制原理是相同的。区别在于以下两个方面。①多回转电动阀门控制回路中串入了行程控制机构（SLO、SLC）和力矩控制机构的接点（STO、STC），当阀门开关到设定位置或者阀门卡住时能及时切断控制电源。此外行程控制机构和力矩控制机构构成了多回转电动阀门装置的两级限位保护，比如阀门开（关）到位后，即便行程限位开关发生故障没有动作，随着扭力的增大阀门力矩控制机构动作切断控制回路，起到保护阀门的作用。②阀门开度指示电路的两个特殊功能。一是闪光机构，在阀门开关过程中，开度机构的闪光凸轮控制闪光开关（SK）周期性地导通和断开，使得相应的开、关指示灯闪烁，提醒操作人员电动阀所处的工作状态。二是开度指示机构，开度齿轮驱动电阻器 RP1 将阀门开关的物理位置变化转换为电阻阻值的变化，再通过外加的 5V 直流电压将电阻器 RP1 阻值的变化转化为电压的变化，驱动远方的开度表。

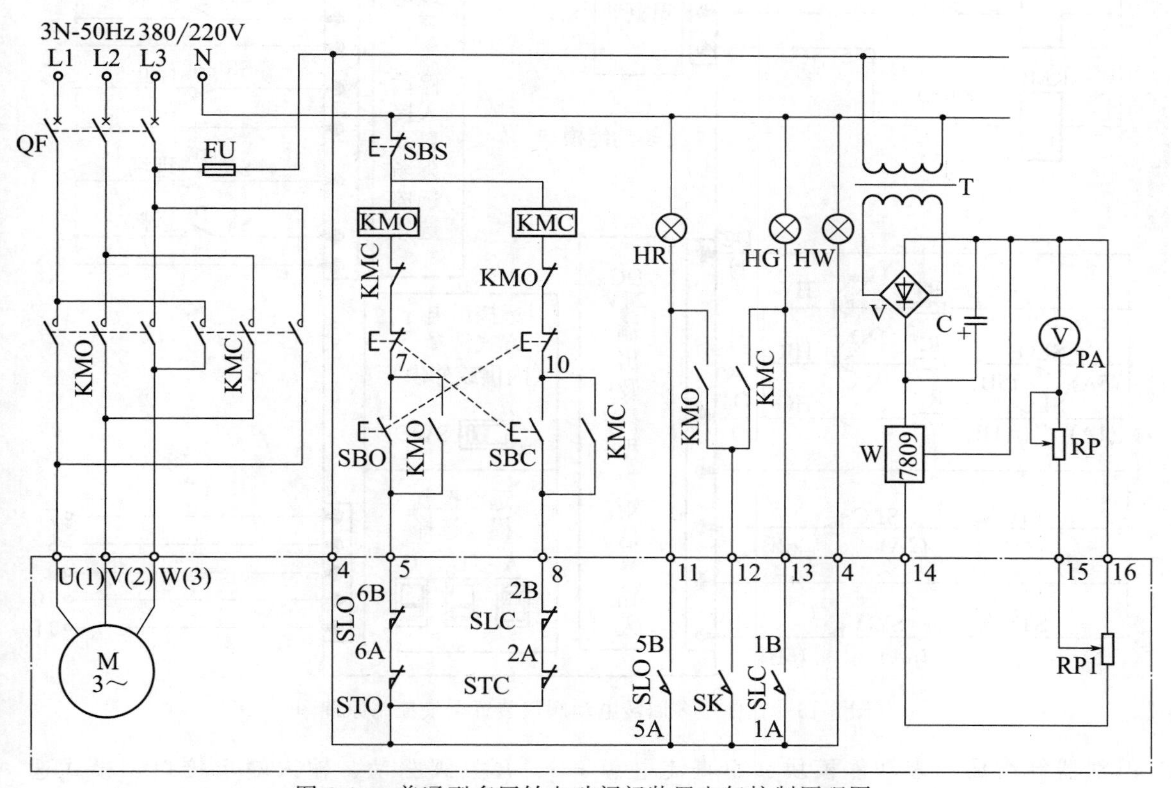

图 8-14　普通型多回转电动阀门装置电气控制原理图

(2) 整体型电气控制原理

将常规型电动装置与控制箱集合于一体即形成整体型电动装置，见图 8-15。采用了模块化设计，其电气部分主要由多功能模块、按钮盒、开度表、接触器、相位

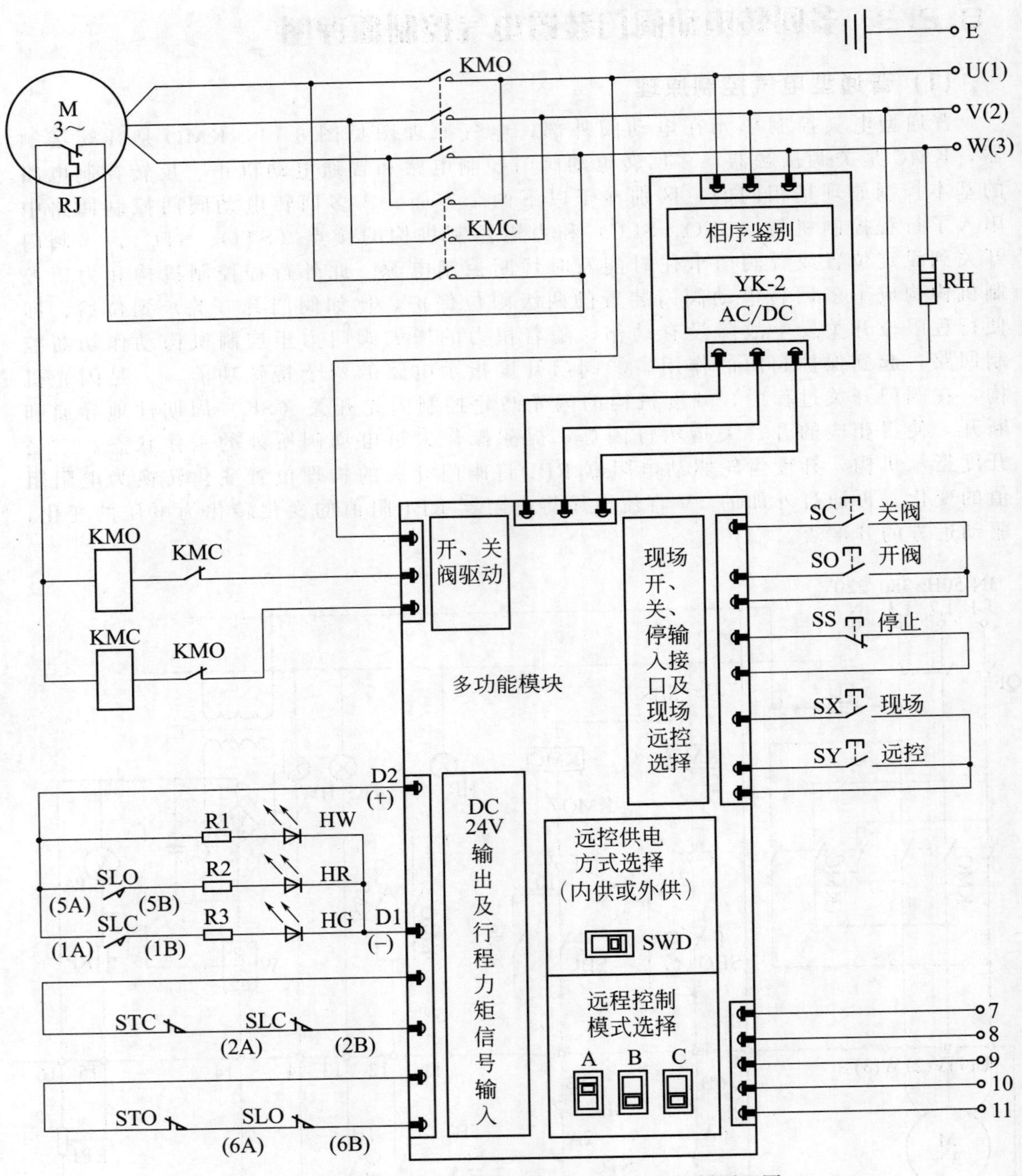

图 8-15　整体型多回转电动阀门装置电气控制原理图

识别器等组成。多功能模块又由直流电源 DC、开关阀驱动、输入输出接口、模式选择编码开关等四部分组成。将电源、开关阀信号、远控或近控信号等输入或输出信号接到相应模块的输入、输出端子后再通过编码开关的不同组合方式，就可以实现不同的远程控制功能。远控供电方式选择和远程控制模式选择编码开关的组合形式见图 8-16。

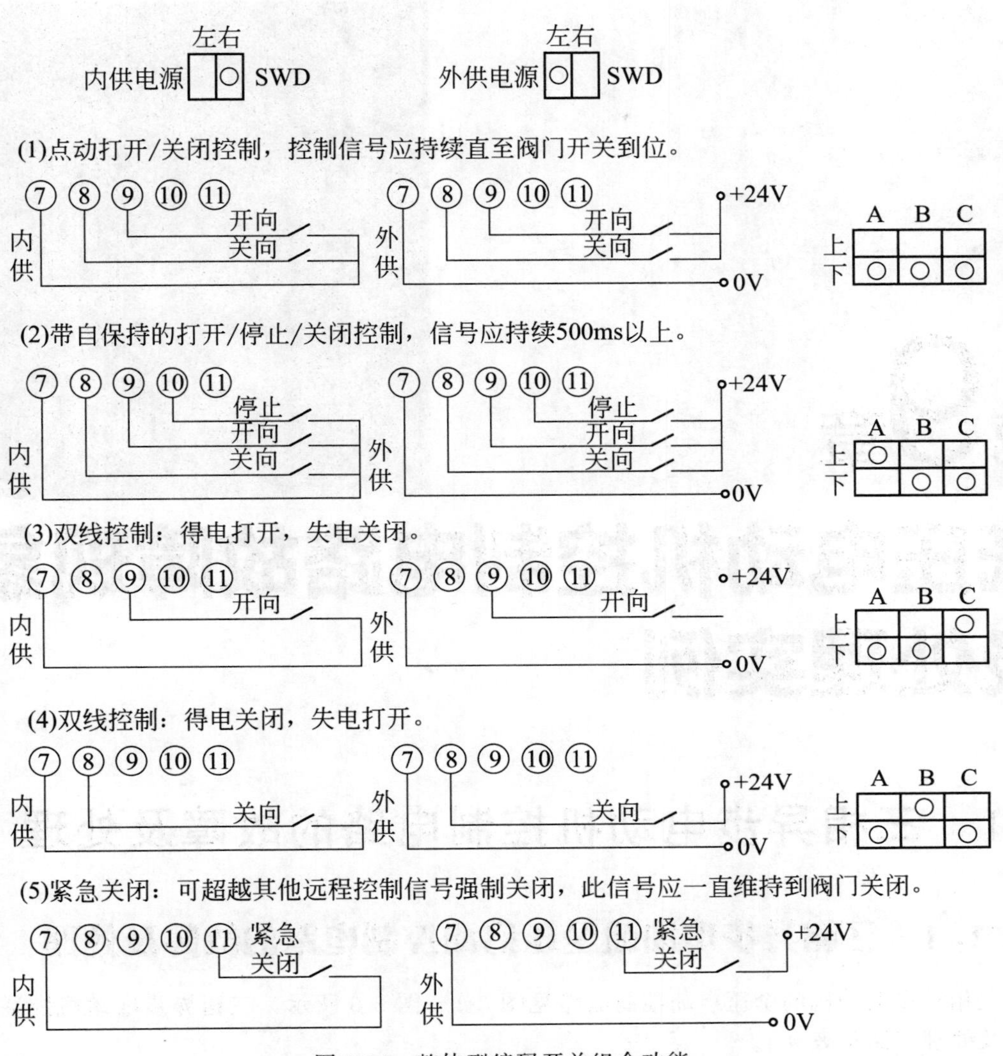

图 8-16　整体型编码开关组合功能

第9章 低压电动机控制电路故障现象及处理实例

9.1 三相异步电动机控制电路的故障及处理

9.1.1 三相异步电动机全压启动控制电路的故障及处理

三相异步电动机的全压启动控制电路见图 3-1～图 3-6 所示，三相异步电动机控制电路故障及处理方法见表 9-1。

表 9-1 三相异步电动机全压启动控制电路的故障及处理方法

故障现象	可能原因	处理方法
1. 抽屉柜不能空试主接触器 KM	1. 电源无电压 2. 熔断器 FU 熔体熔断 3. 按钮 SB 触点接触不良 4. 接触器 KM 线圈开路	1. 检查电源电压是否为 220V 2. 更换熔体 3. 检查 SB 触点 4. 更换接触器 KM 线圈
2. 送上电源后，电动机就地与远控都不能启动	1. 抽屉柜未到位 2. QF-1 辅助点接触不良 3. QF-3 辅助点接触不良 4. 热继电器 FR 常闭触点接触不良 5. KA1 不吸合或辅助点接触不良 6. DCS 不允许开车，KA2 没有吸合或辅助常开触点接触不良	1. 将抽屉推至运行位 2. 检查 QF-1 辅助点 3. 检查 QF-3 辅助点 4. 检查热继电器 FR 常闭触点 5. 检查 KA1 是否吸合，辅助点是否接触良好 6. 检查 KA2 是否吸合，辅助点是否接触良好，DCS 是否允许开车

续表

故障现象	可能原因	处理方法
3. 送上电源后，电动机启动，QF 即动作	1. 负载过大，FR 动作 2. 电动机接地 3. 电缆接地 4. 电源开关 QF 失灵	1. 检查机械部分，是否过载 2. 更换电动机 3. 更换电缆 4. 更换电源开关 QF
4. 电动机启动，接触器 KM 即失电	1. 接触器 KM 自锁接触不良 2. 转换开关 SA 内部触点接触不良 3. 过载动作	1. 检查接触器 KM 自锁触点 2. 更换转换开关 3. 检查负载情况，检查热继电器 FR 和 KA1 是否损坏
5. 只能就地启动电动机，不能远控启动	1. 转换开关 SA 不在远控挡位 2. 转换开关 SA 触点(5-6)损坏 3. 中间继电器 KA4 不吸合，或常开触点接触不好 4. DCS 远控中间继电器 KA3 不吸合，或常开触点接触不好	1. 将转换开关 SA 转至远控挡位 2. 更换转换开关 SA 3. 检查 KA4 是否吸合，触点是否接触良好 4. 检查 KA3 是否吸合，触点是否接触良好
6. 只能远控启动电动机，不能就地启动	1. 转换开关 SA 不在就地挡位 2. 转换开关 SA 触点(1-2，3-4)损坏	1. 将转换开关 SA 转至就地挡位 2. 更换转换开关 SA
7. 电动机正常运行，DCS 无电流运行信号	1. 电流互感器 TA 损坏 2. 电流变送器 TS 损坏或无工作电源 3. 电流表 PA 开路	1. 更换电流互感器 TA 2. 检查电流变送器 TS 电源，或更换变送器 3. 更换电流表 PA，或短接端子
8. 抽屉柜开、停指示灯正常，现场开、停指示灯不亮	1. 无电源 2. 指示灯坏 3. 接触器触点接触不良 4. 输入输出端子接触不良	1. 检查工作电源是否为 220V 2. 更换指示灯 3. 检查接触器触点 4. 检查紧固输入输出端子

9.1.2 三相异步电动机降压启动控制电路的故障及处理

降压启动电路故障处理可参照全压启动控制电路故障处理，本节介绍 ATS48 软启动器系列的故障诊断及故障排除。

(1) 启动器不启动，无故障显示

无显示：检查控制电源 CL1/CL2 上是否有电源。

有显示：检查显示的代码是否与启动器正常状态时对应（正常显示应为 nLP，rdy）；检查是否有 RUN/STOP 命令。

(2) 启动器有故障代码显示

故障原因及处理方法见表 9-2。

表 9-2 ATS48 软启动器故障原因及处理方法

故障显示	可能原因	处理方法
InF	内部故障	断开控制电源后再重新连上。如果故障仍然存在，应联系施耐德电气产品部门
OCF	过电流	关闭启动器电源
	启动器输出短路	检查连接电缆和电动机隔离
	内部短路	检查晶闸管
	旁路接触器粘连	检查旁路接触器触点
	超过启动器额定值	检查菜单 drC 中参数 bSt 的值
PIF	相序颠倒	倒换两条相线或设置 PHr＝no
EEF	内部存储故障	断开控制电源后再重新连上。如果故障仍然存在，应联系施耐德电气产品支持部门
CFF	通电时无效配置	在 drC 中返回出厂设定值 重新配置启动器
CFI	1. 无效配置 2. 通过串口载入启动器的配置与之不兼容	1. 检查前一次载入的配置 2. 载入兼容的配置
PHF	电源缺相	检查电源、启动器连接以及所有处于电源与启动器之间的隔离设备（接触器、熔断器、断路器等）
	电动机缺相	1. 检查电动机连接以及所有处于启动器和电动机之间的隔离设备（接触器、熔断器、断路器等） 2. 检查电动机状态
FrF	电源频率超过允许范围 此故障状态可在 drC 菜单中的 FrC 参数进行配置	1. 检查电源 2. 检查 FrC 参数的配置是否与所使用的电源匹配（例如发电机组）
USF	有运行命令时动力电源故障	检查动力电源电路和电压
CLF	控制线路故障	CL1/CL2 缺失超过 200ms
SLF	串口故障	检查 RS485 接线
EF	外部故障	检查逻辑输入端 LI3、LI4 所定义的允许启动器检测的外部故障
StF	启动时间过长	1. 检查机械磨损情况、机械间隙、润滑、阻塞等 2. 检查 PrO 菜单中的 tLs 参数设定值

续表

故障显示	可能原因	处理方法
OLC	电流过载	1. 检查机械磨损情况、机械间隙、润滑、阻塞等 2. 检查 PrO 菜单中的 LOC 和 tOL 参数设定值
OLF	电动机热故障	1. 检查机械磨损情况、机械间隙、润滑、阻塞等 2. 检查与机械要求相关的启动器-电动机选择 3. 检查 PrO 菜单中的 tHP 参数和 Set 菜单中的 I_n 参数设定值 4. 检查电动机的电气隔离 5. 等待电动机冷却下来后再重新启动
OHF	启动器热故障	1. 检查机械磨损情况、机械间隙、润滑、阻塞等 2. 检查与电动机和机械要求相关的启动器-电动机选择 3. 检查风扇(如果所用的 ATS48 有的话)的运行情况，保证空气通路且散热器清洁(确保遵守安装建议) 4. 等待启动器冷却下来后再重新启动
OtF	由 PTC 传感器检测到的电动机热故障	1. 检查机械磨损情况、机械间隙、润滑、阻塞等 2. 检查与机械要求相关的启动器-电动机选择 3. 检查 PrO 菜单中的 PTC 参数设定值 4. 等待电动机冷却下来后再重新启动
ULF	电动机欠载	1. 检查液压回路 2. 检查 PrO 菜单中的 LUL 和 tUL 参数设定值
LrF	稳定状态下转子锁定	检查机械磨损情况、机械间隙、润滑、阻塞等

在使用 ATS48 系列软启动器过程中，应注意：

动力电缆要与弱电电信号及控制电源保持隔离；启动器必须接地以符合有关漏电电流的规范；只有 Q 系列可串联在电动机△绕组中，此时只能自由停车，不能使用级联及预热功能；在设置重启动功能时，请首先确定该自动启动不会对人员或设备造成任何危险。

9.1.3　三相异步电动机电磁调速控制电路的故障及处理

电磁调速电动机控制电路见图 6-12，故障及排除方法见表 9-3。

表 9-3　电磁调速电动机控制装置故障及排除方法

故障现象	可能原因	处理方法
1. 接通电源后指示灯不亮	1. 组合插头或印制电路板插座接触不良，电源未能接通 2. 指示灯坏或未能拧紧 3. 熔断器熔丝烧断 4. 电源开关接触不良	1. 检查插头或插座焊接情况，并用酒精清洗 2. 检查灯泡情况，必要时用电压表测量，应为 6V 左右 3. 检查(3、4)接线是否正确，有无短路；浪涌吸收器是否击穿，VD1～VD8 有无击穿，V1～V4 有无击穿 4. 检查电源开关

续表

故障现象	可能原因	处理方法
2. 接通电源，拖动电动机运转后，调节给定电位器 RP1 旋钮时电磁离合器不工作，转速无指示	1. 变压器二次侧无电压 2. RP1 电位器断路 3. 稳压管 VST 或滤波电容 C4 击穿短路 4. VD7、VD8 二极管损坏 5. 单结晶体管 V2 和三极管 V1 损坏 6. 脉冲变压器 T2 断线 7. 续流二极管 VD1 损坏 8. 二极管 VD2 不通	1. 检查变压器各二次侧线圈电压是否正常 2. 更换 RP1 电位器，测量 RP1 上的给定电压是否在 10～12V 3. 更换稳压管或滤波电容，测量稳压管 VST 输出端电压是否在 8～10V 4. 更换 VD7、VD8 二极管 5. 更换单结晶体管 V2 和三极管 V1 6. 更换脉冲变压器 T2 7. 更换续流二极管 VD1 8. 更换二极管 VD2
3. 电动机运转后电磁离合器工作时转速一直上升，RP1 电位器失去作用	1. RP2 电位器损坏 2. 插脚接触不良	1. 更换 RP2 电位器 2. 用酒精清洗插脚
4. 在运转时，电动机转速突然上升，转速表指示不正常	二极管 VD6 在运行时烧坏，不通	更换二极管 VD6
5. 表头指示转速与实际转速不一致，无法调节	1. 由于永磁式测速发电机退磁引起 2. 测速发电机有一相短路或断线 3. 转速表里整流管损坏	1. 如调节 RP3 电位器仍不能解决问题时，需将测速发电机转子重新充磁 2. 测量测速发电机三相电压是否对称 3. 检查转速表：接上交流 15V 时应能指满刻度

9.1.4 三相绕线转子异步电动机控制电路的故障及处理

三相绕线转子异步电动机控制电路见图 5-7，故障及排除方法见表 9-4。

表 9-4　三相绕线转子异步电动机控制电路故障及排除方法

故障现象	可能原因	处理方法
1. 电压继电器 KAV 不吸合，送不上控制电源	1. 熔体 FU 熔断 2. 主令控制器 LK 不在零位 3. 过流继电器 KA1～KA3 触点接触不良	1. 检查控制电压是否为 380V，更换 FU 熔体 2. 将主令控制器 LK 归至零位 3. 检查 KA1～KA3 触点

续表

故障现象	可能原因	处理方法
2. 电压继电器 KAV 吸合,操作主令 LK 不能升降	1. 主令 LK-2 触点接触不良 2. 主令 LK-3 触点接触不良 3. 电压继电器 KAV 自锁点接触不良 4. 提升限位 SQ1 接触不良	1. 检查主令 LK-2 触点 2. 检查主令 LK-3 触点 3. 检查电压继电器 KAV 自锁点 4. 检查提升限位 SQ1 点
3. 送电后,操作主令 LK,过流继电器 KA1～KA3 即动作	1. 主令控制器 LK 电路接地 2. 电动机 M 接地 3. 电磁抱闸线圈 YB 接地 4. 电缆接地	1. 检查接地点或更换主令控制器 LK 2. 换电动机 M 3. 更换电磁抱闸 YB 4. 更换电缆
4. 电源接通,转动主令控制器,电动机不启动	1. 接触器不吸合 2. 滑触线与集电器接触不良 3. 电动机定子绕组或转子绕组断路 4. 电磁抱闸线圈断路不吸合或制动器在制动状态	1. 检查接触器线圈 2. 更换集电器炭刷或调整集电器 3. 更换电动机 4. 更换电磁抱闸线圈或调节制动器
5. 转动主令控制器后,电动机启动运转,但不能输出额定功率且转速明显减慢	1. 电路电压降过大,质量差 2. 制动器 YB 未能完全松开 3. 转子电路电阻未完全切除 4. 机构卡住	1. 检查电源电压 2. 调节制动器 YB,保证得电后完全松开 3. 检查转子电路电阻和 KM4～KM9 吸合状态,保证完全切除 4. 检查机构
6. 主令控制器 LK 在转动过程中火花过大	1. 主令控制器 LK 动、静触点接触不良 2. 主令控制器 LK 内部机构积灰多。	1. 检查主令控制器 LK 动、静触点 2. 清理主令控制器 LK 积灰
7. 只能进行提升操作,不能下降	1. 主令控制器 LK-2 触点接触不良 2. 负载过轻,操作挡位选择不当 3. 接触器 KM2 不吸合	1. 检查主令控制器 LK-2 触点 2. 检查负载情况,选择合适挡位 3. 检查或更换接触器 KM2
8. 制动电磁铁噪声大	1. 交流电磁铁短路环开路 2. 动静铁芯端面有油污 3. 动静铁芯间隙过大 4. 电磁铁过载	1. 检查电磁铁是否开路或更换 2. 清理动静铁芯端面 3. 调节动静铁芯间隙 4. 更换配套电磁铁

9.2 三相异步电动机变频调速控制电路的故障及处理

变频调速控制电路故障处理参照全压启动控制电路故障处理表。变频器常见故障原因及处理方法见表 9-5。

表 9-5 变频器常见故障原因及处理方法

故障现象	可能原因	处理方法
1. 电动机保持不转	1. 主回路故障	1. 检查主回路使用的是否是适当的电源电压 2. 检查电动机是否正确连接
	2. 无输入信号	1. 检查启动信号是否输入 2. 检查正转或反转信号是否输入 3. 检查频率设定信号是否为零 4. 当采用模拟信号控制时,检查信号是否在零值
	3. 参数设置错误	1. 检查启动频率是否大于运行频率 2. 检查各种操作功能,尤其是上限频率是否为零 3. 检查操作模式是否正确,是面板控制还是外接端子控制 4. 检查是否选择了正反转中的某一方向运行限制
	4. 负载过重	1. 检查负载是否过重 2. 检查机械是否卡死
2. 电动机旋转方向相反	1. 输出端子相序错误 2. 启动信号错误	1. 检查输出端子 U、V、W 相序是否正确 2. 检查启动信号(正转、反转)连接是否正确
3. 速度与设定值相差很大	1. 参数设定错误 2. 外部信号源干扰 3. 负载过重	1. 检查频率设定信号是否正确(测量输入信号的值是否与要求一致) 2. 检查输入信号是否受到外部噪声或其他信号源的干扰,请使用屏蔽电缆,并消除干扰源 3. 检查负载是否过重
4. 加减速不平稳	1. 加减速时间设定过短 2. 负载过重 3. 转矩提升设定过大	1. 调整加减速时间 2. 检查外部负载是否过重 3. 检查转矩提升设定,防止设定过大引起失速防止功能动作
5. 电动机电流过大	1. 负载过重 2. 转矩提升设定过大	1. 检查外部负载 2. 检查转矩提升设定
6. 速度不能增加	1. 上限频率设定错误 2. 负载过重 3. 转矩提升设定过大 4. 制动电阻器连接错误	1. 检查上限频率设定是否正确 2. 检查外部负载是否过重 3. 检查转矩提升设定,防止设定过大引起失速防止功能动作 4. 检查电阻器的连接

续表

故障现象	可能原因	处理方法
7. 运行时的速度波动	1. 负载变化 2. 输入信号变化	1. 检查负载是否变化 2. 检查频率设定信号是否有变化 3. 检查频率设定信号是否受到干扰
8. 操作面板无显示	1. 变频器无工作电源 2. 操作面板连接不好	1. 送上变频器工作电源 2. 检查变频器与操作面板连接是否可靠
9. 变频器参数不能写入	1. 变频器所处状态不对 2. 设定参数在变频器设定范围之外 3. 变频器处于锁定状态	1. 检查变频器是否在运行状态 2. 在变频器规定的参数范围内设定参数 3. 解除变频器锁定状态
10. 过电流保护	1. 加速时间过短 2. 过载 3. 输出电路故障	1. 调整加速时间 2. 检查电动机、变频器、负载的大小 3. 检查电动机和电动机电缆是否有故障
11. 对地短路保护	1. 电动机短路 2. 电动机电缆短路 3. 供电电源干扰	1. 更换电动机 2. 更换电动机电缆 3. 改善变频器供电电源
12. 电源缺相	1. 主电源缺相 2. 熔断器熔断	1. 检查主电源是否缺相 2. 更换熔体
13. 电动机缺相	1. 电动机回路有故障 2. 变频器内部有故障	1. 检查电动机是否损坏 2. 检查电动机电缆是否损坏 3. 联系厂家或更换变频器
14. 过电压保护	1. 减速时间过短,出现负负载(由负载带动旋转) 2. 供电电源电压过高 3. 供电电源干扰	1. 制动力矩不足时,延长减速时间,或者选用附加的制动单元、制动电阻器单元等 2. 检查供电电源 3. 改善变频器供电电源
15. 欠压保护	1. 线路供电电源电压太低 2. 预充电电阻器损坏 3. 瞬时电压下降	1. 检测供电电源电压 2. 更换充电电阻器或更换变频器 3. 检查电力系统是否晃电
16. 熔丝熔断	1. 过电流或过载保护重复动作 2. 外部线路故障 3. 变频器内部损坏	1. 检查变频器故障代码和负载情况 2. 检查外部线路 3. 更换变频器
17. 过载保护	1. 过负载 2. 参数设定错误 3. 机械异常	1. 检查负载 2. 核对电动机额定电流等参数 3. 检查机械是否卡堵

续表

故障现象	可能原因	处理方法
18. 制动电阻过热	1. 频繁地启动、停止，连续长时间再生回馈运转 2. 减速时间过短	1. 减小启动频率，使用附加的制动电阻及制动单元 2. 延长减速时间
19. 冷却风扇异常	1. 冷却风扇故障 2. 连线松动	1. 更换冷却风扇 2. 检查冷却风扇接线
20. 通信错误	1. 外来干扰，过强的振动、冲击 2. 通信电缆接触不良	1. 重新确认系统参数，记下全部数据后进行初始化或断电重启动 2. 检查通信电缆

9.3 电动阀门控制电路的故障及处理

9.3.1 阀门电动装置过负荷原因和保护

阀门电动装置是用于操作阀门并与阀门相连接的装置。该装置由电力控制电路来驱动，其运动过程可由行程、转矩或轴向推力的大小来控制。阀门电动装置的工作特性和利用率取决于阀门的种类、装置的工作规范及阀门在管线或设备上的位置。因此要正确使用阀门电动装置类型，防止超负荷（工作转矩高于控制转矩）的发生就成为至关重要的一环。当电动装置的规格确定之后，其控制转矩也确定了。当其在预先确定的时间内运行时，电动机一般不会超负荷，但如出现下列情况则会使其超负荷。

① 电源电压低，得不到所需的转矩，使电动机停止转动。

② 错误地调定了转矩限制机构，使其大于停止的转矩，而造成连续产生过大的转矩，使电动机停止转动。

③ 如点动那样断续使用，产生的热量积蓄起来，超过了电动机的容许温升值。

④ 因某种原因转矩限制机构发生故障，使转矩过大。

⑤ 使用环境温度过高，相对地使电动机的热容量下降.

以上是出现超负荷的一些原因，对于这些原因产生的电动机过热现象应预先考虑到，并采取措施，防止过热。对电动机进行保护常用的办法是使用熔断器、过流继电器、热继电器、恒温器等，但这些办法也都各有利弊，对于电动装置这种变负荷的设备，绝对可靠的保护办法是没有的。因此必须采取各种方法组合的方式。但由于每台电动装置的负荷情况不同，难以提出一个统一的办法。但概括多数情况，也可以从中找到共同点。

采取的过负荷保护方式，归纳为两种。

① 对电动机输入电流的增减进行判断；

② 对电动机本身发热进行判断。

上述两种方式，无论哪种都要考虑电动机热容量给定的时间余量。如果用单一方式使之与电动机的热容量特性一致是困难的。所以应选择根据过负荷的原因可能动作的方法——组合复合方式，以实现全面的过负荷保护作用。

在阀门电动装置电动机的绕组中埋入了温度接点，正常时接点是闭合的，当电动机绕组温度达到设定温度时，接点断开，电动机控制回路便会切断。温度接点本身热容量是较小的，而且其时限特性是由电动机的热容量特性决定的，因此这是一个可行的方法。阀门电动装置过负荷保护可以是以下三种方式的组合。

① 对电动机连续运转或点动操作的过负荷保护采用温度接点；

② 对电动机堵转的保护采用热继电器；

③ 对短路事故采用熔断器或断路器。

9.3.2　阀门电动装置常见故障原因及处理

阀门电动装置常见故障原因及处理方法见表 9-6。

表 9-6　阀门电动装置常见故障原因及处理

序号	故障现象	故障原因	故障处理方法
1	电动机不启动	1. 电源线脱开 2. 控制线路故障 3. 行程或力矩机构失灵	1. 检查电源线 2. 排除线路故障 3. 排除行程或力矩机构故障
2	输出轴转向相反	电源相序接反	调换任意两相电源线
3	电动机过热	1. 连续工作时间太长 2. 阀门电动装置与电动机不匹配 3. 电源缺相	1. 停止运行，使电动机冷却 2. 选择和阀门电动装置匹配的电动机 3. 检查电源线
4	运行中电动机停转	1. 力矩控制器保护动作 2. 阀门机械故障	1. 增大整定力矩 2. 检查阀门
5	阀门开关到位后电动机不停转	1. 行程机构调整不当 2. 行程控制机构失灵	1. 重新调整行程控制机构 2. 检查行程控制机构
6	阀门开度指示不正确	1. 开度电位器损坏 2. 开度电位器调整不正确	1. 更换电位器 2. 调整电位器

第10章 常见高压电器控制电路

10.1 高压电气控制原理图基础

10.1.1 高压电气控制原理图内容

高压电气控制电路又称二次回路。二次回路在供配电系统中虽是对应于一次电路的辅助系统，但它对一次系统的安全、可靠、优质、经济的运行有着十分重要的作用。二次回路依照电源和用途可分为下述几种。

(1) 电流回路

包括交流电流回路，即由电流互感器 TA（LH）二次侧供电的全部回路；也包括由直流电源供电的全部回路。

(2) 电压回路

由电压互感器 TV（YH）二次侧及三相五柱电压互感器开口三角形供电的全部回路组成。

(3) 测量回路

测量回路也称计量回路，包括电流表、电压表、功率表、电能表、功率因数表等的电流和电压线圈的回路。

(4) 保护回路

保护回路为接有电流继电器、电压继电器、时间继电器的线圈和接点的回路。

(5) 开关和信号回路

包括各种控制开关、转换开关、灯光信号、信号继电器的线圈和接点、音响信号的回路。

(6) 操作回路

继电器合闸、跳闸线圈以及备用电源自动合闸的电路称为操作回路。

二次回路的功能示意图如图 10-1 所示。

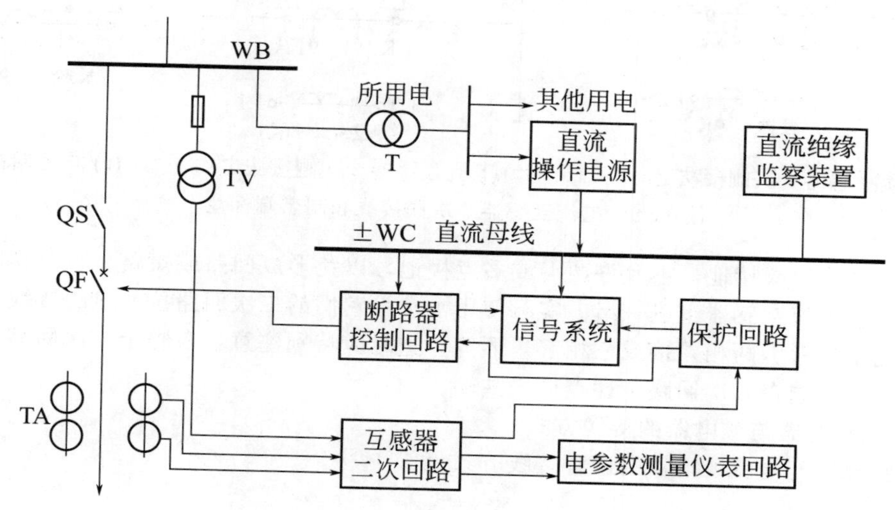

图 10-1 二次回路的功能示意图

在图 10-1 中，断路器控制回路的主要功能是对断路器进行通、断操作。当线路发生短路故障时，电流互感器二次回路有较大的电流，相应继电保护的电流继电器动作，保护回路做出相应的动作。一方面，保护回路中的出口（中间）继电器接通断路器控制回路中的跳闸回路，使断路器跳闸，断路器的辅助触点启动信号系统回路将发出声响和灯光信号；另一方面，保护回路中相应的故障动作回路的信号继电器将向信号回路发出信号，如光字牌和信号掉牌等。

操作电源主要向二次回路提供所需的电源。电流、电压互感器还向监测及电能计量回路提供主回路的电流和电压参数。

10.1.2 电流互感器二次回路

(1) 电流互感器的接线

电流互感器和电压互感器通常与电能表、测量仪表及保护继电器等连接。如果互感器接线错误，会造成计量不准确，继电保护装置不能反映网络中的故障而误动或拒动。因此，采用正确的接线方式十分重要。

① 电流互感器的正确接线与接地

a. 电流互感器各端子的标志　电流互感器一次侧端子为 L1、L2，二次侧端子为 K1、K2。其含义为当一次侧电流为 L1 流向 L2 时，二次侧电流对互感器二次侧负荷为 K1 流向负荷再流向 K2，即对于二次负荷 K1 与 L1，K2 与 L2 为同名端。

b. 正确接线　如图纸中有极性端子的代号，应对应电流互感器上端子标志接线。如图纸上没有同名端标志，应按 L1 与 K1、L2 与 K2 为同名端进行接线。

电流互感器一次侧接法和同名端的标注如图 10-2 所示。但一般一次侧按 L1 流向 L2 安装，二次侧的 K1 端接仪表（或继电器）的电流流入端，K2 端接流出端并接地。

c. 正确接地　电流互感器的外壳和二次回路应接地。二次回路接地的原则是一点接地，

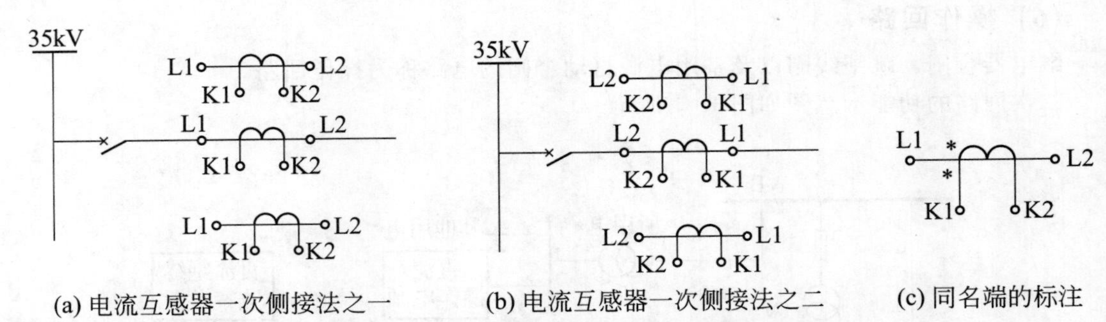

(a) 电流互感器一次侧接法之一　(b) 电流互感器一次侧接法之二　(c) 同名端的标注

图 10-2　电流互感器一次侧接线和同名端标注

通常习惯在"—"端接地，不允许两点或多点接地，以免形成回路或短路。在三相电路中常用 2 台或 3 台电流互感器组成一组。实际使用中常将它们的二次回路按一定的接线方式接成星形、不完全星形、两相差接或三相三角形等。这时应特别注意：在整个二次回路上采用一点接地，习惯上选在二次回路中性点或公共端。

② 电流互感器与继电器的接线方式

电流互感器与电流继电器的四种接线方式见图 10-3。

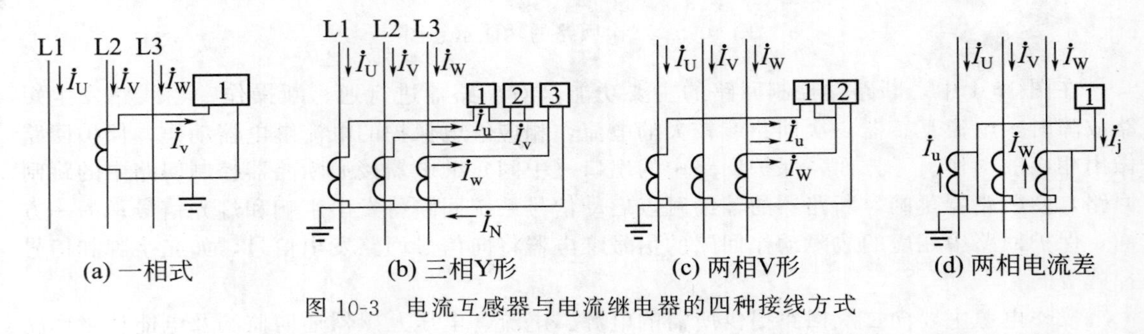

(a) 一相式　(b) 三相Y形　(c) 两相V形　(d) 两相电流差

图 10-3　电流互感器与电流继电器的四种接线方式

a. 一相式接线　其二次侧电流线圈通过的电流，反映一次电路对应相的电流，或在继电保护中作过负荷保护。

b. 三相 Y 形接线　又称完全星形接线。其三个电流线圈通过的电流，正好反映各相的电流。它广泛用在负荷不论平衡与否的三相电路中，特别广泛用于三相四线制系统，包括 TN-C 系统、TN-S 系统或 TN-C-S 系统中供测量用。也常用于继电保护中作过电流保护、差动保护等。

c. 两相 V 形　又称为两相两继电器接线或不完全星形。其继电器中流过的电流就等于电流互感器二次电流，反映的是相电流。互感器二次侧公共线上的电流，正好是未接电流互感器的 V 相的二次电流，因此这种接线的三个电流线圈，分别反映了三相的电流。它广泛用于中性点不接地的三相三线制电路中，供测量三个相电流之用。也常用于继电保护中作过电流等保护。

（2）电流互感器二次回路的负荷和使用中的注意事项

① 二次回路的负荷。电流互感器二次回路的负荷由计量仪表和继电器电流线圈的电阻、接线电阻、连接点的接触电阻联合而成。二次负荷越大，电流互感器误差越大，因此，在使用中，应保持连接点有良好的接触状态，以免影响计量和保护动作的准确度。二次负荷也可用电流互感器的二次容量 S_2 表示，其关系式如下。

$$S_2=I_2^2Z_2\ (\mathrm{V\cdot A})$$

式中　I_2——二次回路的额定电流，A；

Z_2——二次回路阻抗，Ω。

因为电流互感器二次回路的额定电流业已标准化，其值为 5A，故上式变成

$$S_2=25Z_2$$

② 计量仪表与保护装置的连接。测量和计量仪表应尽量与继电保护装置分开接用电流互感器的不同二次侧，几种仪表接用同一组电流互感器二次侧时，应先接指示、计量仪表，再接记录仪表。

③ 电流互感器二次侧不允许开路运行。电流互感器工作的特点是：一次绕组中的电流是电网或电气设备的负荷电流，不受二次回路电流的影响。当电流互感器正常工作时，一次电流和二次电流产生的磁通互相抵消，因此在互感器铁芯中合成磁通数值是比较小的，不会在二次绕组中产生很高的感应电势。但是，当二次绕组开路时，由于一次电流不受二次电路影响，故一次电流产生的磁通数值很大，在二次绕组中将产生很高的感应电动势，以至击穿电流互感器的绝缘，危及人身及设备安全。鉴于上述原因，电流互感器二次回路一般不应进行切换，如需切换时，应采取防止二次回路开路的措施。

④ 规程规定在使用中电流互感器的二次回路应有一点可靠接地。

(3) 电流互感器的准确度级别

电流互感器的准确度级别有 0.5、1.0、3.0、10 级。测量和计量仪表使用的电流互感器为 0.5 级，只作为电流、电压测量用的电流互感器允许使用 1.0 级，对非重要的测量允许使用 3.0 级。

10.1.3 电压互感器二次回路

(1) 电压互感器的正确接线与接地

① 电压互感器各端子的标志

单相电压互感器一次侧端子为 U、X，二次侧为 u、x；三相电压互感器一次侧端子为 U、V、W，二次侧为 u、v、w、o。电压互感器具有首端标志 u 的端子应和仪表的相线端连接，末端 x 接地并与仪表中性线端连接。

② 电压互感器的接线

三个单相三绕组电压互感器或一个三相五心柱三绕组电压互感器 $Y_0/Y_0/$⊳(开口三角) 接线如图 10-4 所示。接成 Y_0的二次绕组，供给需要线电压的仪表、继电器，以及绝缘监视

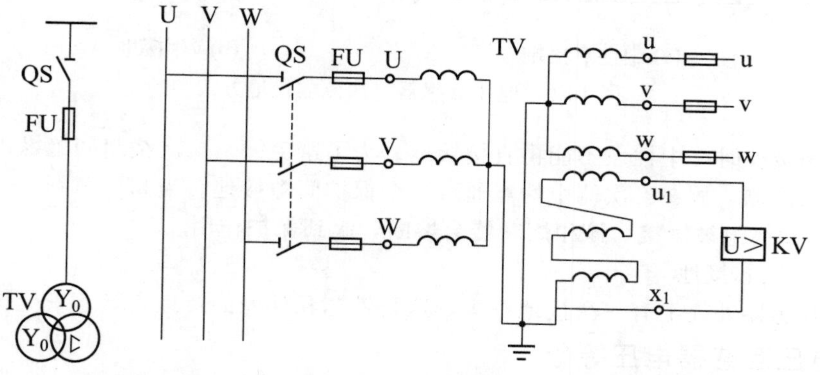

图 10-4　三个单相三绕组电压互感器或一个三相五心柱三绕组电压互感器 $Y_0/Y_0/$⊳接线

电压表；辅助二次绕组接成开口三角形，构成零序电压过滤器，供给监视线路绝缘的电压继电器。

③ 正确接地

a. 电压互感器接地注意事项

电压互感器二次回路的接地和电流互感器二次回路的接地一样，只能在电压互感器二次回路上一点接地，不能两点（或多点）接地，以免形成短路。

b. 电压互感器几种常见接地点的作用

电压互感器的接地方式通常有三种：一是一次侧中性点接地；二是二次侧线圈接地；三是互感器铁芯接地。三种接地的作用不尽相同。

ⓐ 一次侧中性点接地

由三只单相电压互感器组成星形接线时，其一次侧中性点必须接地，如图 10-5 所示。因为电压互感器在系统中不仅有电压测量作用，而且还起继电保护的作用。

当系统中发生单相接地故障时，会出现零序电流。如果一次侧中性点没有接地，那么一次侧就没有零序电流通路，二次侧开口三角形线圈两端也就不会感应出零序电压，继电器 KV 就不会动作，发不出接地信号。对于三相五心柱式电压互感器，其一次侧中性点同样要接地。

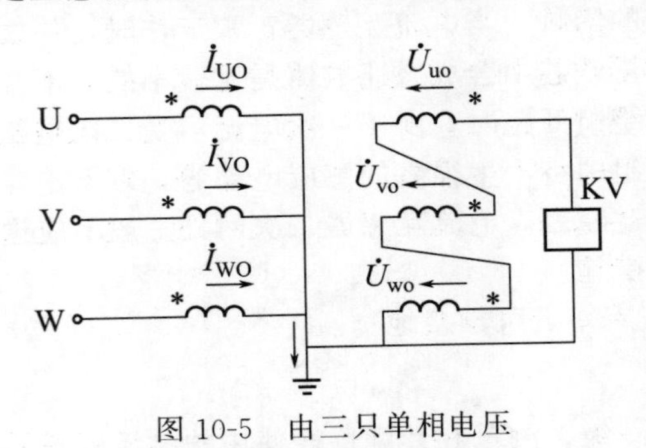

图 10-5　由三只单相电压互感器组成星形接线

ⓑ 二次侧线圈接地

电压互感器二次侧要有一个接地点，这主要是出于安全上的考虑。当一、二次绕组间的绝缘被高压击穿时，一次侧的高压会窜到二次侧，有了二次侧的接地，能确保人员和设备的安全。另外，通过接地，可以给绝缘监视装置提供相电压。

二次侧的接地方式通常有中性点接地和 v 相接地两种，如图 10-6 所示。根据继电保护等具体要求加以选用。

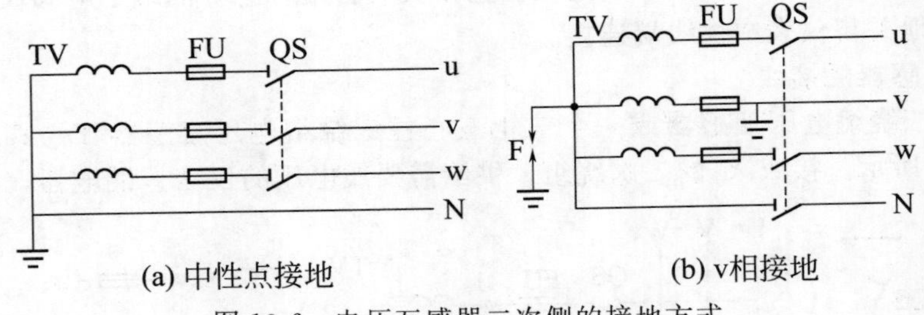

图 10-6　电压互感器二次侧的接地方式

采用 v 相接地时，中性点不能再直接接地。为了避免一、二次绕组间绝缘击穿后，一次侧高压窜入二次侧，故在二次侧中性点通过一个保护间隙接地。当高压窜到二次侧时，间隙击穿接地，v 相绕组被短接，该相熔断器会熔断，起到保护作用。

ⓒ 互感器铁芯接地

在电压互感器外壳上有一个接地桩头，这是铁芯和外壳的接地点，起安全保护作用。

(2) 电压互感器电压等级

电压互感器的一次线圈额定电压有 3kV、6kV、10kV、35kV、60kV、110kV、220kV

各级，其二次线圈的额定电压是按下述原则设计的：一次线圈接近于线压时，二次线圈额定电压为100V；一次线圈接近于相压时，二次线圈的额定电压为$100/\sqrt{3}$V。

(3) 电压互感器准确度和容量

为了保证电压互感器的准确度，其二次负荷应不大于制造厂给出的数据。供给测量、计量与保护用的电压互感器，其二次负荷较小，一般都能满足准确度的要求。只在当用电压互感器作操作电源时，如交流操作系统，电压互感器二次接经常通电的事故照明灯时，才校验其准确度。电压互感器的准确度级别有0.5、1.0、3.0级。

10.2 高压开关柜电磁型保护控制电路

10.2.1 电动机用高压真空接触器控制电路

如图10-7所示为高压开关柜内装西门子3TL8高压接触器控制电动机的一次系统图，K142为西门子3TL8高压真空接触器与熔断器组合。ST152是接地刀闸，它和接触器有机械联锁，防止在接地刀闸闭合情况下误合接触器开关。

图10-8所示为西门子3TL8高压接触器控制原理图，控制电路包含4个部分，分别是试验回路、远控/就地切换及开停车回路、保护跳闸回路、信号回路。

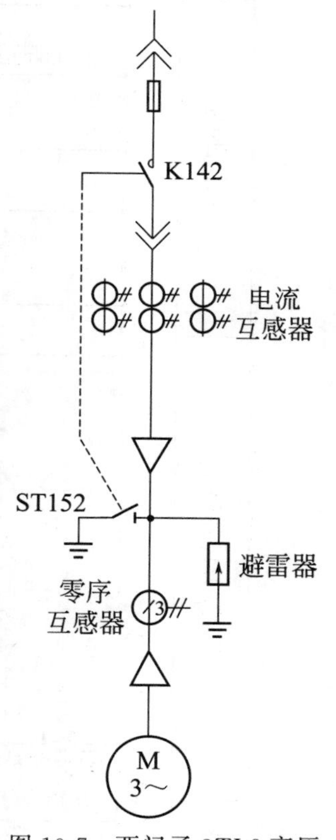

图10-7 西门子3TL8高压接触器控制电动机的一次系统图

(1) 试验回路原理

高压开关柜都有试验位置，这个位置高压接触器的主触头并不带电，主要用来测试开关的好坏以及做试验用。

① 试验合闸

当手车柜推至开关柜试验位置时限位开关S751/1常闭触点打开将高压接触器线圈与外部开车线路断开；S751/2常闭触点打开切断保护跳闸回路→S751/1常开触点闭合使试验合闸回路具备合闸条件→向左旋转高压柜上试验合闸开关S1→接触器K142线圈K1M得电动作，其辅助常开触点K142A闭合完成自锁。

② 试验分闸

当接触器处于试验合闸状态时，向右旋转高压柜上试验合闸开关S1→中间继电器K1X线圈得电动作，其常闭触点断开，切断接触器K142线圈电源→接触器K142释放，其辅助常开触点K142A复位断开解除自锁。

(2) 远控/就地切换及开停车回路原理

当手车柜推至工作位置时，S751/1复位，常开触点断开，将高压接触器线圈试验回路断开→S751/1常闭触点复位。

① 就地开停车回路

现场操作柱上远控/就地开关S3打在LOC位置时，控制电路处于就地控制状态（此时远控功能失效）。现场开关S2向右旋转发出开车指令→接触器K142线圈得电动作→接触器K142辅助常开触点K142（5—6）闭合完成自锁。停车时现场开关S2向左旋转发出停车指令→中间继电器K1X线圈得电动作，其常闭触点K1X（R1-M1）断

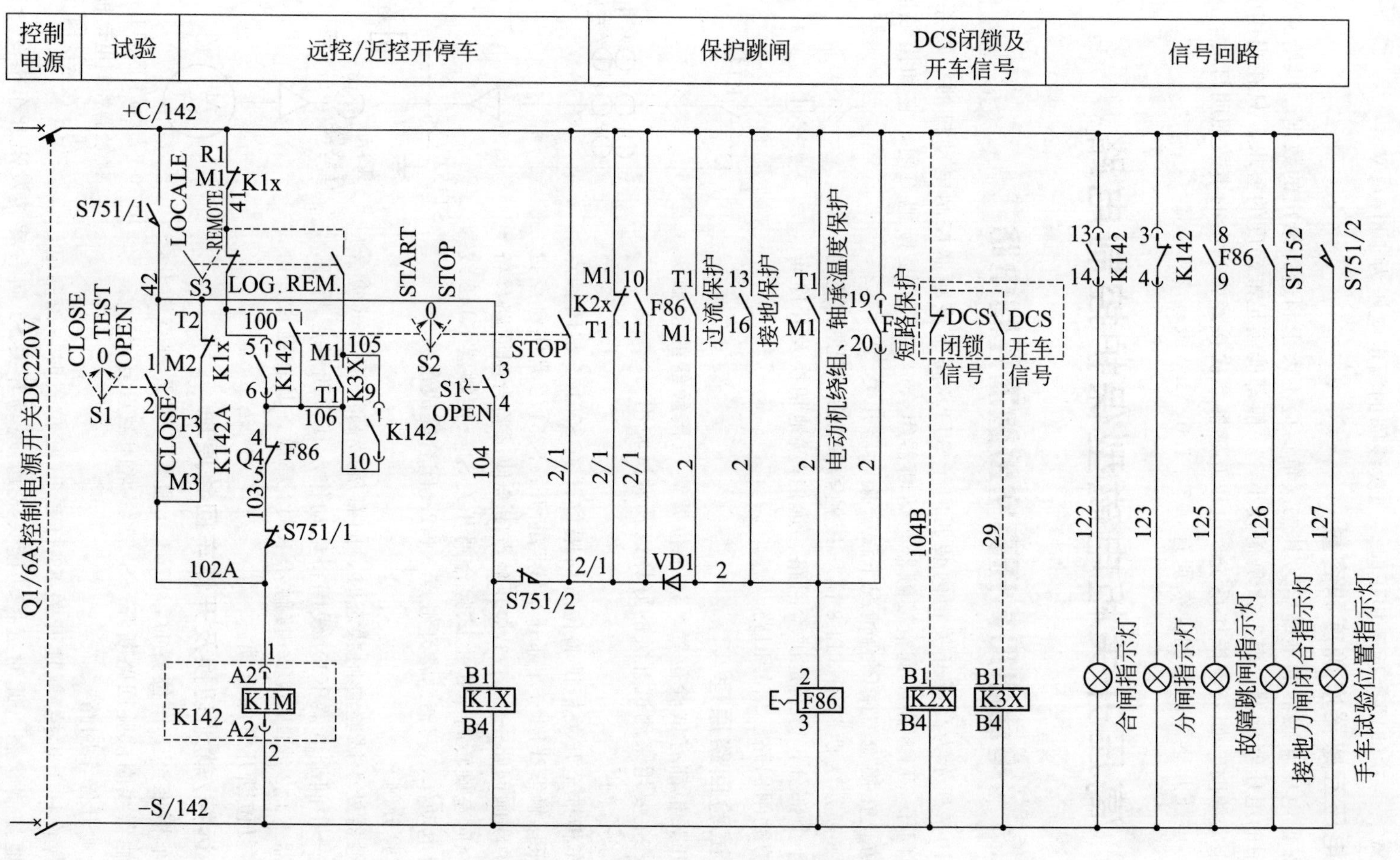

图10-8 西门子3TL8高压接触器控制原理图

开切断接触器 K142 线圈电源→接触器 K142 释放其辅助常开触点 K142（5—6）复位。

② 远控开停车回路

现场操作柱上远控/就地开关 S3 打在 REM 位置时，控制电路处于远控控制状态（此时就地控制功能失效）。接触器的分合闸指令取决于 DCS 的控制信号（方波脉冲信号）。当 DCS 发出合闸信号后中间继电器 K3X 动作，其常开触点闭合→接触器 K142 线圈得电动作→接触器 K142 辅助常开触点 K142（9—10）闭合完成自锁。停车时，DCS 闭锁接点断开→中间继电器 K2X 断电释放，其常闭触点复位→中间继电器 K1X 线圈得电动作，其常闭触点 K1X（R1-M1）断开，切断接触器 K142 线圈电源→接触器 K142 释放其辅助常开触点 K142（9—10）复位。

(3) 保护跳闸回路原理

本控制电路共有 4 种保护跳闸功能，分别是过流保护、接地保护、电动机绕组与轴承的温度保护、电动机的短路保护（一次回路主保险辅助触点）。任何一种保护启动接点闭合→通过二极管 VD1（二极管 VD1 的作用是防止正常停车时接通出口中间继电器 F86）使中间继电器 K1X 线圈得电动作，其常闭触点断开后切断接触器 K142 线圈电源→接触器 K142 释放，其辅助常开触点复位。同时，出口中间继电器 F86 得电动作，其常开触点闭合维持中间继电器 K1X 处于动作状态（F86 动作后在发出动作信号同时会保持动作状态，只有手动进行复位）。

(4) 信号回路原理

①分合闸信号取自高压接触器 K142 辅助触点；②故障信号取自出口中间继电器 F86；③接地刀闸合闸信号取自接地刀闸辅助触点 ST152；④手车柜试验位置信号取自限位开关 S751/2。

10.2.2　电动机用高压真空断路器控制电路

高压真空断路器控制电路如图 10-9 所示。电动机保护采用电磁式过流、速断继电器保护。断路器使用弹簧操作机构。图 10-9(a) 系统图中，母线电压为 6kV，TV 为母线电压互感器；QF 为电动机供电用真空断路器；F 为使用真空断路器时电动机用避雷器；1TA、2TA 分别为电动机线路中的测量和保护用电流互感器；3TA 为线路零序互感器；QS 为隔离刀开关；M 为高压电动机。

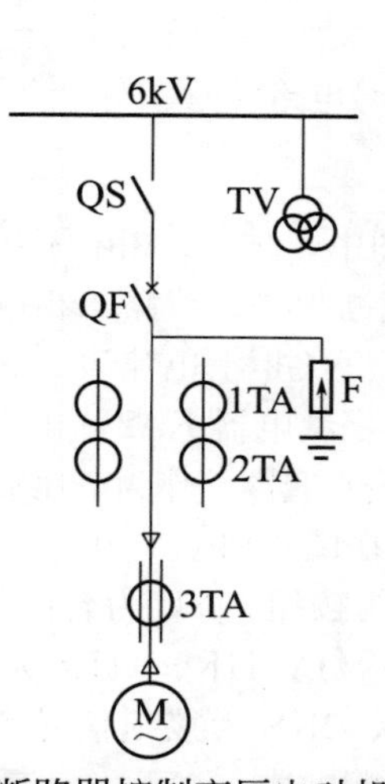

(a) 真空断路器控制高压电动机一次系统图

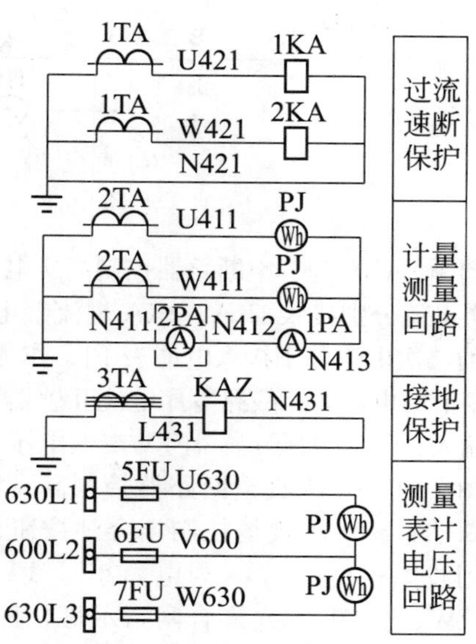

(b) 真空断路器控制高压电动机电流电压电路

图 10-9

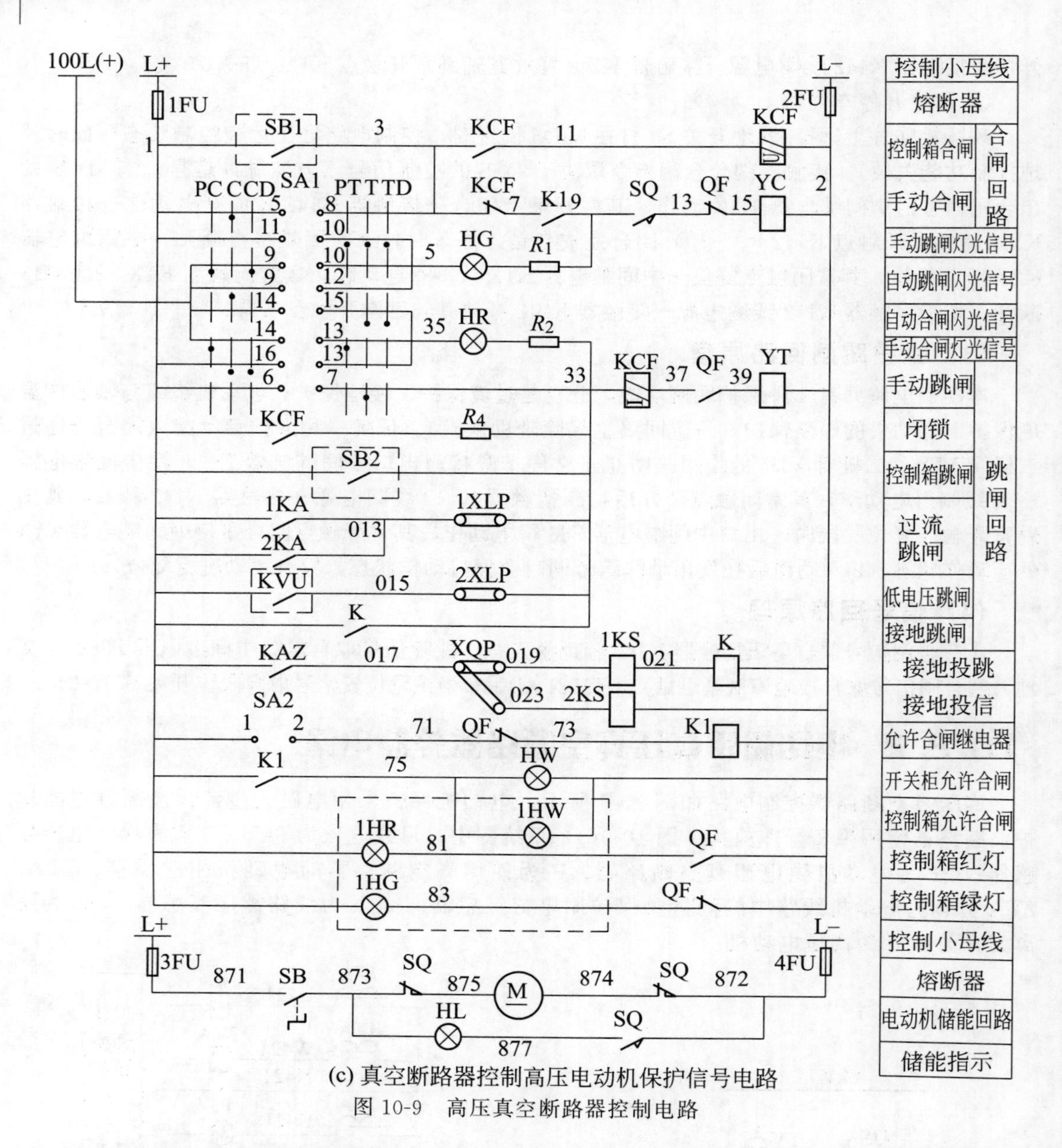

(c) 真空断路器控制高压电动机保护信号电路

图 10-9 高压真空断路器控制电路

图 10-9(b) 为真空断路器控制高压电动机电流电压电路。在图中，线路二相电流互感器 1TA 的二次电流分别接入 1KA、2KA 过流继电器，作为线路过流及速断保护；线路二相电流互感器 2TA 的二次电流分别接入电能表 PJ，作为计量输入；1PA 为高压开关柜上电流表；2PA 为现场控制箱上的电流表；线路零序电流互感器 3TA 的二次电流接入零序继电器 KAZ，作为线路接地保护输入；母线电压互感器 TV 二次电压分别接入 PJ（电能计量表）线圈，作为电压输入。

图 10-9(c) 为真空断路器控制高压电动机保护信号电路。在图 10-9(c) 中，1FU、2FU 为熔断器；SB1 为现场控制箱合闸按钮；SB2 为现场控制箱跳闸按钮；YC 为合闸线圈；YT 为跳闸线圈；L＋、L－为电源小母线；HG、1HG 为跳闸指示灯；HR、1HR 为合闸指示灯，HW、1HW 为允许合闸指示灯，HL 为储能指示灯；1KS、2KS 为接地信号继电器；K 为接地跳闸出口继电器；K1 为允许合闸继电器；KCF 为防跃继电器；SA1 为自复式转换开关；SA2 为允许合闸选择开关；SB 为储能开关；M 为储能电动机；SQ 为储能限位开关。

控制原理如下。

(1) 合闸控制

本电路合闸形式有两种，SB1 现场控制箱合闸和 SA1 就地合闸。允许合闸的条件：一是允许合闸选择开关 SA2 在允许位，继电器 K1 得电吸合，一方面其动合触点（7—9）闭合为合闸作准备；另一方面其动合触点（1—75）闭合，在高压开关柜和现场控制箱发出允许合闸信号。二是储能到位，SQ 触点（9—13）闭合，为合闸作准备。三是断路器本身在分闸位。

就地合闸时，转动 SA1，其触点（5—8）闭合，合闸电源 L+→1FU→SA1（5—8）触点→KCF（3—7）动断触点→K1（7—9）动合触点→SQ（9—13）动合触点→QF 动断触点（13—15）→YC 线圈→2FU→电源 L−。YC 合闸线圈得电，断路器 QF 合闸，动合触点闭合，断路器位置指示灯红灯 HR、1HR 亮、绿灯 HG、1HG 熄灭。

远程现场控制箱合闸时，按下 SB1，其触点（1—3）闭合，合闸电源 L+→1FU→SB1（1—3）触点→KCF（3—7）动断触点→K1（7—9）动合触点→SQ（9—13）动合触点→QF 动断触点（13—15）→YC 线圈→2FU→电源 L−。YC 合闸线圈得电，断路器 QF 合闸，动合触点闭合，断路器位置指示灯红灯 HR 闪光、1HR 平光，绿灯 HG、1HG 熄灭。

(2) 跳闸控制

跳闸控制有五种形式：就地开关柜跳闸、现场手动跳闸、保护跳闸、低电压跳闸和接地跳闸。

就地开关柜跳闸时，转动 SA1，跳闸电源 L+→1FU→SA1 动合触点（6—7）→KCF 的电流线圈（33—37）→QF 动合触点（37—39）→YT 线圈→2FU→电源 L−。YT 分闸线圈得电，断路器 QF 跳闸，动合触点断开，断路器位置指示灯红灯 HR、1HR 熄灭、绿灯 HG、1HG 点亮。

现场手动跳闸时，按下 SB2，其触点（1—33）闭合，导通跳闸回路。

保护跳闸时，电流继电器 1KA 或 2KA 过流动作，其动合触点（1—013）闭合，跳闸电源经 1XLP 导通跳闸回路。保护跳闸可由连接片 1XLP 取消。

低电压保护跳闸时，来自配电所的低电压继电器动合触点 KVU（1—015）闭合，跳闸电源经 2XLP 导通跳闸回路。低电压保护跳闸可由连接片 2XLP 取消。

接地保护跳闸时，接地继电器 KAZ 动合触点（1—017）闭合，电源经 XQP 接通出口继电器 K 线圈，K 得电吸合，其动合触点（1—33）闭合，接通跳闸回路。接地保护可由 XQP 选择接地信号是投信还是投跳，信号继电器 1KS 掉牌表示接地投跳，信号继电器 2KS 掉牌表示接地投信。

电气防跳是利用 KCF（DZB-115 型中间继电器）电流线圈启动，动合触点 KCF（3—11）闭合，KCF 电压线圈自保持，从而使动断触点 KCF（3—7）持续断开，切断断路器合闸回路。

弹簧储能电路。拨动电源开关 SB，当弹簧未储能完毕时，位置开关 SQ（9—13）动合触点断开，切断合闸回路；动断触点 SQ（873—875）、(874—872) 闭合，储能电动机 M 得电运转，使合闸弹簧储能。当储能结束后，动断触点 SQ（873—875）、（874—872）断开，切断 M 储能回路；动合触点 SQ（9—13）闭合，为合闸作准备；动合触点 SQ（877—872）闭合，HL 点亮，指示储能结束。

10.2.3 线路馈电用高压真空断路器控制电路

高压真空断路器线路馈电控制电路如图 10-10 所示。馈电线路保护采用继电器式过流、速断保护，CT19B-Ⅱ型弹簧操作机构，实现三相操作。图 10-10(a) 中，母线电压为 6～

10kV；QF 为馈电线路供电真空断路器；1TA、2TA 分别为馈电线路中的测量和保护电流互感器；3TA 为线路零序电流互感器；QS1 为上隔离刀开关；QS2 为下隔离刀开关；F 为避雷器。

图 10-10(b) 为真空断路器控制高压馈电线路电流电压电路。在图 10-10(b) 中，线路三相电流互感器 1TA 的二次电流分别串接 1KA、2KA、3KA 电流过流继电器后，再接入 4KA、5KA、6KA 电流速断继电器，作为线路过流及速断保护；线路三相电流互感器 2TA 的二相二次电流分别接入电能表 PJ，作为计量输入，一相接入高压开关柜上电流表 PA；线路零序电流互感器 3TA 的二次电流接入零序继电器 KAZ，作为线路接地保护输入；母线电压互感器 TV 二次三相电压分别经熔断器 5FU、6FU、7FU 后接入电能计量表 PJ，作为电压模拟量输入。

图 10-10(c) 为高压真空断路器馈电线路控制保护信号电路。在图 10-10(c) 中，1FU、2FU 为熔断器；YC 为合闸线圈；YT 为跳闸线圈；L+、L－为控制小母线；100L（+）为闪光小母线；HG 为跳闸指示灯；HR 为合闸指示灯；HL 为储能指示灯；1KS 为速断保护动作信号继电器；2KS 为过流保护动作信号继电器；3KS 为接地信号继电器；1KT 为过流保护时间继电器；2KT 为接地保护时间继电器；KCO 为保护动作跳闸出口继电器；KCF 为防跃继电器；SA1 为 LW2-Z-1a. 4. 6a. 40. 20/F8 自复式控制开关；SB 为储能转换开关；M 为储能电动机；SQ 为储能限位开关。

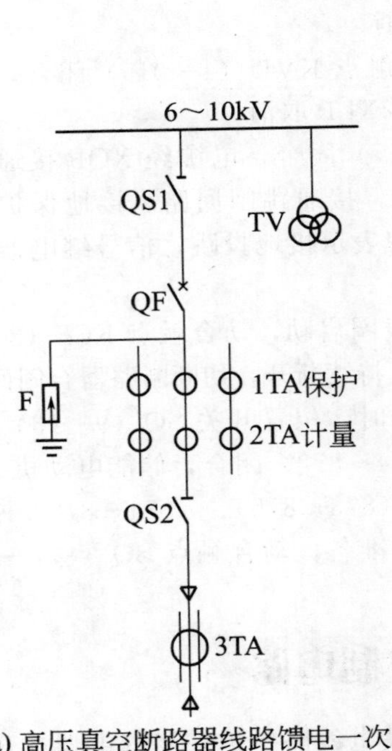

(a) 高压真空断路器线路馈电一次系统图

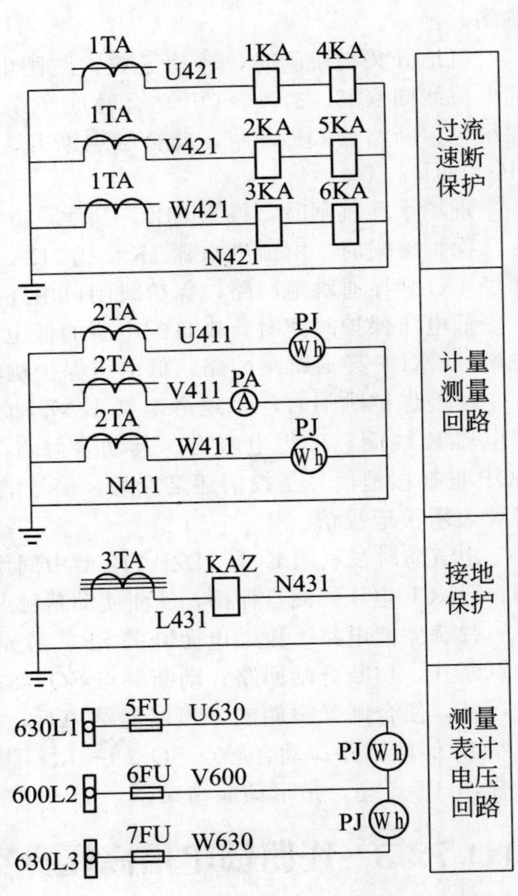

(b) 高压真空断路器线路馈电电流电压电路

图 10-10

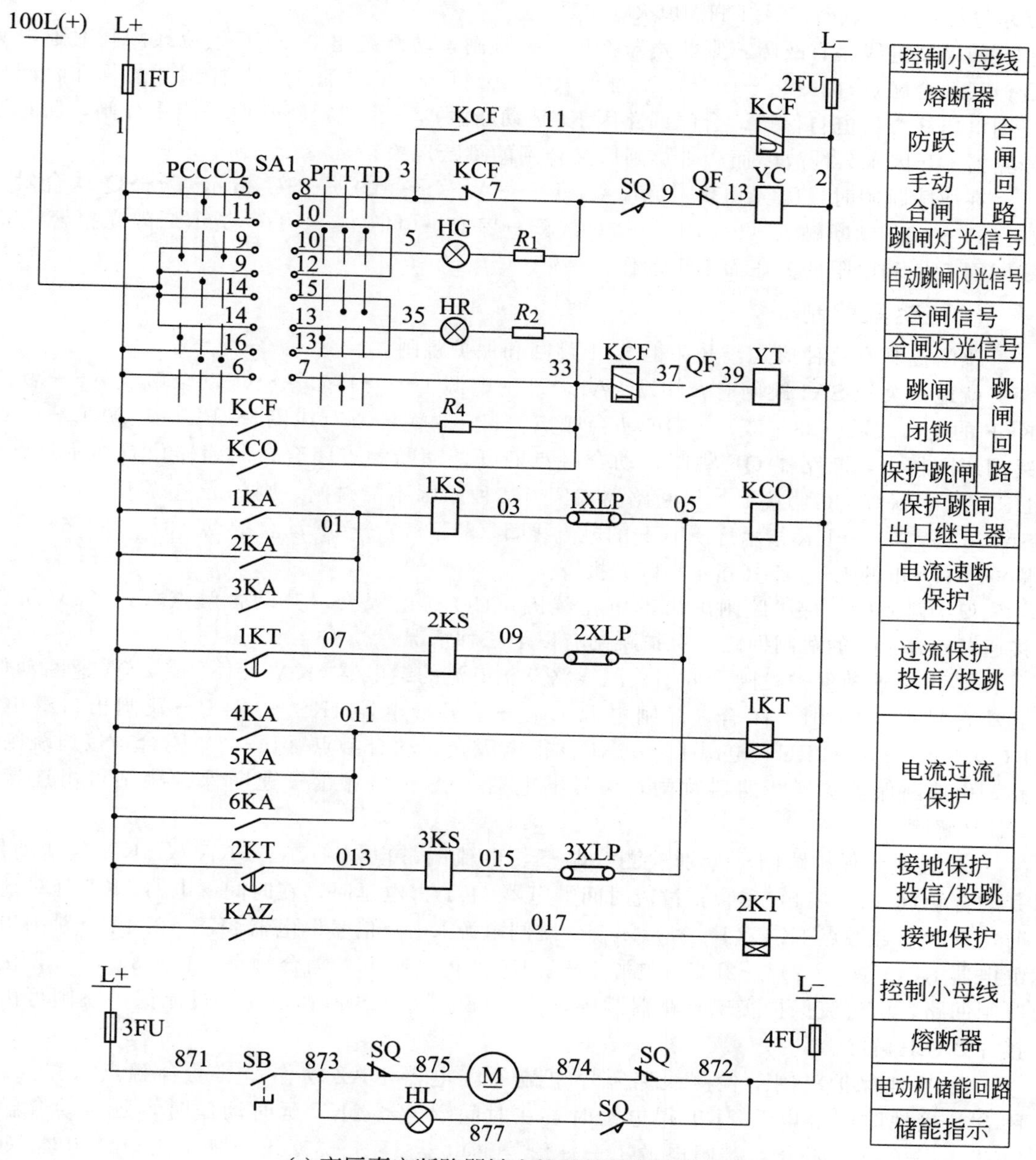

(c) 高压真空断路器馈电线路控制保护信号电路

图 10-10　高压真空断路器馈电控制电路

控制原理如下。

(1) 合闸控制

在弹操机构储能到位，SQ 动合触点（7—9）闭合，防跃继电器 KCF 未动作和断路器在分闸状态时，就可以进行合闸操作。

合闸时，转动 SA1，其触点（5—8）闭合，合闸电源 L+→1FU→SA1（5—8）触点→KCF 动断触点（3—7）→SQ 动合触点（7—9）→QF 动断触点（9—13）→YC 线圈→2FU→电源 L−。YC 合闸线圈得电，断路器 QF 合闸，动合触点闭合，动断触点断开，断路器位置指示灯红灯 HR 点亮、绿灯 HG 熄灭。

如果馈电线路有故障，则断路器 QF 故障跳闸，防跃继电器 KCF 电流线圈瞬时通电吸合，其动合触点（3—11）闭合动断触点（3—7）断开。如果此时 SA 控制开关仍在合闸位置则电压线圈得电自保持，合闸回路因 KCF 动断触点（3—7）断开而不能重合闸，防止了断路器 QF 因永久性故障而产生跳闸后又合闸的跳跃现象。

在故障跳闸时，闪光电源 100L（+）→SA1（9—10）→HG 指示灯→SQ 动合触点（7—9）→QF 动断触点（9—13）→YC 线圈→2FU→电源 L－。HG 指示灯闪光报警，YC 线圈因 HG 和电阻的分压而不会动作。

（2）跳闸控制

跳闸控制有两种形式：开关柜 SA1 跳闸和保护跳闸。

就地开关柜 SA1 跳闸时，转动 SA1，跳闸电源 L＋→1FU→SA1 动合触点（6—7）→KCF 的电流线圈（33—37）→QF 动合触点（37—39）→YT 线圈→2FU→电源 L－。YT 跳闸线圈得电，断路器 QF 跳闸，动合触点断开，动断触点闭合，断路器位置指示灯红灯 HR 熄灭、绿灯 HG 点亮。如果断路器 QF 因某种原因不能跳闸，则闪光电源 100L（＋）→SA1（14—15）→HR 指示灯→KCF 的电流线圈（33—37）→QF 动合触点（37—39）→YT 线圈→2FU→电源 L－。HR 指示灯闪光报警。

保护跳闸时，保护跳闸出口继电器线圈 KCO 得电吸合，其动合触点（1—33）闭合，接通断路器 QF 的跳闸回路。保护跳闸有以下三种情况。

① 电流速断保护跳闸　分别检测线路三相电流的继电器 1KA、2KA 或 2KA 速断动作，其动合触点（1—01）闭合，跳闸电源 L＋→信号继电器 1KS→1XLP→跳闸出口继电器 KCO（05—2）→2FU→电源 L－。KCO 得电吸合，动合触点（1—33）闭合，接通跳闸回路，由速断保护实现断路器跳闸，信号继电器 1KS 掉牌报警。速断保护跳闸可由连接片 1XLP 解除。

② 过电流保护跳闸　分别检测线路三相电流的继电器 4KA、5KA 或 6KA 速断动作，其动合触点（1—011）闭合，过流时间继电器 1KT 得电延时，在时间继电器 1KT 延时动作时，延时动合触点 1KT（1—07）闭合。跳闸电源 L＋→信号继电器 2KS→2XLP→跳闸出口继电器 KCO（05—2）→2FU→电源 L－。KCO 得电吸合，动合触点（1—33）闭合，接通跳闸回路，由过流保护实现断路器跳闸，信号继电器 2KS 掉牌报警。过流保护跳闸可由连接片 2XLP 解除。

③ 接地保护跳闸　检测线路零序电流的继电器 KAZ 动作，其动合触点（1—017）闭合，接地时间继电器 2KT 得电延时，在时间继电器 2KT 延时动作时，延时动合触点 2KT（1—013）闭合。跳闸电源 L＋→信号继电器 3KS→3XLP→跳闸出口继电器 KCO（05—2）→2FU→电源 L－。KCO 得电吸合，动合触点（1—33）闭合，接通跳闸回路，由接地保护实现断路器跳闸，信号继电器 3KS 掉牌报警。接地保护跳闸可由连接片 3XLP 解除。

弹簧储能电路。拨动电源开关 SB，当弹簧未储能完毕时，位置开关 SQ（7—9）动合触点断开，切断合闸回路；动断触点 SQ（873—875）、（874—872）闭合，储能馈电线路 M 得电运转，使合闸弹簧储能。当储能结束后，动断触点 SQ（873—875）、（874—872）断开，切断 M 储能回路；动合触点 SQ（7—9）闭合，为合闸作准备；同时动合触点 SQ（877—872）闭合，HL 点亮，指示储能结束。

10.3 高压开关柜微机型保护控制电路

10.3.1 微机型保护的基本知识

微机型综合保护测控装置是利用数据采集系统把电压互感器和电流互感器二次的电压、电流信号变换为数字信号，供保护 CPU（中央处理器）系统使用。保护 CPU 系统实现具体的继电保护功能，由不同的软件实现不同的继电保护功能。对保护 CPU 系统除模拟信号输入（经 A/D 转换器变为数字信号）外，还有开关量信号的输入，这些信号通常为外部继电器的触点、保护屏上的投退压板、操作把手、转换开关的触点等，一般是经光电隔离后输入微机系统。保护系统通过开关量输出驱动电路使继电器动作。这些继电器包括跳闸出口继电器、信号继电器、硬件故障的告警继电器等。

微机型综合保护装置一般根据应用的场合不同可分为线路型、电动机型、变压器型、馈线/母线分段型、电压互感器型等系列综合保护测控装置。微机型综合保护装置生产厂家较多，不同厂家的产品端子接线和操作方式略有不同，但主要接线方式和控制原理基本相同，在使用中不需关注内部模块功能，只需注重它的外部模入、开入、开出端子、接口的定义和功能逻辑。

10.3.2 微机型保护高压线路控制电路

配电所二次系统采用微机型综合保护装置实现对进线的保护与监控以及一对一控制。如图 10-11 为 10kV 配电所两路电源配电系统图。

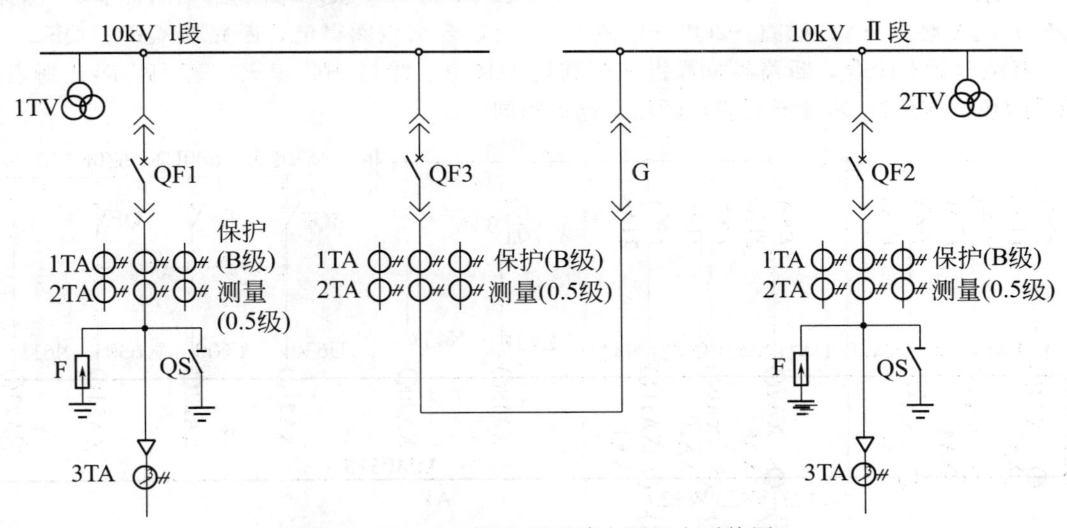

图 10-11 10kV 配电所两路电源配电系统图

图 10-11 中，QF1 为Ⅰ段电源进线断路器；QF2 为Ⅱ段电源进线断路器；QF3 为两段母线联络断路器；G 为两段母线之间的隔离开关；1TA、2TA 分别为每段线路中的保护和测量电流互感器；3TA 为两段进线电源零序互感器；F 为避雷器；QS 为接地刀开关；1TV、2TV 为两段母线电压互感器。

本配电所两路电源三个断路器供电控制分为断路器闭锁与不闭锁控制。

(1) 断路器合闸不闭锁控制保护电路

断路器不闭锁控制电源进线电路如图 10-12 所示，图 10-12(a) 为进线断路器 QF1 (QF2) 微机保护器 AP 模拟量输入的电流和电压回路。在图 10-12(a) 中，线路三相电流互感器 1TA 的二次电流分别接入综合保护监控装置 XA1～XA6，作为线路过流及速断模拟量输入；线路三相电流互感器 2TA 的二次电流分别接入综合保护监控装置 XA7～XA12，作为线路测量表计模拟量输入；线路零序电流互感器 3TA 的二次电流分别接入综合保护监控装置 XA19～XA20，作为线路接地模拟量输入；母线电压互感器 1TV (2TV) 二次电压分别接入综合保护监控装置 XA21～XA24，作为线路电压模拟量输入；PA 为电流表；PJ 为电能计量表；AP 为微机综合保护测控装置。

图 10-12(b) 为断路器 QF1 (QF2) 控制保护电路。在图 10-12(b) 中，1QF、2QF 为单极空气开关；SW、YW 分别为断路器试验和工作位置；SB1 为试验按钮；SB2 为跳闸按钮；SA 为跳合闸转换开关；KCF 为防跳跃继电器；YC 为合闸线圈；YT 为跳闸线圈；L+、L－为合闸小母线；100L (+) 为闪光母线；HG 为跳闸指示灯；HR 为合闸指示灯。

控制原理如下。

首先合上合闸电源开关 1QF、2QF。

① 合闸控制

断路器在开关柜试验位置，SW 触点 (9—3) 导通。试验合闸时，按下 SB1，合闸电源 L+→1QF→SB1 (1—9) →SW (9—3) →KCF (3—7) →SQ (储能结束时闭合) →QF1 (QF2) 动断触点→YC 线圈→2QF→电源 L－。YC 合闸线圈得电，断路器 QF1 (QF2) 合闸，其动合触点闭合，断路器位置指示灯红灯 HR 亮、绿灯 HG 熄灭。

断路器在开关柜工作位置，YW 触点 (11—3) 导通。工作合闸时，转动 SA，合闸电源 L+→1QF→SA (5—8) →YW (11—3) →KCF (3—7) →SQ (储能结束时闭合) →QF1 (QF2) 动断触点→YC 线圈→2QF→电源 L－。YC 合闸线圈得电，断路器 QF1 (QF2) 合闸，其动合触点闭合，断路器位置指示灯红灯 HR 亮、绿灯 HG 熄灭。若 HG 闪光则表明 SA 与 QF1 (QF2) 位置不对应，断路器保护跳闸。

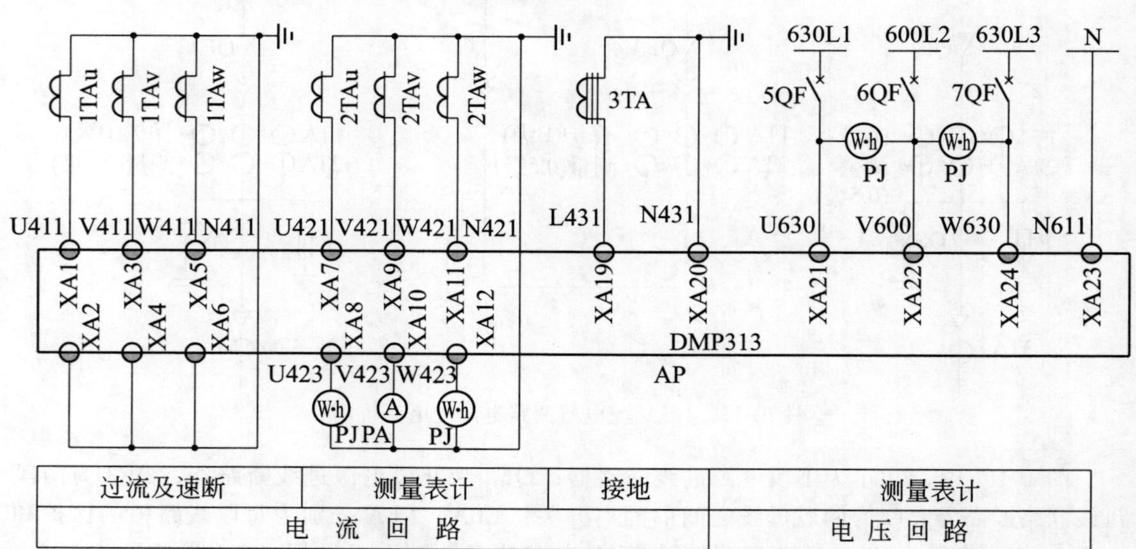

(a) 进线断路器QF1(QF2)微机保护器AP电流电压回路

图 10-12

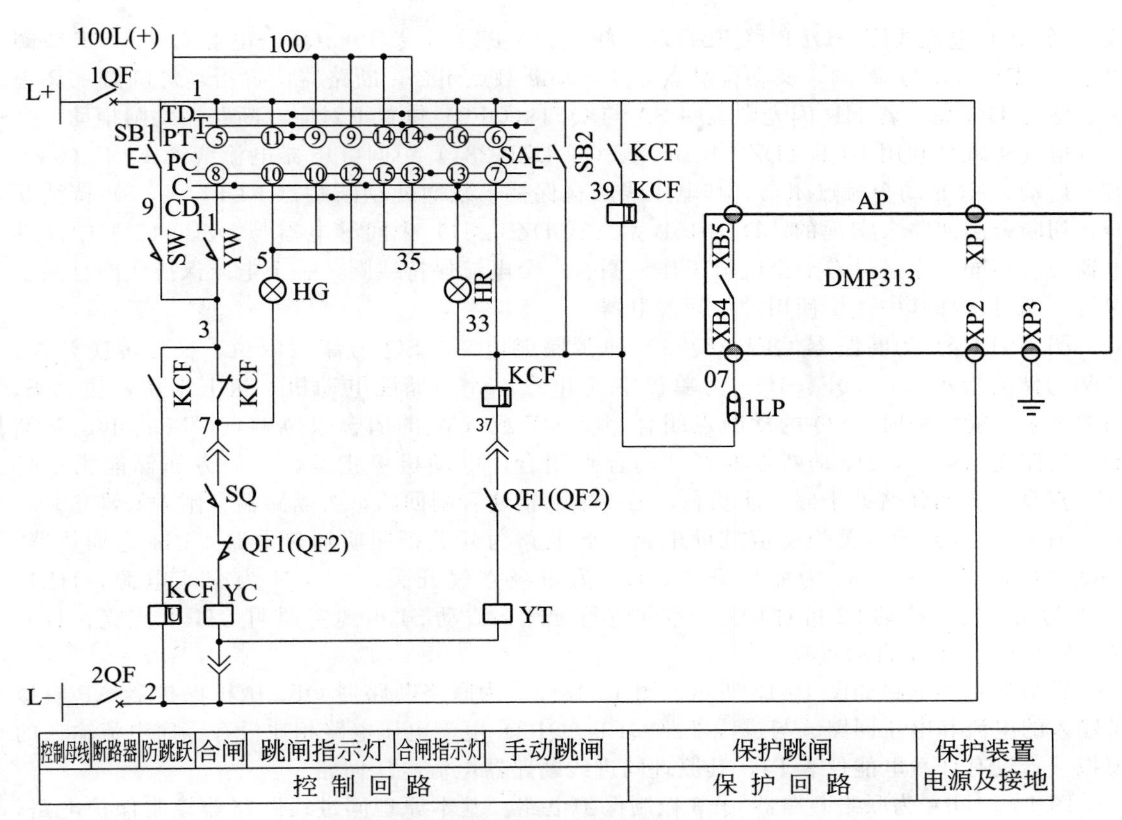

(b) 进线断路器QF1(QF2)控制保护回路

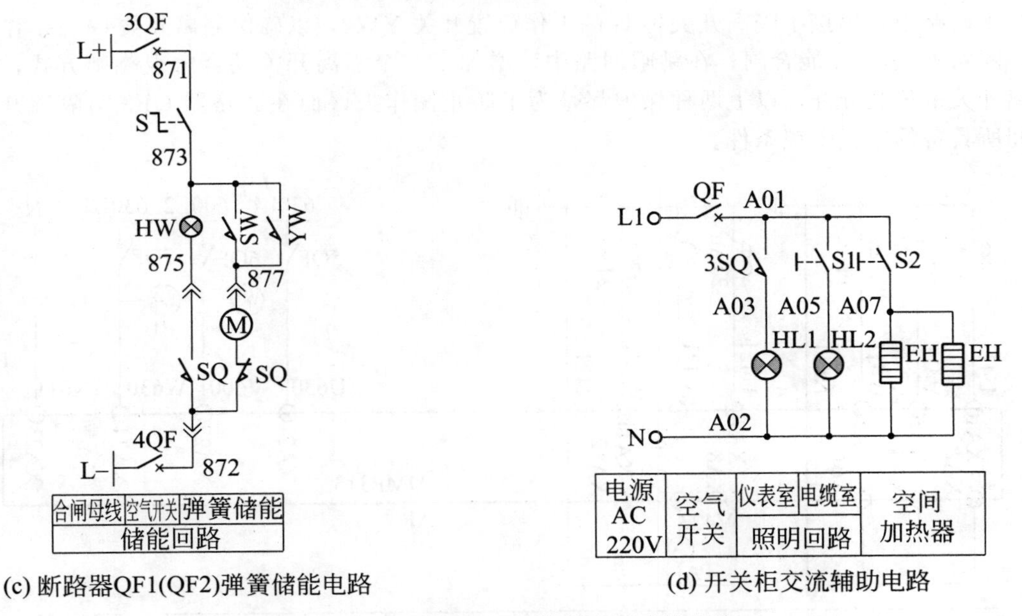

(c) 断路器QF1(QF2)弹簧储能电路

(d) 开关柜交流辅助电路

图 10-12　断路器不闭锁控制电源进线电路

② 跳闸控制

断路器跳闸有三种形式，手动试验分闸按下 SB2，触点（1—33）导通；转换 SA 至分闸位，触点（6—7）导通；AP 保护分闸，上述任何一种形式均可使合闸电源 L＋至 33 号线，经 KCF 电流线圈→QF1（QF2）动合触点→YT 跳闸线圈→2QF→电源 L－。YT 线圈得电，QF1（QF2）跳闸，其动合触点分断，动断触点闭合，断路器位置指示灯红灯 HR 熄灭、绿灯 HG 亮。若 HR 闪光则表明 SA 与 QF1（QF2）位置不对应，断路器跳闸拒动。

电气防跳是利用 KCF（DZB-15B）型（或 DZB-284）中间继电器电流线圈 KCF（33—37）启动，KCF 动合触点闭合，其电压线圈自保持，从而使动断触点 KCF（3—7）持续断开，切断合闸回路来实现的。DZB-15B 型（或 DZB-284）中间继电器与 DZB-115 型中间继电器略有不同，它是具有一个电流工作线圈、一个电流保持线圈、一个电压保持线圈且两个保持线圈可选择其中一个使用的中间继电器。

图 10-12(c) 为断路器 QF1（QF2）弹簧储能电路。SQ 为储能限位；S 为转换开关；HW 为储能指示灯，3QF、4QF 为单极空气开关、M 为储能电动机。送上电源，拨动 S，当弹簧未储能完毕时，SQ 的动断点闭合，经 SW 或 YW 的闭合限位触点，M 得电运转储能。当储能结束后，SQ 动断点断开，动合点闭合，电动机停止运转；一方面储能指示灯 HW 点亮，表明弹簧处于储好能状态，另一方面接通合闸回路，为断路器合闸做好准备。

图 10-12(d) 为开关柜交流辅助电路。此电路为开关柜照明加热电路，EH 为加热器，3SQ 为门限位，S1、S2 为船形开关，QF 为单极空气开关，L1、N 为交流电源，HL1、HL2 为指示灯。拨动 S2 可对开关柜空间进行加热；拨动 S1 电缆室照明，HL2 点亮；打开仪表室柜门，HL1 自动点亮。

联络断路器电路如图 10-13 所示。图 10-13(a) 为联络断路器 QF3 微机保护器 AP 模拟量输入的电流和电压回路。与进线断路 QF1（QF2）电流电压电路相比没有零序电流输入的模拟量，没有计量电能仪表 PJ，其原理同进线断路器电流电压回路。

图 10-13(b) 为联络断路器 QF3 控制保护电路。基本原理同进线断路器控制保护电路，不同的是，在试验合闸回路中，在 SW1 后串接了隔离开关柜 G 的试验位置开关 SW2；在工作合闸回路中，串接了隔离开关柜 G 的工作位置开关 YW2，以确保隔离开关 G 在工作位置时，断路器 QF3 才能合闸；在跳闸回路中，增加了一个隔离开关动合触点跳闸方式，防止隔离开关带负载分开，以上两种保护都是为了防止操作失误而在断路器 QF3 与隔离开关 G 之间所具备的电气闭锁条件。

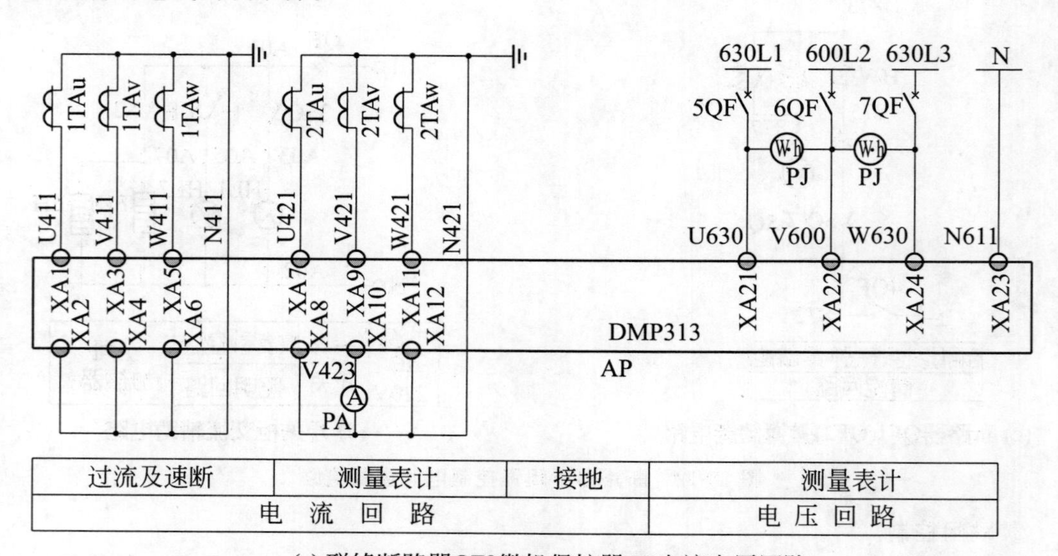

(a) 联络断路器QF3微机保护器AP电流电压回路

图 10-13

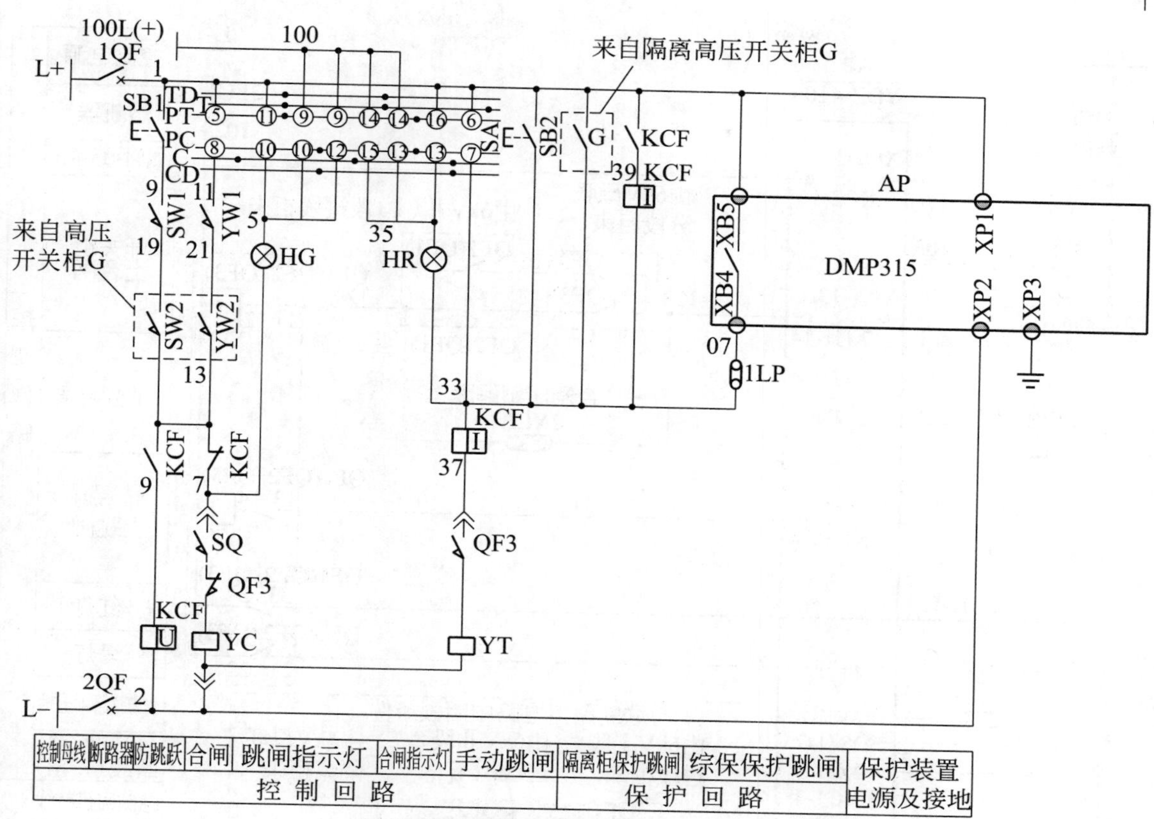

(b) 联络断路器QF3控制保护回路

图 10-13

图 10-13(c) 为断路器 QF3 弹簧储能电路。与断路器 QF1（QF2）弹簧储能电路相比增加隔离开关 G 电磁锁电路，目的是只有在断路器跳闸的条件下，隔离柜 G 才能打开，防止带负载分断隔离开关。

联络断路器 QF3 交流辅助电路与上述进线断路器 QF1（QF2）电路相同。

(2) 断路器合闸闭锁控制保护电路

两个进线断路器 QF1、QF2 与联络断路器 QF3 之间通过辅助触点进行合闸闭锁，3 个断路器只能有 2 个同时处于合闸状态。在使用时可通过将闭锁连接片 LP 接通的方式解除各自断路器的闭锁。本电路的电流电压电路、弹簧储能电路和交流辅助电路与上述相类似，断路器控制保护电路如图 10-14 所示。

在图 10-14 中，1FU、2FU 为熔断器；SW、YW 分别为断路器试验和工作位置；SB1 为合闸按钮；SB2 为跳闸按钮；SB 为试验按钮；YC 为合闸线圈；YT 为跳闸线圈；L＋、L－为合闸小母线；1HG 为跳闸指示灯；1HR 为合闸指示灯，AP 为微机综合保护测控装置。

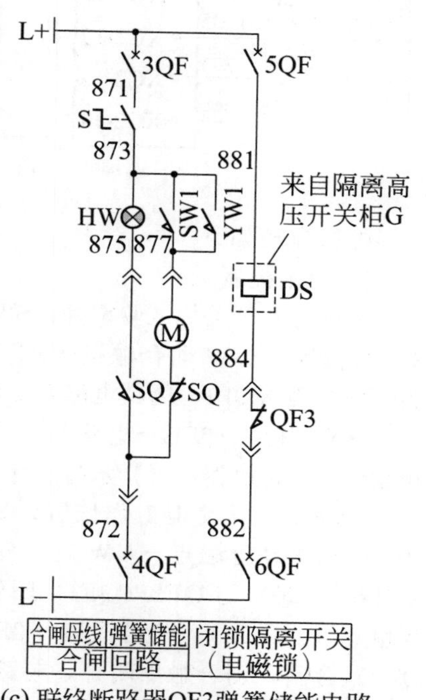

(c) 联络断路器QF3弹簧储能电路

图 10-13　联络断路器电路

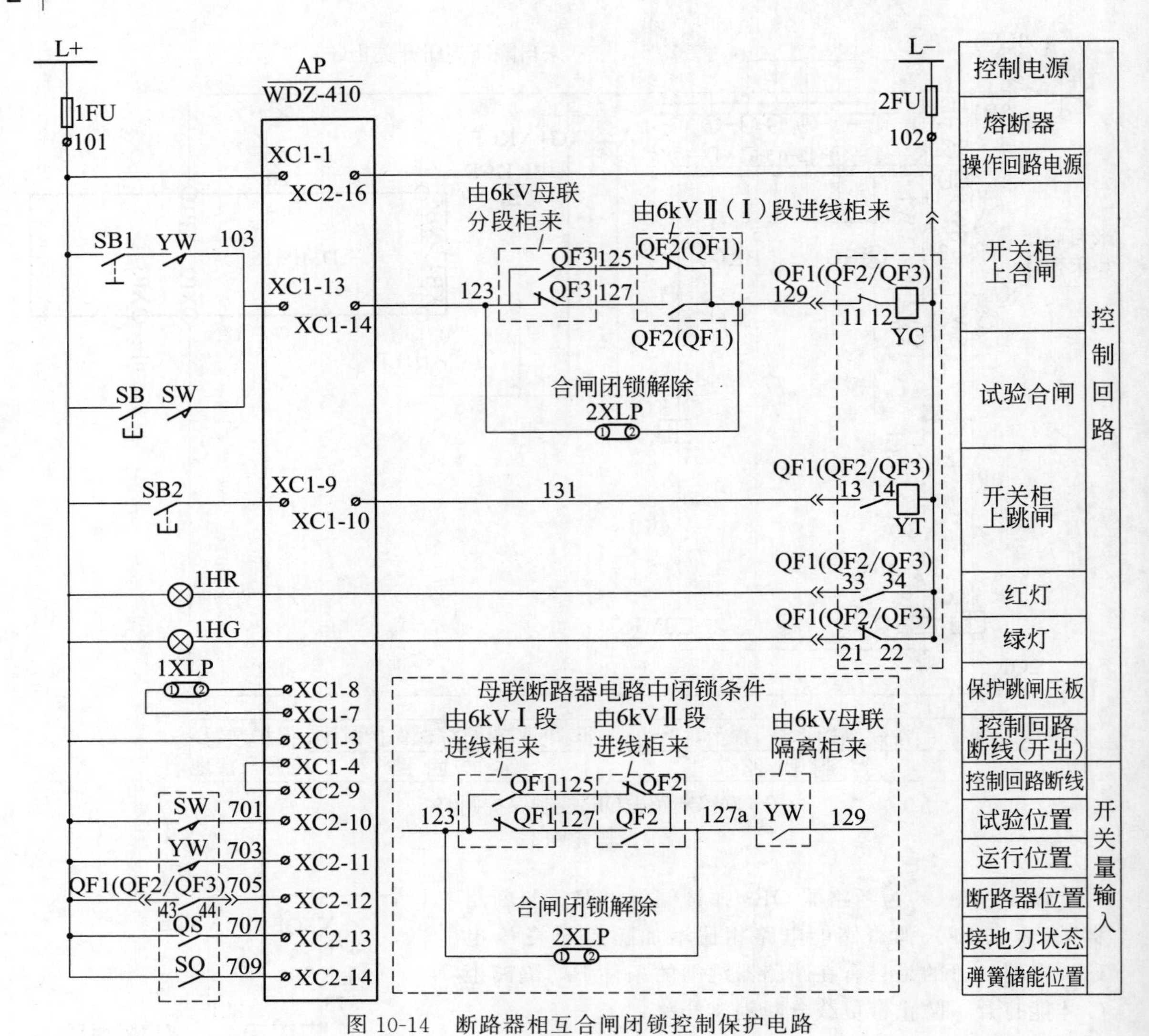

图 10-14 断路器相互合闸闭锁控制保护电路

控制原理如下。

① 合闸控制

断路器在开关柜试验位置，SW 触点导通。试验合闸时，按下 SB，合闸电源 L+→1FU→SB 动合触点→SW 动合触点→AP 输入端子 XC1-13→AP 内部电路→AP 输出端子 XC1-14→QF3 与 QF2（QF1）闭锁电路或 2XLP 合闸解除连接片→QF1（QF2 或 QF3）动断触点（11—12）→YC 线圈→2FU→电源 L−。YC 合闸线圈得电，断路器 QF1（QF2 或 QF3）合闸，动合触点闭合，断路器位置指示灯红灯 1HR 亮、绿灯 1HG 熄灭。

断路器在开关柜工作位置，YW 触点导通。工作合闸时，按下 SB1，合闸电源 L+→1FU→SB1 动合触点→YW 动合触点→AP 输入端子 XC1-13→AP 内部电路→AP 输出端子 XC1-14→QF3 与 QF2（QF1）闭锁电路或 2XLP 合闸解除连接片→QF1（QF2 或 QF3）动断触点（11—12）→YC 线圈→2FU→电源 L−。YC 合闸线圈得电，断路器 QF1（QF2 或 QF3）合闸，动合触点闭合，断路器位置指示灯红灯 1HR 点亮、绿灯 1HG 熄灭。

② 跳闸控制

跳闸控制有手动跳闸和保护跳闸两种形式。手动跳闸时，按下 SB2，跳闸电源 L+→1FU→

SB2 动合触点→AP 输入端子 XC1-9→AP 内部电路→AP 输出端子 XC1-10→QF1（QF2 或 QF3）动合触点（13—14）→YT 线圈→2FU→电源 L－。YT 分闸线圈得电，断路器 QF1（QF2 或 QF3）跳闸，动合触点断开，断路器位置指示灯红灯 1HR 熄灭、绿灯 1HG 点亮。

保护跳闸时，跳闸电源由 AP 内部直接从 AP 的输出端子 XC1-10 经断路器的动合触点至跳闸线圈 YT，断路器跳闸；如果解除保护跳闸，可断开 1XLP 保护跳闸压板。

10.3.3　微机型保护供电变压器控制电路

微机型综合保护测控供电变压器控制电路如图 10-15 所示。如图 10-15(a) 中，母线电压为 6～10kV；QF 为变压器供电断路器；TV 为母线电压互感器；1TA、2TA 分别为变压器线路中的测量和保护电流互感器；3TA 为线路零序互感器；F 为避雷器；QS 为接地刀开关；HL 为带电指示器；T 为变压器。

图 10-15(b) 为微机型保护器 AP 模拟量输入的电流和电压回路。在图 10-15(b) 中，线路二相电流互感器 1TA 的二次电流分别接入综合保护监控装置 XD2-1～XD2-4，作为线路测量表计模拟量输入；线路二相电流互感器 2TA 的二次电流分别接入综合保护监控装置 XD1-5～XD1-8，作为线路过流及速断保护模拟量输入；线路零序电流互感器 3TA 的二次电流分别接入综合保护监控装置 XD2-5、XD2-6，作为线路接地保护模拟量输入；KE 为小电流接地选线装置；母线电压互感器 TV 二次电压分别接入综合保护监控装置 XD1-1～XD1-4，作为线路电压模拟量输入；PJ 为电能计量表；AP 为微机综合保护测控装置。

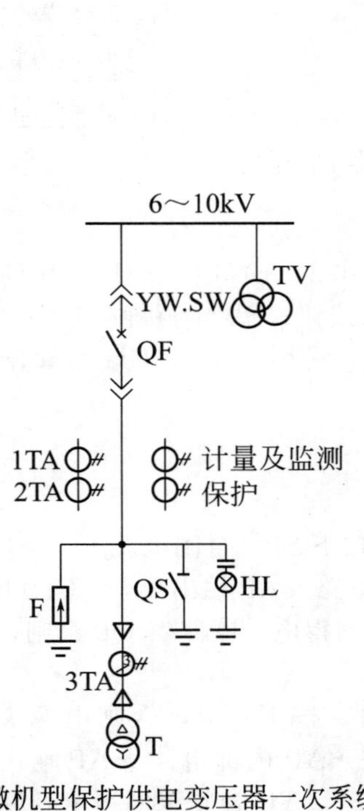

(a) 微机型保护供电变压器一次系统图

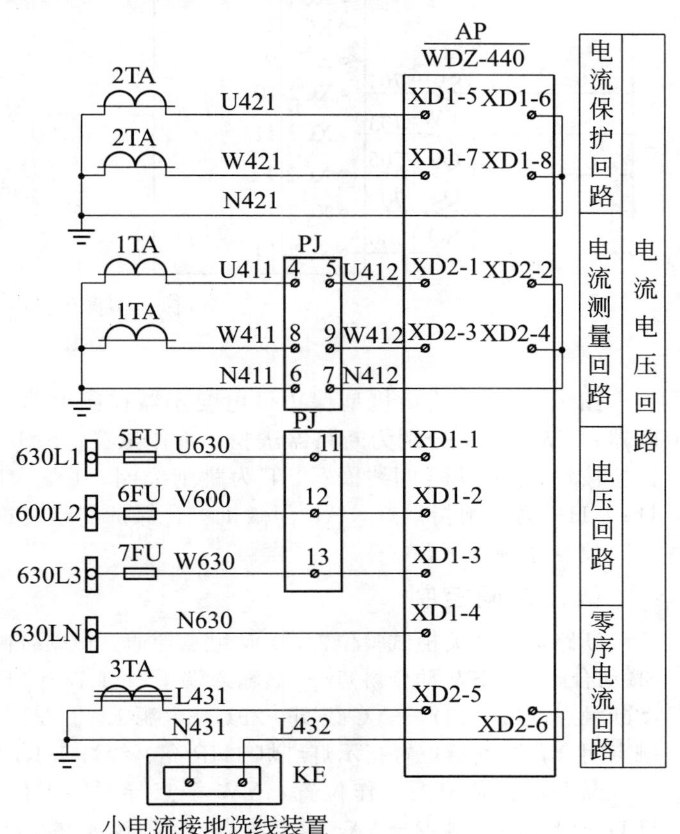

(b) 微机型保护器AP模拟量输入的电流和电压电路

图 10-15

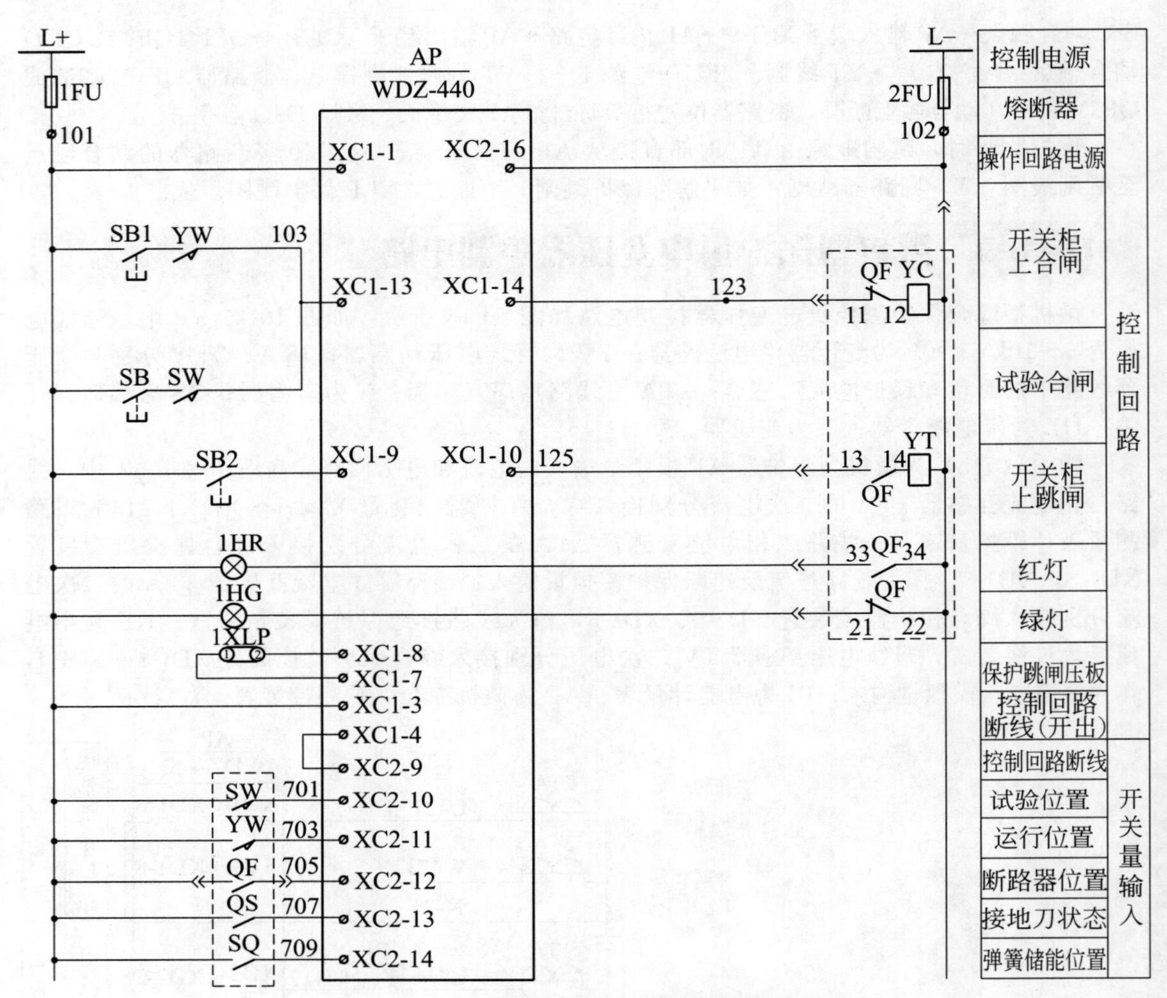

(c) 微机型保护供电变压器控制电路

图 10-15

图 10-15(c) 为微机型保护供电变压器控制电路。在图 10-15(c) 中，1FU、2FU 为熔断器；SW、YW 分别为断路器试验和工作位置；SB1 为合闸按钮；SB2 为跳闸按钮；SB 为试验按钮；YC 为合闸线圈；YT 为跳闸线圈；L＋、L－为合闸小母线；1HG 为跳闸指示灯；1HR 为合闸指示灯，AP 为微机综合保护测控装置。

控制原理如下。

(1) 合闸控制

断路器在开关柜试验位置，SW 触点导通。试验合闸时，按下 SB，合闸电源 L＋→1FU→SB 动合触点→SW 动合触点→AP 输入端子 XC1-13→AP 内部电路→AP 输出端子 XC1-14→QF 动断触点（11—12）→YC 线圈→2FU→电源 L－。YC 合闸线圈得电，断路器 QF 合闸，动合触点闭合，断路器位置指示灯红灯 1HR 亮、绿灯 1HG 熄灭。

断路器在开关柜工作位置，YW 触点导通。工作合闸时，按下 SB1，合闸电源 L＋→1FU→SB1 动合触点→YW 动合触点→AP 输入端子 XC1-13→AP 内部电路→AP 输出端子 XC1-14→QF 动断触点（11—12）→YC 线圈→2FU→电源 L－。YC 合闸线圈得电，断路器 QF 合闸，动合触点闭合，断路器位置指示灯红灯 1HR 点亮、绿灯 1HG 熄灭。

(2) 跳闸控制

跳闸控制有手动跳闸和保护跳闸两种形式。手动跳闸时，按下 SB2，跳闸电源 L+→1FU→SB2 动合触点→AP 输入端子 XC1-9→AP 内部电路→AP 输出端子 XC1-10→QF 动合触点（13—14）→YT 线圈→2FU→电源 L－。YT 分闸线圈得电，断路器 QF 跳闸，动合触点断开，断路器位置指示灯红灯 1HR 熄灭、绿灯 1HG 点亮。

保护跳闸时，跳闸电源由 AP 内部直接从 AP 的输出端子 XC1-10 经断路器的动合触点至跳闸线圈 YT，断路器跳闸；如果解除保护跳闸，可断开 1XLP 保护跳闸压板。

图 10-15(d) 为微机型保护器 AP 开关量输入输出电路。在图 10-15(d) 中，KT1 为变压器高温（或轻瓦斯）报警输入触点；KT2 为变压器超高温（或重瓦斯）跳闸输入触点；其他告警、联跳端子如图 10-15(d) 所示。

交流辅助电路和弹簧储能电路与微机型线路控制中电路类似。

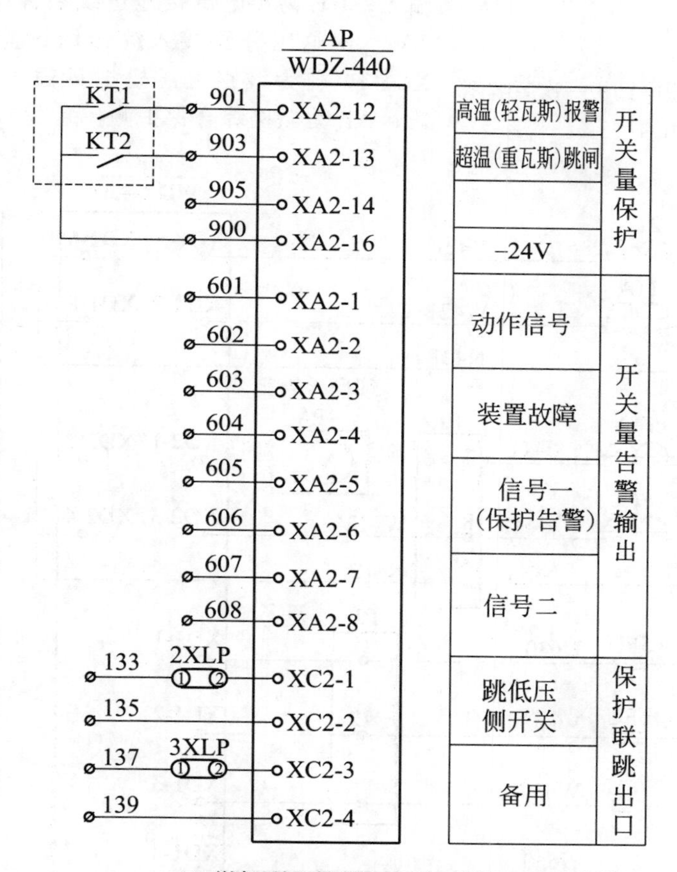

(d) 微机型保护器AP开关量输入输出电路

图 10-15 微机型综合保护测控供电变压器控制电路

10.3.4 微机型保护高压电动机控制电路

微机型保护高压电动机控制电路如图 10-16 所示。图 10-16(a) 为微机型保护高压电动机一次系统图，在图 10-16(a) 中，母线电压为 6kV；QF 为电动机供电断路器；TV 为母线电压互感器；1TA、2TA 分别为电动机线路中的测量和保护电流互感器；3TA 为线路零序

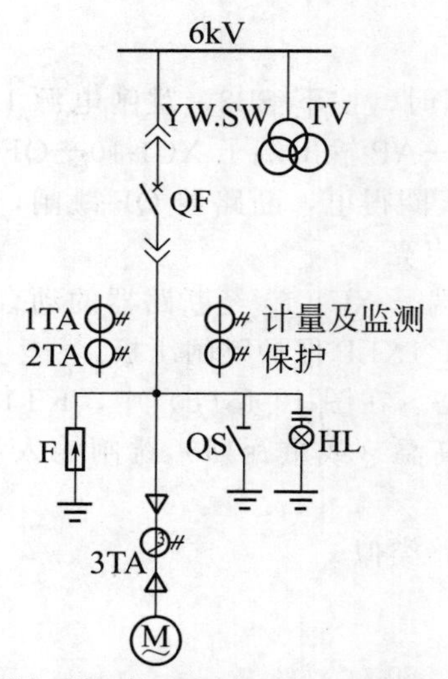

(a) 微机型保护高压电动机一次系统图
图 10-16

互感器；F 为避雷器；QS 为接地刀开关；HL 为带电指示器；M 为高压电动机。

图 10-16(b) 为微机型综合保护器 AP 模拟量输入的电流电压回路。在图 10-16(b) 中，线路二相电流互感器 1TA 的二次电流分别接入综合保护监控装置 XD2-1～XD2-4，作为线路测量表计模拟量输入；1PA 为现场控制箱上的电流表；线路二相电流互感器 2TA 的二次电流分别接入综合保护监控装置 XD1-5～XD1-8，作为线路过流及速断保护模拟量输入；线路零序电流互感器 3TA 的二次电流分别接入综合保护监控装置 XD2-5、XD2-6，作为线路接地保护模拟量输入；KE 为小电流接地选线装置；母线电压互感器 TV 二次电压分别接入综合保护监控装置 XD1-1～XD1-4，作为线路电压模拟量输入；PJ 为电能计量表；AP 为微机综合保护测控装置。

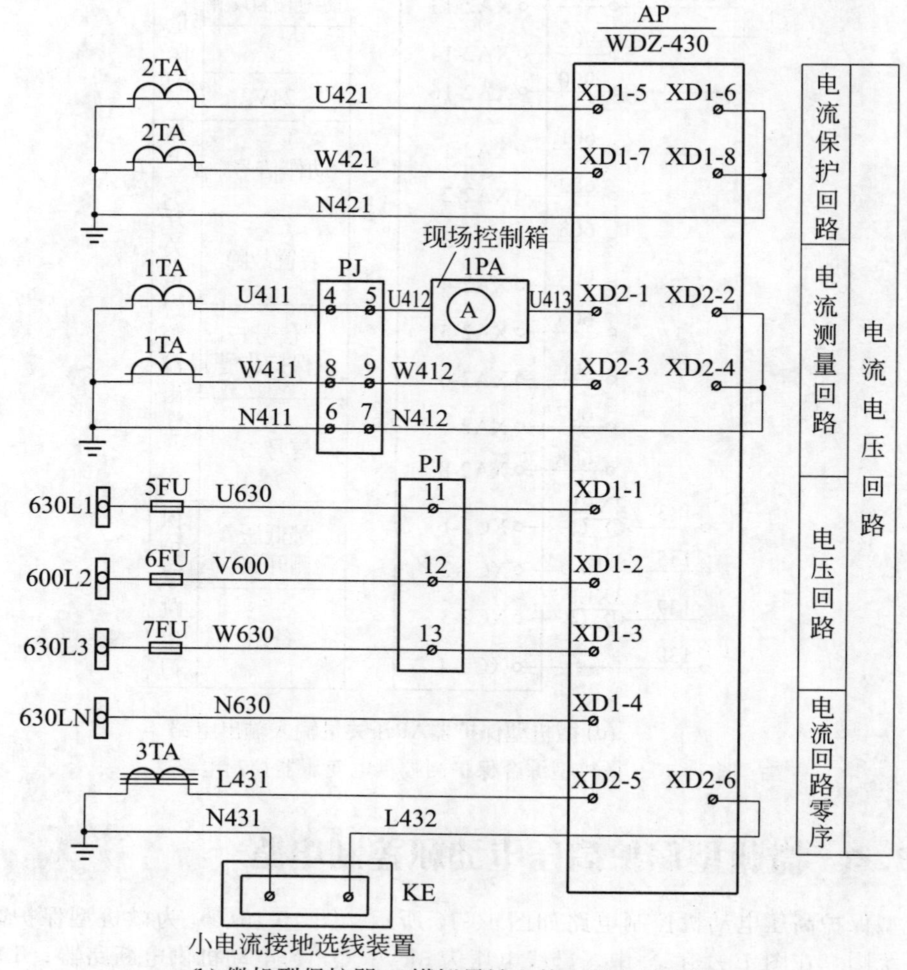

(b) 微机型保护器AP模拟量输入的电流电压电路
图 10-16

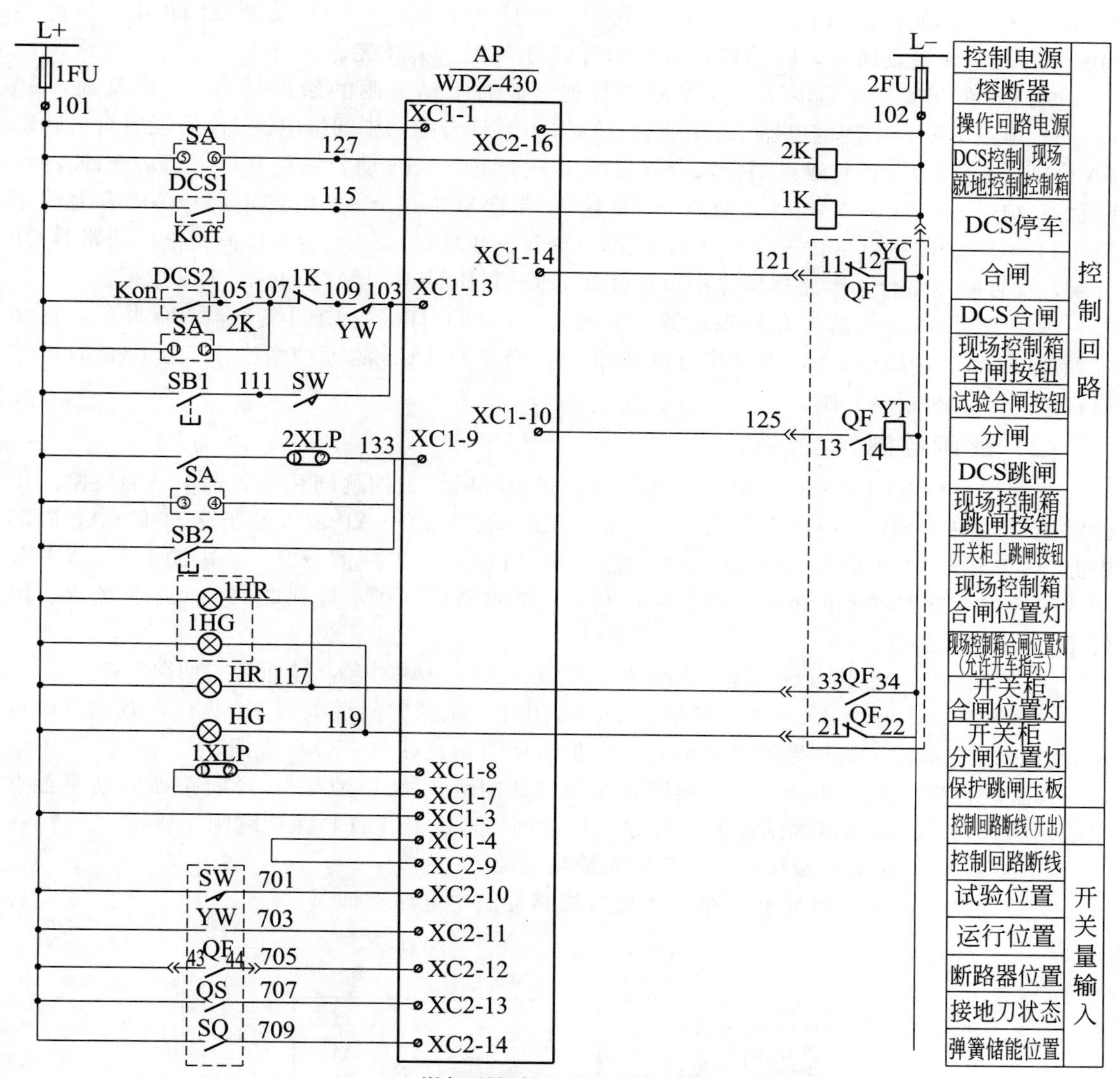

(c) 微机型保护高压电动机控制电路

图 10-16

图 10-16(c) 为微机型保护高压电动机控制电路。在图 10-16(c) 中，1FU、2FU 为熔断器；SW、YW 分别为断路器试验和工作位置；SB1 为试验按钮；SB2 为跳闸按钮；YC 为合闸线圈；YT 为跳闸线圈；L＋、L－为控制小母线；HG、1HG 为跳闸指示灯；HR、1HR 为合闸指示灯，AP 为微机综合保护测控装置，1K 为 DCS 远控跳闸中间继电器；2K 为选择远控合闸中间继电器；SA 为现场自复式转换开关，有 3 个固定位置，能实现远控、就地、合闸、跳闸等 5 个状态。

控制原理如下。

(1) 合闸控制

本电路合闸形式有三种，SB1 试验合闸、现场 SA 合闸和 DCS2 远控合闸。

断路器在开关柜试验位置，SW 触点导通。试验合闸时，按下 SB1，合闸电源 L＋→1FU→SB1 动合触点→SW 动合触点→AP 输入端子 XC1-13→AP 内部电路→AP 输出端子

XC1-14→QF 动断触点（11—12）→YC 线圈→2FU→电源 L－。YC 合闸线圈得电，断路器 QF 合闸，动合触点闭合，断路器位置指示灯红灯 HR、1HR 亮、绿灯 HG、1HG 熄灭。

断路器在开关柜工作位置，YW 触点导通。此时手动合闸的条件是 SA 选择就地，SA（5—6）触点分断，中间继电器 2K 不吸合；DCS 不允许合闸，中间继电器 1K 不能吸合。转动 SA 合闸，SA（11—12）触点闭合，合闸电源 L＋→1FU→SA 动合触点（11—12）→1K 的动断触点（107—109）→YW 动合触点→AP 输入端子 XC1-13→AP 内部电路→AP 输出端子 XC1-14→QF 动断触点（11—12）→YC 线圈→2FU→电源 L－。YC 合闸线圈得电，断路器 QF 合闸，动合触点闭合，断路器位置指示灯红灯 HR、1HR 点亮、绿灯 HG、1HG 熄灭。

远控合闸时，SA 选择在远控位置，其触点（5—6）闭合，中间继电器 2K 吸合，其动合触点（105—107）闭合，为远控合闸作准备。当来自 DCS 的远控触点 DCS2 吸合时，导通合闸回路，断路器合闸。

（2）跳闸控制

跳闸控制也有四种形式：现场手动跳闸、保护跳闸、远控跳闸和开关柜上试验跳闸。试验跳闸时，按下 SB2，跳闸电源 L＋→1FU→SB2 动合触点→AP 输入端子 XC1-9→AP 内部电路→AP 输出端子 XC1-10→QF 动合触点（13—14）→YT 线圈→2FU→电源 L－。YT 分闸线圈得电，断路器 QF 跳闸，动合触点断开，断路器位置指示灯红灯 HR、1HR 熄灭、绿灯 HG、1HG 点亮。

手动跳闸时，将现场 SA 选至跳闸位，其触点（3—4）闭合，导通合闸回路。

远控跳闸时，来自 DCS 的跳闸触点 DCS1 闭合，跳闸中间继电器 1K 吸合，其动合触点闭合，跳闸电源经 2XLP 导通跳闸回路。远控跳闸可由连接片 2XLP 取消。

保护跳闸时，跳闸电源由 AP 内部直接从 AP 的输出端子 XC1-10 经断路器的动合触点至跳闸线圈 YT，断路器跳闸；如果解除保护跳闸，可断开 1XLP 保护跳闸压板。

图 10-16(d) 为微机型保护器 AP 输入输出电路。

交流辅助电路和弹簧储能电路与微机型线路控制中电路类似。

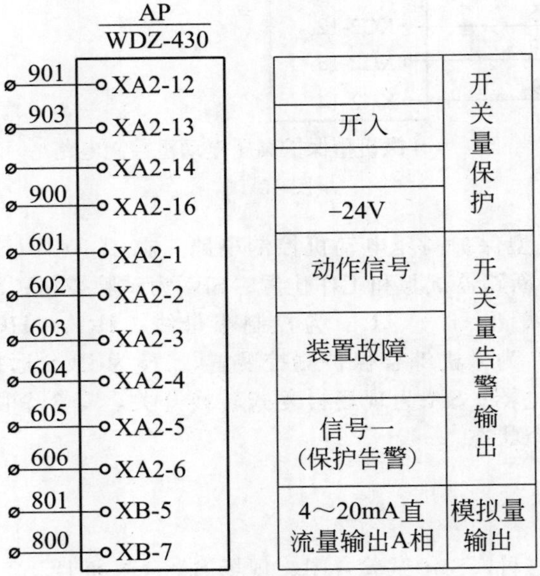

(d) 微机型保护器AP输入输出电路

图 10-16　微机型保护高压电动机控制电路

第11章 同步电动机高压控制电路

11.1 同步电动机的基本控制线路

由于同步电动机没有启动转矩，所以不能自行启动。为了解决它的启动问题，在生产中广泛采用异步启动法，即在设计和制造同步电动机时，在其转子圆周表面加装一套笼形启动绕组作异步启动用。同步电动机的启动过程可分为两步：第一步，给三相定子绕组通入三相正弦交流电进行异步启动；第二步，当转速上升到同步转速的95%以上（又称亚同步转速或准同步转速）时，给转子励磁绕组加入直流电压，将电动机引入同步运行。

但需要注意的是，为了防止刚启动时转子励磁绕组感应高电压击穿绝缘，故在启动前转子励磁绕组要用一个电阻值约10倍于励磁绕组电阻值的灭磁电阻进行短接。同时，在励磁绕组通入直流电时，必须将放电电阻切除。由此可以看出，同步电动机的启动控制包括三相交流电源加入定子绕组、直流电源加入转子励磁绕组以及灭磁电阻的串入和切除控制。

关于同步电动机的定子绕组加入三相交流电源的控制方法与三相异步电动机相同，这里主要介绍转子励磁电源和放电电阻的自动控制问题。

由于同步电动机异步启动时必须待转子转速达到同步转速的95%及以上时才能加入直流励磁，因而必须对电动机的转速进行监测。转速监测可由定子回路的电流或转子回路的频率等参数来间接反映。现以定子回路电流间接反映电动机转速，以加入励磁的自动控制线路为例进行阐述。

同步电动机作异步启动时，定子绕组的电流很大（相当于异步电动机启动）。但随着转速的升高，电流会逐渐减小。当转速达到亚同步转速（相当于异步电动机的额定转速）时，电流明显减小。所以可用定子电流值来反映电动机的转速状况。按定子电流原则加入励磁的简化原理电路图如图11-1所示。

启动时，定子绕组中很大的启动电流使电流互感器TA二次回路中的电流继电器KA吸合，KA的动合触点闭合，时间继电器KT线圈得电，其动断触点瞬时断开，切断直流励磁

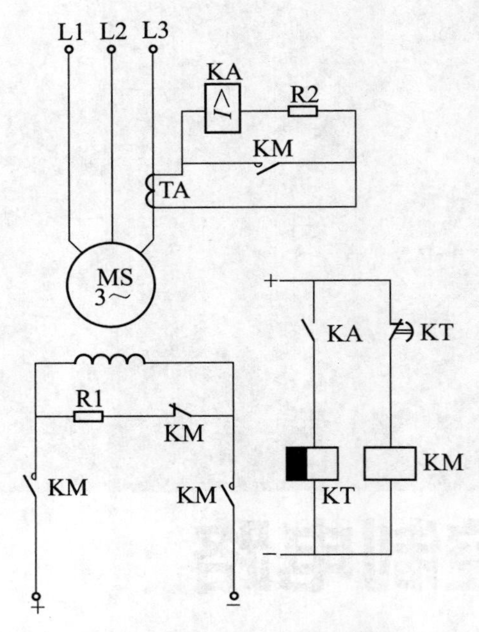

图 11-1　按定子电流原则加入励磁的简化原理电路图

接触器 KM 的线圈回路。此时，励磁绕组中未加入直流电且通过灭磁电阻 R1 经 KM 动断触点短接。当同步电动机的转速接近于准同步转速时，定子电流减小，直到使电流继电器 KA 释放，时间继电器 KT 线圈断电，经 KT 整定时间延时，KT 动断触点恢复闭合，接触器 KM 通电吸合，切除放电电阻 R1 并加入直流励磁电压，把电动机牵入同步运行。同时 KM 的另一对动合触点闭合，将电流继电器 KA 的线圈短接，以防止电动机正常运行时因某种原因引起短时冲击电流而产生误动作。

同步电动机按定子电流原则自动加入励磁启动的电路图如图 11-2 所示。本线路适用于控制 55～400kW 的三相同步电动机，线路设有强励磁环节、短路及零压保护。

其线路工作原理如下。

降压异步启动过程：合上电源开关 Q1，欠压继电器 KV 得电，KV 动断触点分断，保证接触器 KM2 处于断电状态。励磁机磁场电阻 R2 保持在调节好的数值，以产生正常的电压值。然后合上 Q2，控制电路有电。

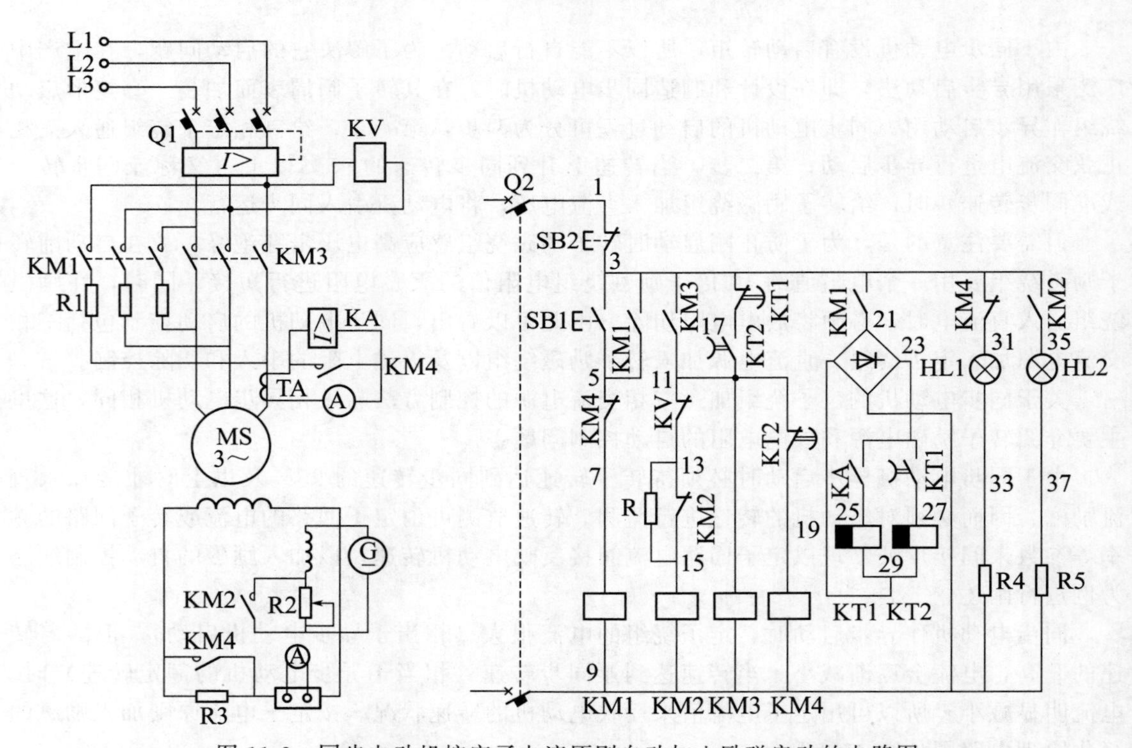

图 11-2　同步电动机按定子电流原则自动加入励磁启动的电路图

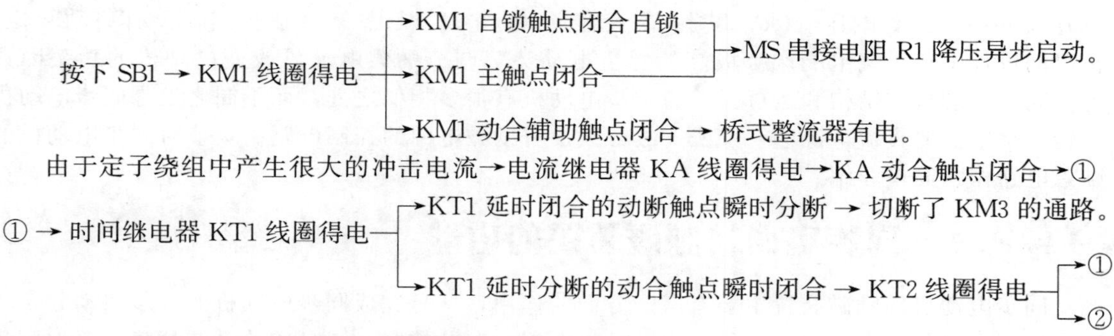

按下 SB1 → KM1 线圈得电→KM1 自锁触点闭合自锁；KM1 主触点闭合 →MS 串接电阻 R1 降压异步启动。
　　　　　　　　　　　→KM1 动合辅助触点闭合 → 桥式整流器有电。

由于定子绕组中产生很大的冲击电流→电流继电器 KA 线圈得电→KA 动合触点闭合→①

① → 时间继电器 KT1 线圈得电→KT1 延时闭合的动断触点瞬时分断 → 切断了 KM3 的通路。
　　　　　　　　　　　　　→KT1 延时分断的动合触点瞬时闭合 → KT2 线圈得电→①；→②

②→KT2 延时闭合的动断触点瞬时分断→切断 KM4 通路。

③→KT2 延时分断的动合触点瞬时闭合→为 KM3 得电做好了准备。

当电动机转速接近于准同步转速时，定子绕组中的电流显著减少→KA 线圈失电→④

④ → KA 动合触点分断→KT1 线圈失电→经 KT1 整定时间→KT1 动断触点恢复闭合 → ⑤；→KT1 动合触点分断 → ⑥

⑤ → KM3 线圈得电→KM3 主触点闭合；KM3 自锁触点闭合自锁 →同步电动机 MS 在全压下继续启动。

⑥ → KT2 线圈断电→经 KT2 整定时间后→KT2 动合触点分断。
　　　　　　　　　　　　　　　　　→KT2 动断触点闭合→KM4 线圈通电→⑦；→⑧

⑦→KM4 两对主触点闭合→短接电流继电器 KA 的线圈和放电电阻 R3，并加入励磁。

⑧ → KM4 两对动断辅助触点分断→KM1 线圈失电→⑨；→⑩

⑨→KM1 自锁触点分断解除自锁。
　→KM1 主触点分断 → 切断 R1 回路。
　→KM1 动合辅助触点分断 → 切断整流电路。

⑩→指示灯 HL1 熄灭，启动过程结束。

强励环节工作过程，当电网电压降低到一定值时，欠压继电器 KV 释放，KV 动断触点恢复闭合，接触器 KM2 线圈得电，其动合触点闭合将励磁机的磁场电阻 R2 短接，励磁机的输出增加，从而加大了同步电动机的励磁电流，以保持足够的电磁转矩使电动机正常运行。此时，HL2 亮，指示电动机正在强行励磁。

附加电阻 R 的作用是避免接触器 KM2 线圈过热。因为 KM2 要在电网电压降低时才吸合，所以选取 KM2 的额定电压要低于电网额定电压。但它在电网电压升高而欠压继电器 KV 还未吸合时要能正常工作，故要串入附加电阻 R 分压。

需停止时，按下停止按钮 SB2 即可。

11.2　同步电动机转子励磁控制电路

同步电动机的功率因数可以调节，在不要求调速的场合，应用大型同步电动机可以提高运行效率。工业生产中，一般在不需要调速且容量较大的大型机械设备中（如空压机、压缩机等），为了改善电网的功率因数，选用三相同步电动机来拖动特别合适。三相同步电动机具有以下特点：高电压（6kV 以上），大容量（250kW 以上），转速恒定，没有启动转矩，在启动过程中转子绕组能产生极高的感生电动势，调节励磁电流可改变电动机的功率因数等。同步电动机在结构和运行上，与异步电动机有很多相似之处，而不同之处是同步电动机的转子绕组需要直流电源进行励磁，故必须设有励磁电源的控制电路。本节对同步电动机的励磁电路作一简单介绍。

11.2.1 同步电动机励磁装置的功能

同步电动机的励磁装置主要有三个方面的作用，一是完成同步电动机的异步启动并牵入同步运行；二是在牵入同步运行以后，励磁电流的调节控制；三是监控系统故障，确保同步电动机安全运行。

(1) 励磁装置在启动过程中的作用

在异步启动的过程中，励磁装置保证启动回路具有良好的异步驱动特性，避免异步启动过程中所存在的脉振现象，满足带载启动及再整步要求。达到亚同步转速时，准确地投励，励磁绕组产生同步力矩，使电动机尽早进入同步。

(2) 励磁装置在运行过程中的作用

同步运行过程中的励磁电流控制模式分为以下两种。

① 恒励磁电流模式　适合于负载恒定工况，如通风机、水泵。实际选取功率因数为超前 0.95～1 任意值。

② 恒无功功率模式　适用于电网负载不断变化，同步电动机向电网提供恒定的无功功率以补偿电网的功率因数，但同步电动机的功率因数是随着负载的变化而变化。

(3) 励磁装置的监控作用

同步电动机在正常运行过程中，不可避免地会受到各种各样的扰动，就会引起电动机失步，造成生产中断和设备损坏的严重事故。励磁装置能检测，同步电动机的失步，识别后判断是报警还是再整步运行，既保障设备的安全性，又保持运行连续性。同样，励磁装置在正常运行过程中，自身也会受到各种干扰，造成整流器缺相或失控、灭磁晶闸管误导通、熔断器故障、励磁电流超限等故障。当出现上述故障，励磁装置识别后报警或跳闸，以保证励磁装置的安全运行。

11.2.2 LZK-3 型同步电动机励磁柜工作原理

(1) LZK-3 型同步电动机励磁屏的技术性能

主电路采用无续流二极管的三相桥式全控整流电路及先进成熟的自冷式热管散热技术，取消了冷却风机，使用寿命长，运行无噪声；采用新颖的 LZK-3 型同步电动机励磁调节控制器为装置的控制核心，可任意设定为闭环可调的恒功率因数、恒电流、恒电压或恒触发角度运行方式，且四种运行方式自动跟踪工作点，可实现无扰动切换。LZK-3 型励磁调节器采用功能模块组合的设计方式，并具有充裕的功能扩展单元，装置采用双（或单）励磁调节器通道，主、备用（或手动/自动）通道间设有自动跟踪装置，可实现通道间无扰动自动切换。励磁调节器采用厂用交流 220V 电源和直流电源双回路供电，并可实现自动无扰动切换。正常时采用交流供电。且装置具有失步保护直接跳闸和带载自动再整步功能，能满足各种负载情况下启动同步电动机的要求，如重载、轻载或冲击性负载的同步电动机，都能一次启动成功并可靠运行。主要技术性能特点如下。

① LZK-3 型同步电动机励磁装置，通过合理选配灭磁电阻，分级整定灭磁晶闸管的开

通电压，使电动机在异步驱动状态时，晶闸管在较低电压下便开通，故具有良好的异步驱动，消除了原励磁屏在电动机异步暂态过程中所存在的脉振，满足带载启动及再整步的要求；而当电动机在同步状态时，晶闸管在过电压情况下才开通，既起到保护器件的作用，又使电动机在正常同步运行时，晶闸管不误导通。

② 机组异步启动时，励磁系统能在转子滑差为 0.05～0.03 时“准角”投励，并有后备计时投励环节，具有强励磁整步的功能。电动机可在全压或降压条件下可靠拉入同步，启动过程平滑、快速、可靠。

③ 具有完善可靠的带励失步、失励失步保护系统，保证电动机在发生带励失步和失励失步时，快速动作，保护电动机，使电动机免受损伤。

④ 具有快速可靠的灭磁系统，可使电动机在遇到故障，被迫跳闸停机时，明显减少其损伤程度。

⑤ 在电动机失步后，可根据现场工况选择跳闸停机或不停机带载自动再整步。当采用不停机带载自动再整步方式时，整个过程平滑、快速（仅需数秒钟），不损伤电动机，不必减负载，并设有后备保护环节，以保证电动机的安全运行。

⑥ 输出励磁电压和励磁电流的调节范围为电动机额定电压和额定电流的 30%～160%，在调整范围内调整励磁参数，电动机不会失步。

⑦ 当电网电压波动时（−10%～+15%），励磁装置能保持恒定励磁或恒功率因数运行，并具有三相自动平衡功能，即在正常励磁范围内不需调试，励磁装置输出电压波形始终三相平衡。一旦出于外部原因造成丢波（如断线、缺相等），装置具有自动报警及汉字指示系统。

⑧ 装置具有故障自诊断系统，对相应故障具有记忆及读出功能。

⑨ 当电网电压低于额定值 80%时，励磁系统能够在 0.1s 内提供 1.6 倍的强励，允许强励时间为 50s。

⑩ 能与防冲击保护配合，动作于灭磁再整步或跳闸停机。

⑪ 采用按键设定、调整励磁参数，选择励磁方式。改变了原采用电位器调整励磁存在的种种弊病。

⑫ 与同步电动机定子回路没有直接的电气联系，因此同步电动机定子回路可根据具体情况设计为高压 3～10kV 或 380V 全压启动或降压启动不受限制。

⑬ 装置控制回路以 LZK-3 型控制器（以下简称控制器）和可编程序控制器 PLC 为控制核心，线路简洁可靠。励磁输入电源为交流三相四线 380V/220V。励磁控制器采用交流 220V 电源和直流电源双回路供电，并可实现自动无扰动切换，正常时采用交流供电。

⑭ 装置具有精确的机组运行累计计时的时钟系统。

⑮ 装置具有远程和就地录波功能，便于对电动机启动及运行暂态过程进行捕捉和分析。

⑯ 控制器主芯片采用 16 位微处理器 80C196，指示系统采用液晶汉字显示，功能选择及参数设定采用菜单操作，非常直观和简便。并可通过内部综合控制器的 RS485、RS232、TTL、Modem 标准接口与上位 PC 机实现联网通信，上位机可实时显示、记录现场的运行参数；也可通过输入密码在线设定、修改控制器的实时运行参数，改变其运行的方式。能够满足远程遥信、遥测、遥控、遥调的计算机集散控制功能要求。

（2）LZK-3 型同步电动机励磁柜的工作原理

① 主电路介绍

工作原理方框图如图 11-3 所示。

a. 主电路采用无续流二极管的三相桥式全控整流电路。通过面板上的按键及显示屏（或通过上位 PC 机），可以设定或修改励磁装置的实时运行方式（选择恒功率因数、恒励磁电流、恒电压或恒触发角度运行方式）或励磁参数，改变晶闸管的触发控制角，调整输出励磁电流、电压的大小。由于励磁电流、电压已设定上、下限，调整输出时能保证电动机运行中励磁电流、电压不致过高或过低。

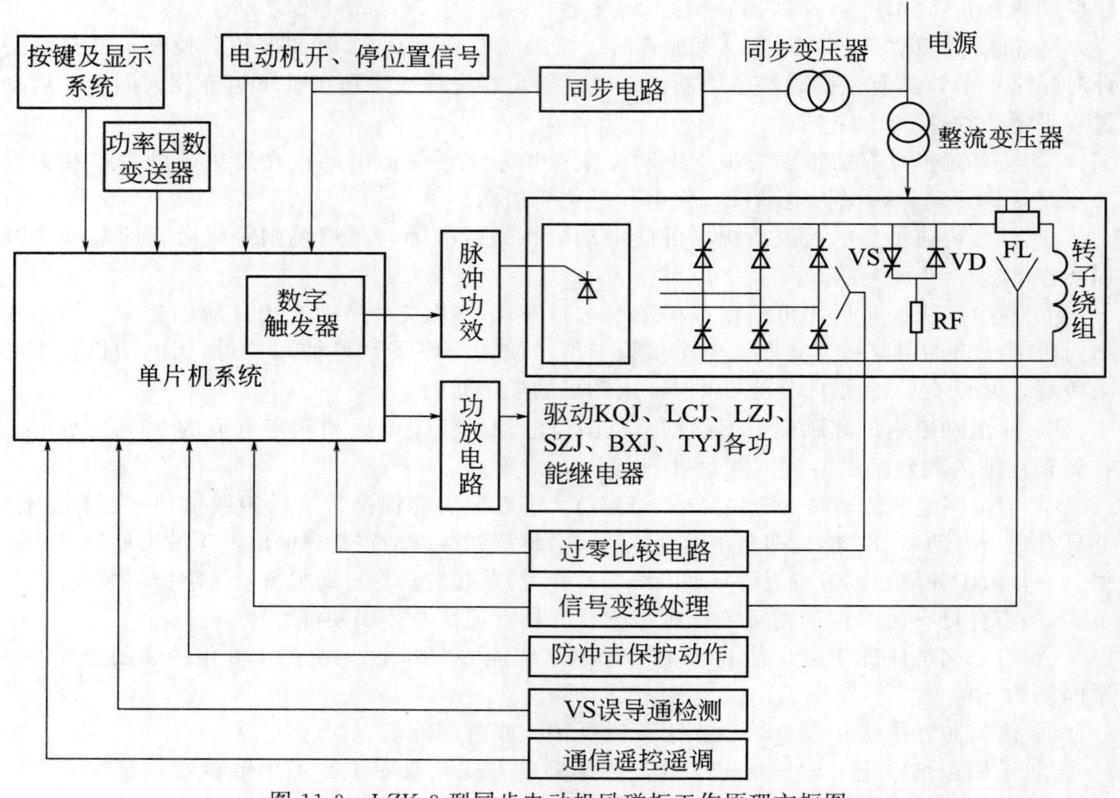

图 11-3　LZK-3 型同步电动机励磁柜工作原理方框图

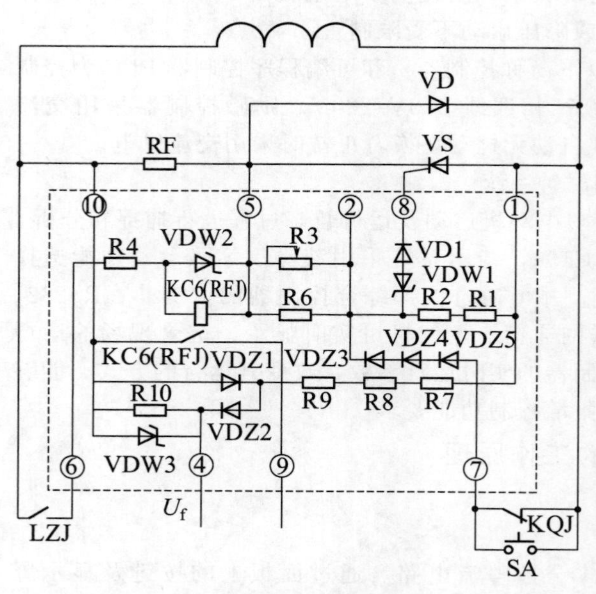

图 11-4　KQ 控制及误导通检测、励磁电压信号变换

b. 电动机的异步驱动电路由晶闸管 VS、二极管 VD 及 RF 组成。当电动机在启动或再整步暂态过程的异步驱动阶段，主电路整流桥上的晶闸管处于阻断状态，控制电路在转子感应电压的正半波起始阶段，使晶闸管 VS 及时导通；而在负半波时，通过 VD 使转子感应交流电流的正、负半波都通过电阻 RF 流通，且正、负半波电流对称，以保证电动机具有良好的异步驱动特性。当电动机在启动及失步再整步的暂态过程中，KQJ 常闭触点闭合，保证启动时晶闸管在转子感应电压的正半波起始阶段便导通；只有在满足投励条件时，KQJ 方动作，在投励后的正常运行过程中，KQJ 继电器一直吸合，使晶闸管 VS 仅在过电压情况下，才能导通，正常运行过程中，不易误导通，如图 11-4 所示。

c. 主电路中的晶闸管采用静态热管散热，取消了故障率较高的旋转式风机，使装置可靠性大大提高。

② 脉冲触发环节原理介绍

脉冲触发环节由同步电路、移相电路、输出电路及高分辨率的数字触发器构成。

a. 同步电路　采用三相同步信号绝对触发方式，同步变压器输出同步信号 U_{AT}，通过 RC 滤波电路，经电压比较器过零比较，变成方波，分别通过光耦隔离，输入电脑系统。

b. 移相控制　通过改变移相角，可实现触发脉冲所需范围的控制。移相角由励磁装置内部同步电动机综合控制器面板上的按键及显示屏（或通过上位 PC 机）设定各种运行方式励磁参数的上限值、运行值、下限值。在满足投励条件时，按设定值发脉冲，投强励 1s，然后移至运行值处。此时若需改变运行值，可通过面板按键任意设定需要的实时运行值即可。当采用面板按键调整实时运行值时，由于受到上、下限值的限位，避免了出现励磁电压过高或过低的可能。同步电动机励磁综合控制器面板图如图 11-5 所示。

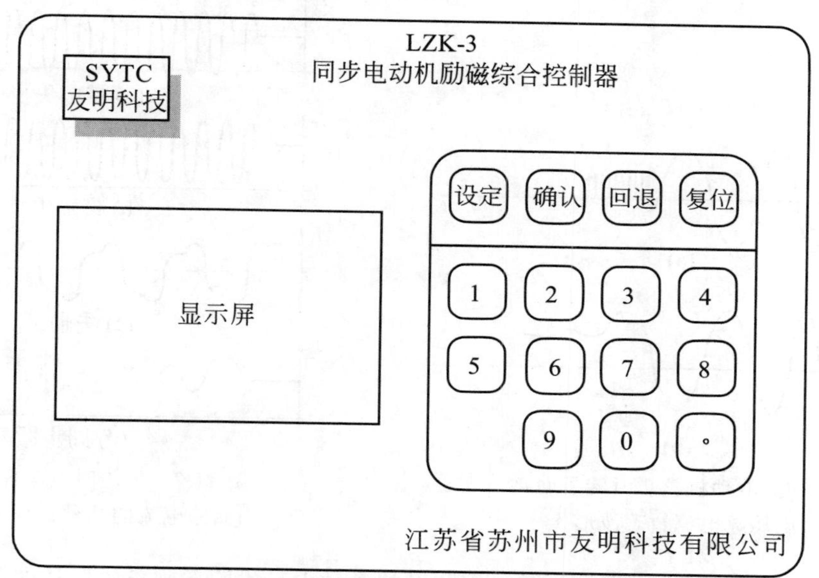

图 11-5　LZK-3 同步电动机励磁综合控制器面板图

由于设定与调整输出励磁参数采用全数字化电脑控制，消除了原电位器设定及调节输出励磁电压所不可避免地出现励磁不稳、电位器老化等种种弊病。

c. 触发脉冲输出　脉冲输出是根据移相角 α 的换算（即触发数字表）所确定的，以提高脉冲输出的精度和可靠性。当满足投励条件后，电脑发出触发脉冲指令，经光耦隔离、功放，由脉冲变压器输出一宽脉冲，触发晶闸管。

电路设计时，采用了专用定时器，使触发脉冲信号的精度大大提高。在同步信号及主电路处于正常情况下，电脑系统能保证主电路三相电压波形平衡，具有自动平衡系统。

③ 投励环节原理

根据电动机轻载或重载启动、全压或降压启动，以及能满足失步再整步的要求，投励环节采用“准角强励整步”的原则设计。在满足整步的条件下（电动机进入临界滑差，即原来所谓的“亚同步”），电脑自动选择最佳投励角投励，如图 11-6 所示。

对电动机滑差大小的检测，是根据转子回路内测取的转子电压波形，经采样后取得 U_f，如图 11-6(a) 所示，通过变换整形，变成方波，经过光耦隔离，输入电脑系统。

对于某些转速较低、凸极转矩较强的电动机，空载启动时，往往在尚未投励的情况下，自动进入同步。此时，将依靠凸极性投励回路，在电动机进入同步后的1～2s内自动投励。投励时，装置先按强励设定值投励运行1s，然后，自动恢复到正常励磁设定值运行。

④ 失步保护原理

图11-7(a)、(b)、(c) 是同步电动机失步时转子回路的几种典型波形，其共同特点是存在不衰减的交流电流波形，凡出现这类特征波形，电动机已失步。图11-7(d) 是同步振荡，电动机未失步。对同步电动机的失步保护，其基本原理是利用同步电动机失步时，具有会在其转子回路产生不衰减交变电流分量的特征，用串接在转子励磁回路的分流器采样转子回路交变电流信号，并根据采样信号波形特征通过微电脑进行计数及脉宽分析，快速、准确地判断电动机是否失步。对于各类失步，不管其滑差大小，装置均能准确动作。根据具体情况动作于跳闸。而电动机未失步，则不管其振荡多大，装置均不误动作。

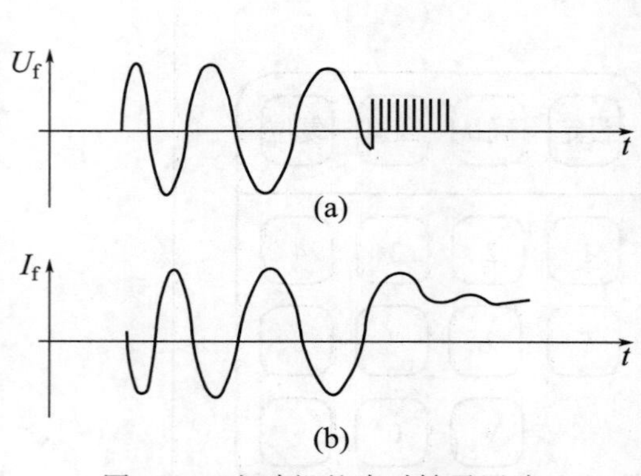

图11-6　电动机整步时转子回路电压、电流暂态波形

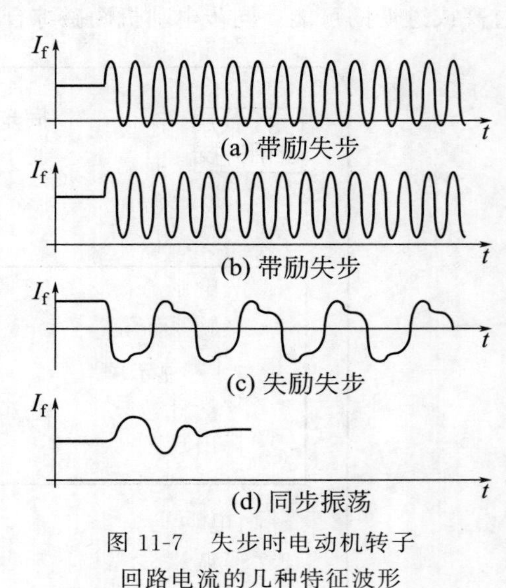

图11-7　失步时电动机转子回路电流的几种特征波形

当电动机投励后进入正常运行时，判断电动机是否失步的检测系统便自动投入。

⑤ 失步后带载再整步过程

正常运行中的同步电动机，经装置检测，判断，确认已失步后，立即动作于灭磁→异步驱动→带载再整步。

LZK-3型综合控制器中的灭磁环节，采用阻容快速灭磁方式，即电动机失步后，控制器发一脉冲，触发关桥晶闸管，进行阻容快速灭磁，灭磁完毕，电动机进入异步驱动状态，进行再整步。如果再整步不成功，启动后备保护环节，动作于跳闸。

电动机一旦失步进入异步运行，必须改善电动机的异步驱动特性。在电动机处于异步运行状态情况下，装置自动使KQJ继电器处于释放状态，通过KQJ的常闭接点，使VS晶闸管在很低电压下便开通进行灭磁，以改善电动机的异步驱动特性。

由于合理选配灭磁电阻RF，使电动机异步驱动特性得到改善，电动机转速将上升，待进入临界滑差后，装置自动控制励磁系统，按准角强励对电动机实施整步，使电动机恢复到同步状态。

当供电系统出现“自动重合闸”、“备用电源自切”或“人工切换电源”时，将出现电能输送渠道的短暂中断。为防止电源恢复瞬间可能造成的“非同期冲击”，检测到上述状况后，给本装置输入一个接点 FCJ。电脑接收到 FCJ 接点信号后，将同样动作于灭磁-异步驱动-再整步。（本装置无上述防冲击检测功能，若用户有此要求，本公司可提供这方面服务）。

⑥ 后备保护环节

在同步电动机或励磁装置出现下列故障，使电动机无法正常运行时，为保证电动机及励磁装置安全，装置中特设一后备保护环节，有如下情况时，动作于跳闸停机：

a. 再整步不成功；

b. 电动机启动后或失步后长时间不投励；

c. 电动机在投励后拉不进同步；

d. 电动机启动后长时间达不到临界滑差（即亚同步）；

e. 励磁装置存在直接影响电动机正常运行的故障。如：熔断器熔断，晶闸管、整流变压器等损坏。

后备保护动作跳闸后，控制面板的液晶显示屏上留有“报警”、“电动机失步”汉字指示信号；光字牌也出现“失步故障”“熔断器故障”等指示便于分析和记录。

⑦ VS 晶闸管误导通检测

为避免 VS 晶闸管因为电压设定值太低或开通后关不断，造成灭磁电阻 RF 长时间通电而过热。装置内设有 VS 误导通检测装置，若 VS 未导通，在 VS 与 RF 回路，直流励磁电压全部降落在 VS 上，在灭磁电阻 RF 二端无电压，灭磁电阻 RF 处于冷态。一旦出现 VS 导通后，直流电压降落在灭磁电阻上，装置内继电器 RFJ 线圈得电吸合（图 11-4），其接点信号通过变换、光隔输入电脑系统，电脑接收到 VS 导通信号（即 RFJ 接点信号）后，对于因过电压引起的导通，电脑系统指令其过电压消失后自动关断；对因电压设定值太低造成的 VS 误导通、或导通后关不断，电脑指令控制报警继电器 BXJ 闭合，通过其接点接通 PLC 报警回路，发出声光信号，并在控制面板液晶显示屏上留有“报警”、“灭磁电路误通”等汉字指示信号，光字牌也将出现“灭磁故障”的指示，提请操作人员检查。

⑧ 缺相检测

采用 LZK 系列同步电动机综合控制器的励磁屏，正常运行中，三相晶闸管具有自动平衡系统的功能，不须任何调试。三相晶闸管导通角一致。

由于外部因素，如触发脉冲回路断线或接触不良，造成脉冲丢失，控制回路同步电源缺相或消失，主回路元件损坏（如熔断器熔断）造成主回路三相不平衡、缺相运行，但未造成电动机失步（若失步，则由失步再整步回路或后备保护环节处理），装置能及时检测到上述情况，若干秒钟后故障仍未消除，装置就控制报警继电器 BXJ 闭合，通过其接点，接通 PLC 报警回路，发出声光信号，并在控制面板的液晶显示屏上给出“报警”、“缺相”等汉字指示信号。光字牌也出现“二次回路故障”“缺相”等指示。

同步电动机在运行中的缺相报警，基本原理是利用电动机进入同步后的正常运行状态下，在正、负母线上的直流励磁电压波形如图 11-8(a)、(b) 所示波形，但若出现图 11-8(c) 波形时，说明励磁装置在“缺相”状态下运行。

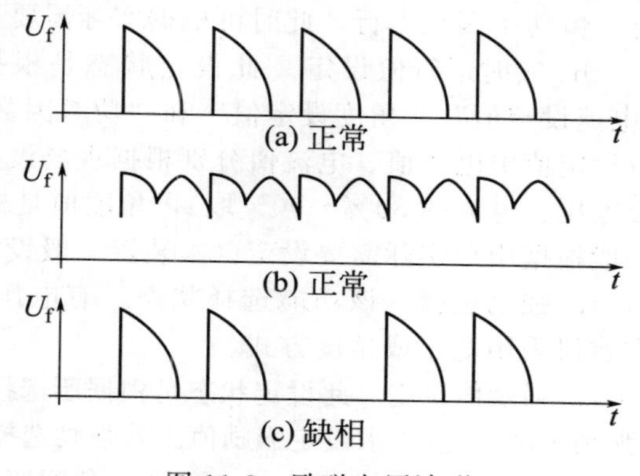

图 11-8　励磁电压波形

装置从直流励磁正、负母线上测取直流电压波形，经灭磁单元内 R7、R8、R9、R10、VDZ1、VDZ2 回路变换成 U_f 信号，经变换、整形，通过光耦隔离后输入电脑系统，电脑能自动进行检测、分析，从而作出正确判断。

（3）LZK-3 型综合控制器参数设定

① 功能选择和参数设定菜单操作说明

a. 静态设定状态　当控制器通电后，显示屏给出欢迎使用信息，表示电脑处于正常工作状态，按“设定”键，显示屏给出“请输入口令”汉字指示，此时输入正确口令，并按“确认”键加以确认无误后，装置便进入静态设定状态，在该状态中便可依次进行各励磁参数的静态设定和功能选择。本机在出厂时口令设为“000000”，用户在状态设定完毕后可设为其他 6 位数字，以防止操作中被误改。如输入的口令与设定的不同，控制器将不能进入静态设定状态。

b. 功能选择菜单操作　当装置处于某种功能选择状态时，显示屏会给出相应几种供选择的功能，此时根据具体需要，用数字键进行选择，“★”为被选中的方式，并用“确认”键加以确认。此后装置便进入下一参数设定状态。

c. 参数设定菜单操作　当装置处于静态设定状态中，显示屏给出需设定参数名称及原值指示，此时若原值与需值相等，则可直接用“确认”键加以确认；若不相等，则用“回退”键清除原值，用数字键输入需值无误后，用“确认”键加以确认，即可设定完毕。

② 静态设定与调试说明

a. 滑差设定　当装置一进入静态设定状态后，显示屏给出汉字“请输入滑差”及原滑差值指示，此时便可根据具体需要设定所需滑差值。本装置滑差范围为 1%～9%。

b. 计时投选择　当装置处于该状态时，显示屏给出“1 有效”、“2 无效”两种功能选择的汉字指示，选择所需功能方式。

c. 计时投时间　若选择“1 有效”，则设定所需投励时间。若计时投选择无效，装置则跳过该设定状态。

d. 励磁电压的上限、下限设定　当装置处于该种状态时，分别依次设定所需上限、下限值。上限值一般按励磁额定电压的 1.1～1.6 倍设定，下限值则按额定励磁电压的 30%～40%设定。

e. 励磁电流的上限、下限设定　当装置处于该种状态时，分别依次设定所需上限、下限值。上限值一般按额定励磁电流的 1.1～1.6 倍设定，下限值则按额定励磁电流的 30%～40%设定。

f. 励磁角度的上限、下限值设定　当装置处于该种状态时，分别依次设定所需上限、下限值。角度上限、下限值设定可按励磁电压上限、下限值的对应角度值设定即可。

g. 励磁方式选择　当装置在该状态时，显示屏给出“1 电压”、“2 电流”、“3 角度”、“4 功率”四种供选择功能方式的汉字指示，分别表示恒电压运行、恒电流运行、恒角度运行、恒功率因数运行，此时可根据实际需要选择所需的一种功能方式。

h. 实时运行值设定　此设定状态是根据所选择励磁方式，相应给出“电压设定值”、“电流设定值”、“角度设定值”和“功率因数设定值”中的一种。设定相应所需运行值，运行设定值中电压值、电流值分别根据现场设备实际运行参数确定（一般按同步电动机额定励磁电压、电流的 80%～90%取），角度值是根据电压或电流值相对应角度值取。功率因数值一般根据用户实际需要设定（本装置一般设定于超前 0.5～1）。

i. 强励选择　该功能选择状态，有电压、电流、角度、无效四种功能方式供选择，通常建议采用电压或角度方式。

j. 强励值设定　此设定状态是根据所选择强励方式而相应给出“强励电压”、“强励电流”、“强励角度”，按需求设定强励值。若强励选择无效，则装置将跳过该设定状态。强励值是按额定励磁电压、电流的 1.1～1.6 倍取。角度值则按相应电压、电流值所对应的角度值来取。

k. 后备保护时间设定　后备保护时间值必须大于计时投励时间。

l. 电流量程设定　电流量程设定，电流量程是根据励磁主回路中用于失步保护所匹配分流器大小来确定的，一旦设定，不得更改（电压量程值是根据控制器相关参数经精确计算而确定。一般出厂已经设定好，用户不可更改）。

m. 直流等效电阻值设定　根据所配同步电动机的转子直流阻值而设定。

n. 交流二次电压设定　根据励磁柜整流变压器二次相电压值而确定。

o. 控制器地址　用于与上位机通信用，一旦设定，不得更改（当需通信时）。

p. 口令修改　装置处于该状态时，修改完毕新口令将替换原口令，原口令则被覆盖而无效，下次必须采用新口令方可进入静态设定状态。

q. 允许运行状态　显示屏重新给出欢迎信息，表示各参数全部设定完毕，可进行调试、开车。

r. 注意事项　ⓐ主机和备机的设定参数应一致。ⓑ静态设定整个过程中，控制器处于空载状态，无触发脉冲输出，此时不允许开车启动电动机。ⓒ所有参数静态设定完毕，并检查确认无误，调试正常后，一般不必随意改动。

③ 动态修改

a. 当装置处于正常运行时称为动态，显示屏除给出实时运行方式和运行值外，还以每2s 1次进行实时电压、电流、角度、功率因数相应值巡检显示。

b. 按“设定”键后即可在线修改四种运行方式和运行值。由于实时运行值受相应上、下限值所限，动态设定不会影响电动机运行造成失步。动态修改的运行方式和运行值只能在该次有效，一旦重新启动，原修改的参数丢失，装置便在静态设定的运行方式和运行值下运行。

c. 装置动态运行时，只能对运行方式和运行值进行在线修改。对其他参数设定与修改必须在静态设定状态下进行。

（4）励磁屏系统试车及调试

a. 根据同步电动机参数，按照工作原理中有关说明，通过面板按键采用菜单操作进行功能选择及所有励磁参数的依次设定。

b. 整定时间继电器1KT、2KT的定值为0～0.2s。

c. 将更换/运行开关1SA打至“更换”位置，将运行/调试开关SA打至中间“零位”。

d. 确认线路连接正常后，检查电源380V/220V是否正常，合上自动空气开关QFA，励磁屏控制电源指示灯亮。

e. 将1SA从“更换”打到“运行”位置，SA从“零位”打到“调试”位置。励磁工作指示灯亮。用综合控制器上显示屏给出实时运行方式及运行值，同时励磁电压表、电流表有指示，并于5s后开始进行励磁电流、触发角度、功率因数、励磁电压依次巡检显示。备用综合控制器显示起始画面。

f. 按下励磁屏上试验按钮SB，励磁电压表读数为零，励磁电流表的读数不变，放开SB，励磁电压表恢复指示。

g. VS误导通试验：连续按下SB数秒，控制器面板上显示屏给出“报警”、“灭磁电路误通”的汉字指示，同时励磁屏上励磁故障指示灯亮，电铃报警。按励磁屏上音响解除按钮1SB，能解除电铃报警。按控制器上“复位”键，电铃报警及故障指示均能消除。

h. 检查双机的自动功能：ⓐ双机中任何1台失电，另1台将自动接替工作。ⓑ运行中，控制器内部如有：内部电源故障、断线、集成块故障等或其中之一的，都会使内部CPU复位，此时备机将立即取代主机工作。

i. 系统调试结束后将SA打到“零位”，空气开关QFA恢复分闸状态。

11.3 同步发电机转子励磁控制电路

同步发电机是电力系统的主要设备，它是将旋转形式的机械能转换成电能的设备。为完成这一转换它本身需要一个直流磁场，产生这个磁场的直流电流称为同步发电机的励磁电流。专门为同步发电机提供励磁电流的有关设备，即励磁电压的建立、调整和使电压消失的有关设备，统称为励磁系统。发电机的励磁系统由励磁功率系统和励磁调节系统组成，如图 11-9所示。励磁功率系统向同步发电机转子提供直流励磁电流。调节器是根据发电机端电压的变化来控制励磁功率输出值的大小，从而达到调节的目的。

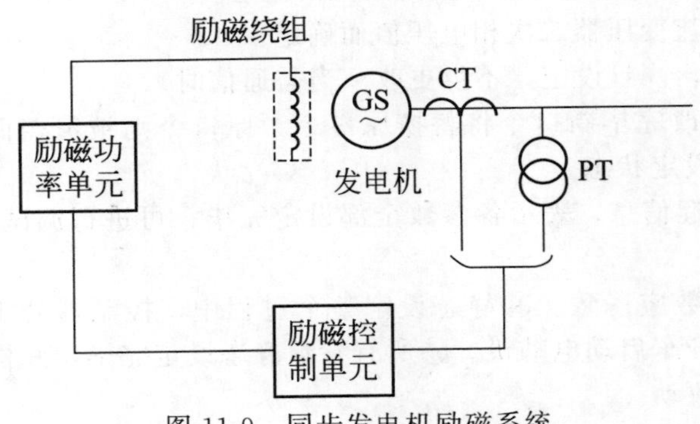

图 11-9　同步发电机励磁系统

11.3.1　同步发电机励磁系统的任务

在稳态运行或暂态过程中，同步发电机的运行状态在很大程度上与励磁有关。优良的励磁系统不仅可以保证发电机运行的可靠性和稳定性，而且可以有效地提高发电机及其电力系统的技术经济指标。为此，在正常运行或事故情况下，都需要调节同步发电机的励磁电流。励磁调节应执行下列两项任务。

(1) 电压控制及无功分配

发电机在正常运行工况下，励磁系统应维持发电机端电压（或升压变压器二次侧电压）在给定水平。当发电机负荷改变而端电压随之变化时，由于励磁调节器的调节作用，励磁系统将自动地增加或减少供出的励磁电流，使发电机端电压回到给定水平，保证有一定的调压精度。当机组甩负荷时，通过励磁系统的调节作用，应限制发电机端电压使之不会升高太多。另外，当几台机组并列运行时，通过励磁系统应能稳定地分配机组的无功功率。

维持电压水平和机组间稳定分担无功功率，是励磁调节应执行的基本任务。

(2) 提高同步发电机并列运行的稳定性

电力系统可靠供电的首要要求，是使并入系统中的所有同步发电机保持同步运行，系统在运行中随时会遭受各种扰动，伴随着励磁调节，系统可恢复到它原来的运行状况或者由一种平衡状态过渡到另一种新的平衡状态。这种情况则称系统是稳定的。电力系统稳定的主要标志是在暂态时间末了同步发电机维持或恢复同步运行。

11.3.2　同步发电机励磁系统的工作原理

励磁调节器也称为自动电压调整器，是一个对发电机端电压进行调节，输出晶闸管移相脉冲的自动化装置。图 11-10 是一个采用三相半控桥式整流电路的自并励励磁系统，所有方框组成了一个常规模拟电路调节器。这些方框可以看成是电路插件板，它们构成了一个最基本的励磁调节器。

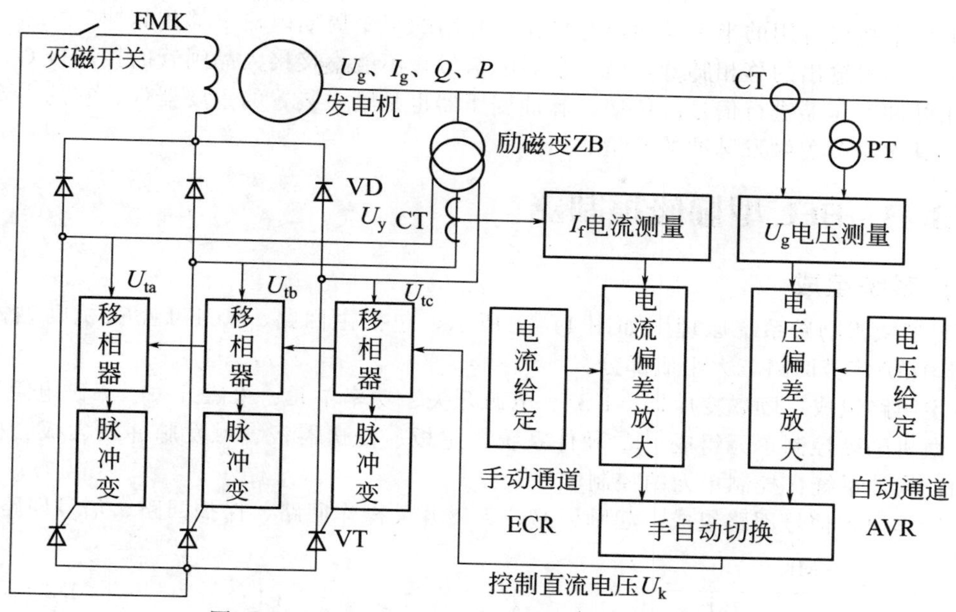

图 11-10 三相半控桥式自并励励磁系统原理框图

励磁调节器一般有两个调节通道，一个控制发电机端电压，另一个控制发电机转子电流，前者称为自动，即恒电压闭环运行，后者称为手动，即恒电流闭环运行。自动通道由电压测量单元、电压给定单元以及反应二者偏差的放大单元组成，是励磁调节器的主要工作通道，它通过 PT 和 CT 测量发电机定子电压和电流，以便完成电压控制、无功分配以及各种调节限制功能。手动通道由电流测量单元、电流给定单元以及反应二者偏差的放大单元组成，维持励磁电流的正常运行，是励磁调节器的备用和试验通道。它一般都是通过晶闸管阳极、CT 间接地测量励磁电流，因为二者之间有固定的比例关系。这两个通道经过手自动切换电路，输出一个控制电压 U_k。在常规调节器中，电压或电流给定就是通过增减磁命令来调整电动电位器位置，如果所测量的电压或电流值不同于给定值，调节器就对这个偏差进行 PID（比例-积分-微分）处理，从而产生相应的控制电压，这个过程就是调节器的调节原理。

对于大量采用静止晶闸管整流电路的励磁装置来说，励磁调节器仅能输出控制电压是远远不够的，它还要将这个控制电压变成移相脉冲，完成这一功能的就是移相器。而这一点，正是励磁调节器的特别之处。移相器的多少同晶闸管电路有关，三相全控桥有 6 个晶闸管，需要 6 个移相器，三相半控桥有 3 个晶闸管，则需要 3 个移相器，如图 11-10 所示。一般来说，不同支臂的晶闸管都必须有自己专用的移相器。

移相器的工作原理有许多，最常用的是余弦移相。所谓余弦移相，从理论上讲，控制角 α 等于控制电压百分数的反余弦值。从实际电路来说，将直流控制电压同交流同步电压叠加，其合成电压的过零点就发生变化，再利用这个变化的点所产生的脉冲就是随控制电压大小变化的移相脉冲，这就是余弦移相器的工作原理。从这里可见，移相器必须要输入两个量才能有效地工作，一个是控制电压，另一个是同步电压。正因为如此，同步电压是励磁调节器最重要的输入信号。一旦同步电压消失，移相脉冲也就消失，这会造成运行中的励磁装置无输出，发电机失磁。所谓同步电压就是指加在晶闸管两端的正向电压。晶闸管具有单向导电特性，只有在晶闸管阳极 A 的电位比阴极 K 的电位高即正向电压时，移相脉冲才起控制作用，晶闸管才能导通。若晶闸管两端电压反向，即使有触发脉冲，晶闸管也不导通。由于整流电路中的晶闸管两端都是交流电压，而这个交流电压就是移相器的同步电压，移相器要在同步电压中找出有用的半个周期，并只在这有用的半个周期内输出移相脉冲。

由于移相器输出的移相脉冲，是一个弱电信号，不能直接接入晶闸管的控制极 G，故一般要利用脉冲变压器进行信号的传递。脉冲变压器也是励磁装置的重要器件，它的主要作用是隔离，其次是改善触发脉冲的质量。

11.3.3 BFL 型励磁控制器

(1) 系统组成

BFL 型微机励磁系统原理图如图 11-11 所示，包括主回路、KCF-I 型微机励磁控制单元、操作保护信号回路三大组成部分。

① 主回路组成　励磁变压器（LB）、电源开关、功率单元、灭磁开关、灭磁电阻等。

② 微机励磁控制单元组成　a. 硬件系统：主板、变送器板、触发脉冲放大板、稳压电源等；b. 软件系统：控制单元的控制软件。

③ 操作保护信号回路组成　起励回路、灭磁开关操作回路、保护回路、信号回路。

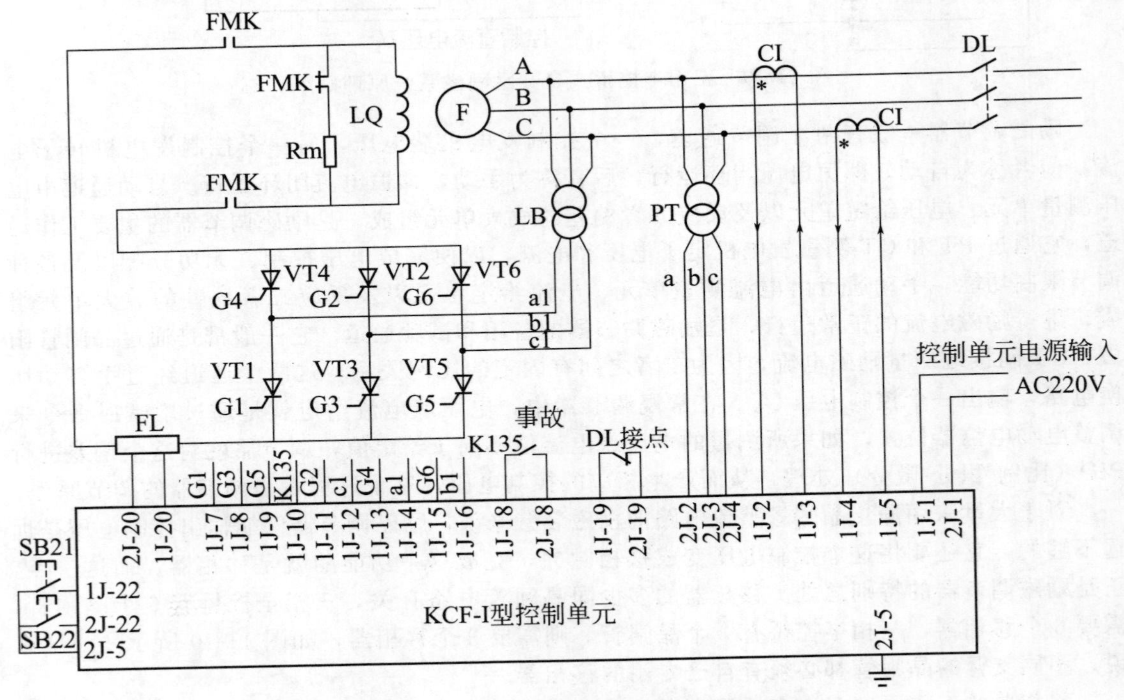

图 11-11　BFL 型微机励磁系统原理图

(2) 自动励磁调节基本原理

该励磁系统采用自并励励磁方式，励磁功率取自发电机本身。发电机机端电压通过励磁变压器降压，经晶闸管三相整流电路整流，向发电机励磁线圈提供一个可控的直流电流，此直流电流的大小由微机励磁控制单元控制。在这里励磁控制单元作为励磁系统的控制元件，而晶闸管三相整流电路（功率单元）则作为励磁系统的执行元件。

发电机单机运行时，发电机端电压在负荷变化时必须维持基本不变（当然机组的频率变化要控制在一定范围内），维持这一电压稳定是由励磁系统完成的：如果发电机负荷减小，由于电枢反应作用减小，机端电压会升高，经过励磁控制单元检测运算后，令输出的触发脉冲后移，即控制角 α 增大，α 的增大令整流输出减小，励磁电流的减小令发电机电压相应降低，回到原来的水平；反之，负荷增大使发电机机端电压降低时，通过励磁控制单元的作用，励磁电流增大，令机端电压上升，再回到原来的水平。在实际的运行当中，以上的调节过程是反复不断地进行着，从一种稳态向另一稳态的调节过程是很快的。励磁系统不断地改变励磁电流的大小，使发电机电压维持稳定。

发电机并网运行时，其电压、频率是取决于电网的，这时由励磁系统来调节发电机无功电流的大小。若增大励磁电流，由于是并网运行，发电机电压不因励磁电流上升而升高，这时发电机只能向电网多供给无功电流，才能使端电压维持与电网电压平衡；反之，减小励磁电流，则发电机向电网少供无功。对于控制单元的恒励运行方式，反馈信号取自分流器，与励磁电流成正比。所以该运行方式可以恒定励磁电流，并网时相当于恒无功方式。

(3) KCF-I 型控制单元基本工作原理及结构

① KCF-I 型控制单元基本工作原理

KCF-I 型控制单元原理框图见图 11-12，从发电机的机端电压互感器（励磁 PT）来的电压信号和机端电流互感器（调差用 CT）来的电流信号送入微机励磁控制单元，经无功电流测量单元得到 U_c 和 U_t，根据 U_c 和 U_t 可以算出无功电流 I_w 的大小。

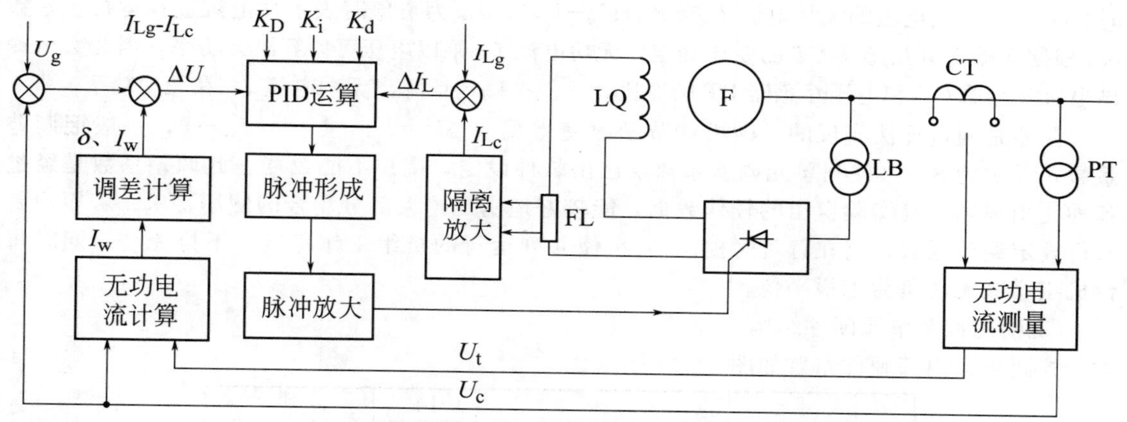

图 11-12 KCF-I 型控制单元原理框图

在恒电压运行方式下，定义偏差 $\Delta U=U_g-U_c-\delta I_w$，控制单元软件系统对偏差 ΔU 进行 PID 运算，根据运算结果发出对应相位的触发脉冲去触发晶闸管，调节运算的结果是使偏差 $\Delta U\to 0$。

在恒励流运行方式下，定义偏差 $\Delta I_L=I_{Lg}-I_{Lc}$，控制单元软件系统对偏差 ΔI_L 进行 PID 运算，根据运算的结果发出对应相位的触发脉冲去触发晶闸管，调节运算的结果是使偏差 $\Delta I_L\to 0$。

② 无功电流的测量及调差的实现

无功电流的测量与调差原理见图 11-13。从机端电流互感器 CTa、CTc 来的测量电流 I_a、I_c 经小电流互感器 LB-1、LB-2 变流（变流比为 5/0.1）后分别流过电阻 R_c、R_a，电阻 R_a、R_c 的前端分别加上机端电压互感器 PT 来的电压 U_a、U_c。电阻前端的电压 U_{ac}经测量变压器 CB-1 降压、再经整流滤波分压取样后得到电压 TU_c；同样，电阻后端的电压 RU_{ac}经测量变压器 CB-2 降压、再经整流滤波分压取样后得到电压 TU_t。TU_c 和 TU_t 分别送到 A/D 转换电路进行采样得到数字量 U_c 和 U_t。U_c 代表机端电压，U_t 由于迭加了发电机电流信号，因而通过 U_c 和 U_t 可以计算出无功电流和无功功率。

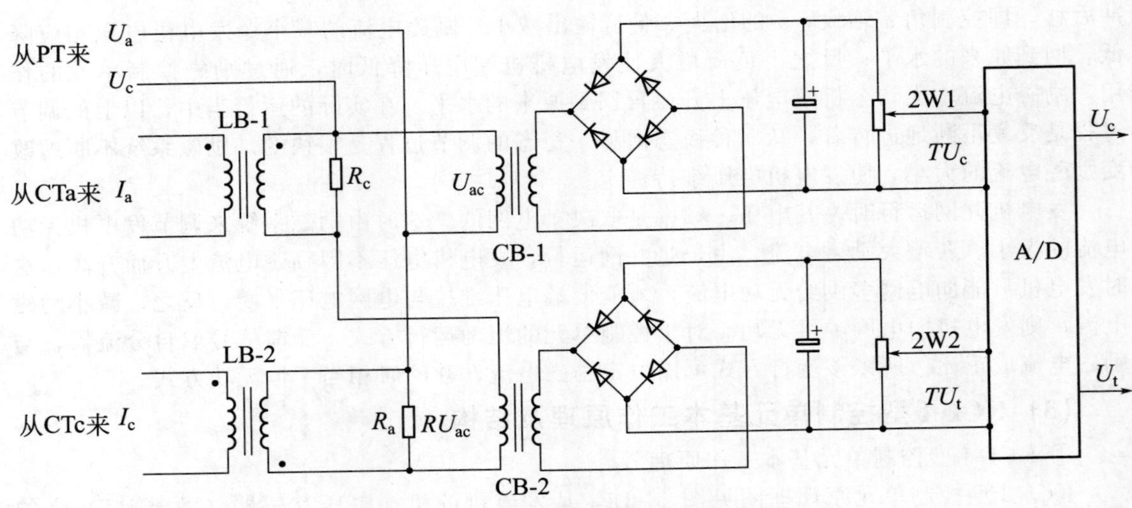

图 11-13　无功电流的测量与调差原理

发电机只发出有功时，$U_c \approx U_t$；当发电机发出了无功时，$U_c < U_t$；而当发电机进相运行时，$U_c > U_t$。发电机的无功电流 $I_w = K_x(U_t - U_c)$，I_w 为负值时表示发电机进相运行。系数 K_x 根据机端电流互感器CT的变比确定，无功电流 I_w 乘以电压可以算出无功率，因此必须提供电流互感器CT和电压互感器PT的变比，才能准确地计算出无功电流 I_w 和无功功率。

调差是通过算法实现的：微机调节励磁使得偏差 $\Delta U = U_g - U_c - \delta I_w \rightarrow 0$，一般把调差系数 δ 设定为8%（控制单元调差系数 δ 已由软件设定，用户不能改变。此调差系数是经过各种使用现场反复实验得出的较佳数据，能较好地满足绝大部分场合的使用要求。若用户要自行规定调差系数，请在订货时提出。）可使并列运行的机组工作稳定、不抢无功，同时每台机组增减无功负荷也很平稳。

③ 励磁控制单元硬件结构

控制单元内部硬件布置如图11-14所示。

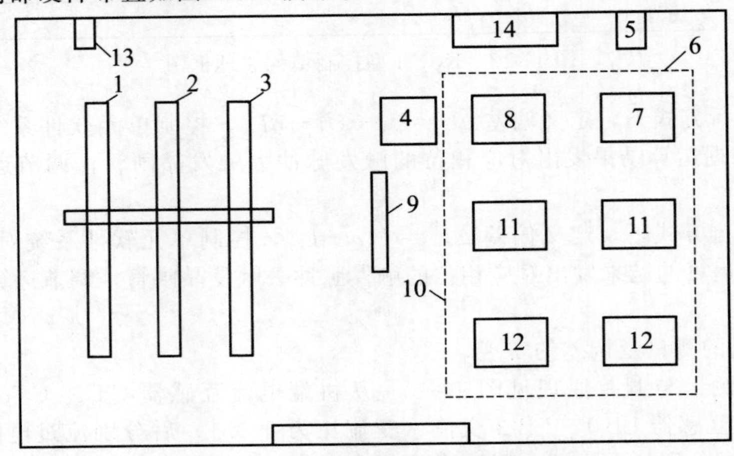

图 11-14　控制单元内部硬件布置图

1—主机板；2—变送器板；3—触发脉冲放大板；4—同步变压器TB，变比为100V/12V；5—熔丝管座；6—电源部分；7—开关电源；8—电源变压器YB-1，变比为100V/12V；9—电源板；10—无功测量单元；11—变流器（LB-2、LB-1），变比为5A/0.1A，无功电流测量用；12—测量变压器（CB-1、CB-2），变比为120V/60V，电压测量用；13—钮子开关，1NK；14—滤波器主机板的结构如图 11-15 所示。主机板 MCS-51 系列单片计算机 AT89C51 为核心构成。扩展了一片可编程序并行接口芯片 8155，其中 A 口通过板上插座 CZ1 与面板上的一只拨盘开关相连，用于选择显示内容；B 口与板上一只八位地址开关相连，用于设定 PID 参数，共有 256 种组合；C 口用于输出触发脉冲，脉冲经触发板上达林顿管放大、脉冲变压器隔离后接到晶闸管的触发极。

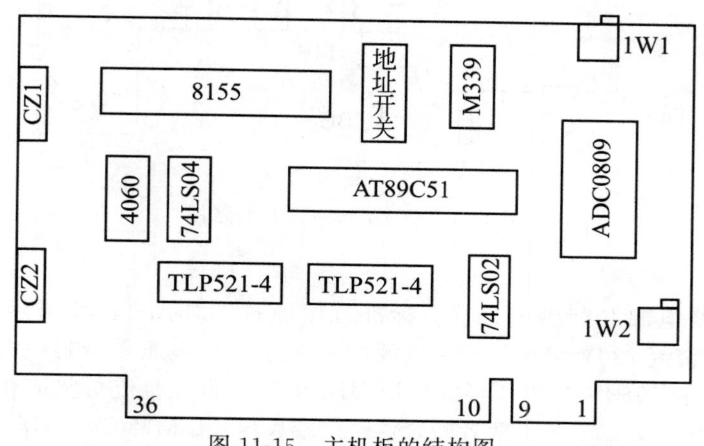

图 11-15　主机板的结构图

板上还扩展了一片 ADC0809，用于对变送器板变换输出的 U_c、U_t、励磁电流 I_{Lc}及面板上用于设定额定励磁电流 I_{Le}的电位器输出电压和板上精密电位器 1W2 的输出电压进行采集。电位器 1W2 用于设置无功功率标度系数，调整该电位器可使显示的无功功率计算值与发电机实际值相近。为提高抗干扰性能，采用了同步采样技术和数字滤波技术。同步电路移相角的整定是通过调整该板顶上的精密电位器 1W1 来实现的。板上还设置了可靠的上电复位及看门狗电路，可保证本机连续不断地正常工作。

变送器板的结构如图 11-16 所示。变送器板上有一个 DC/DC 变换电路对主电源进行变换得到三组电源：第一组为±8V，为本板上运算放大器 MC4558 供电；第二组为+12V，为本板上 NE555 供电；第三组为+5V，为主板上模拟系统供电，其目的是使模拟系统与数字系统分开供电，以提高整机抗干扰性能。

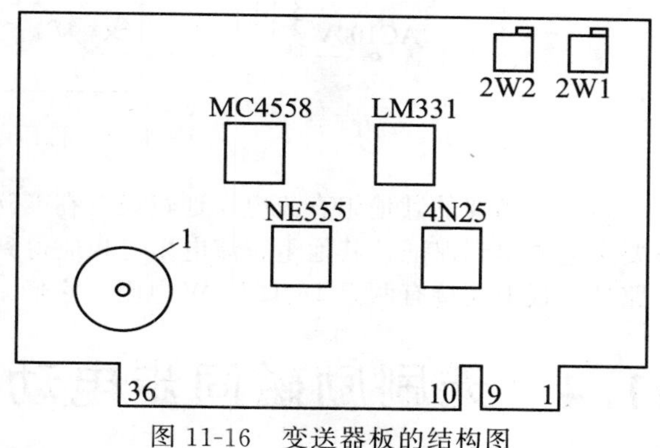

图 11-16　变送器板的结构图

板上以四块芯片（MC4558、LM339、4N25 和 NE555）为主构成励磁电流变送电路。

板上还有两组电压变送器电路，其接线如图 11-14 所示。作为无功电流测量单元电路的一部分，测量变压器 CB-1（或 CB-2）输出的电压信号在本板上经全波整流、阻容滤波、精密电位器分压后，送到主机板上由 A/D 转换器 ADC0809 进行采集，分别得到 U_c 和 U_t。(U_t-U_c) 值与无功电流 I_w 成正比。板上两个精密电位器 2W1 和 2W2 分别用于 U_c 和 U_t 的整定。

触发脉冲放大板如图 11-17 所示，它向晶闸管提供前沿陡、功率足够的触发脉冲。板上装有三套电路，一块板即可满足三相半控桥式整流电路之用。对于三相全控桥式整流电路则需用两块板。图中BG为TIP122型达林顿三极管，该管最大集电极电流为8A，耐压80V，工作时有充分的裕量。MB为铁淦氧圆形磁罐做成的脉冲变压器，在电路中起阻抗变换作用，同时起到将控制单元内的计算机系统与励磁系统执行主回路强电部分隔离开来的作用。

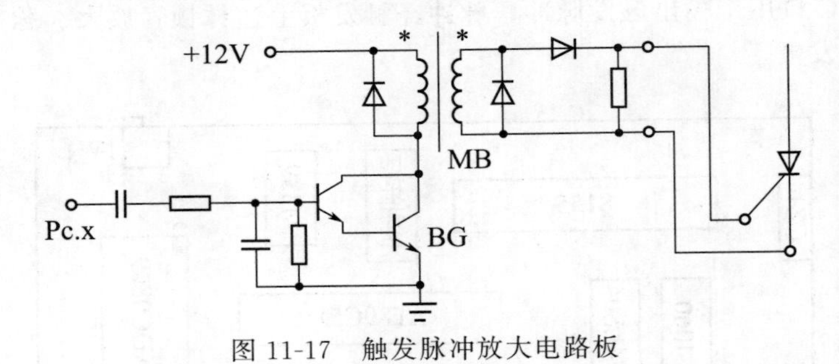

图 11-17　触发脉冲放大电路板

④ 稳压电源

设备采用双路电源并列供电方式。标准方案原理图如图11-18所示。来自直流系统220V或厂用电的交流220V电压经开关电源产生直流12V电压作为第一电源。来自机端电压互感器的 $U_{ab.P.T}$ 交流100V电压经变压器YB1降压，再经整流桥整流和电容滤波后得到约12V直流电压作为第二电源。两者联合供给三端稳压块LM7805，稳压至5V直流电压作为整机主电源。两路电源中只要有一路正常，装置即可正常工作。

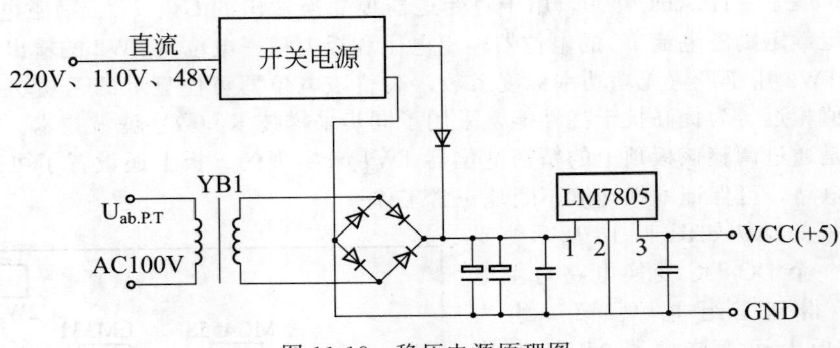

图 11-18　稳压电源原理图

装置所需要的其他组直流电压通过设置在变送器板上的一个DC/DC变换电路得到，这样只要主电源得到保证，其他组直流电压也相应得到保证。机内还有一块电源板，除了整流滤波电路外，板上还接有两只150Ω、2W电阻，它们是无功电流测量单元电路中的 R_a 和 R_c。

11.4　无刷励磁同步电动机控制电路

11.4.1　同步电动机无刷励磁基本原理

在同步电动机主轴上安装一台三相交流励磁发电机，该励磁发电机的定子绕组和转子绕组与一般交流发电机相比是反装的，即定子励磁，转子发电。定子励磁绕组由硅整流器整流后供给直流励磁电源，与主轴一起旋转的转子绕组发出三相交流电，该三相交流电经硅整流管整流后供给同步电动机转子绕组。调节交流发电机定子励磁绕组的励磁电流，就可使励磁发电机的转子所发出的三相交流电压得到调整，从而改变同步电动机转子励磁绕组的励磁电流。同步电动机启动或停车时的灭磁环节和同步电动机的投励环节都安装在转子上，均在旋转状态下工作。这种由励磁发电机从转子发电，整流器在旋转状态下进行整流供给同步电动机转子励磁的方式，就不再需要有静止部分和转动部分之间的相互接触导电，完全省去了电刷和滑环的接触。

11.4.2　10000HP 同步电动机无刷励磁控制电路

（1）主回路

如图 11-19 所示为在我国某化工公司合成气部使用的由美国西屋公司生产的 10000HP 氮氢气压缩机供电系统图，它由高压开关柜、PT 柜、10000HP 同步电动机和励磁系统组成。高压开关柜安装有 10kV、1250A 真空断路器和各种保护继电器。

（2）励磁控制电路

① 同步电动机无刷励磁主电路

a. 同步电动机无刷励磁主电路的组成

如图 11-20 所示为美国西屋公司 10000HP 氮氢气压缩机同步电动机无刷励磁主电路，分别由整流器组件、灭磁组件、晶闸管触发组件、同步投励组件等组成。各组件功能如下。

ⓐ 整流器组件　整流器组件的功能是将励磁机的交流输出电压转变为电动机励磁电路所需的直流电压。整流器组件是一个三相全波桥式电路，它由六个二极管（VD1～VD6）组成。

ⓑ 灭磁组件　灭磁组件主要由灭磁电阻、灭磁二极管 VD7 和灭磁晶闸管 VT1 组成。在同步电动机启动过程中，使转子感应交变电流两半波都通过放电电阻，保证电动机的正常启动。

ⓒ 晶闸管触发组件　晶闸管触发组件控制晶闸管 VT1 的导通。VT1 与二极管 VD7 的正极相连，为启动过程中转子的感应电流提供通路。

ⓓ 同步投励组件　同步投励组件是无刷励磁控制系统中的主要元件，投励方式采用“相位角”同步。同步投励组件通过检测转子感应电压频率监测转子旋转速度，当电动机转速达到亚同步转速时将励磁电压投入，把电动机拉入同步运行。

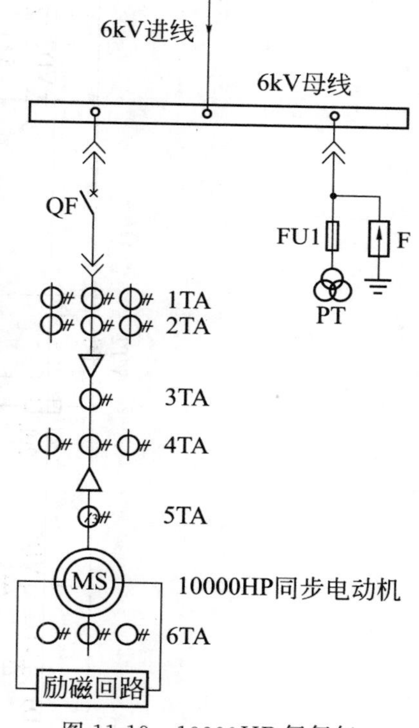

图 11-19　10000HP 氮氢气压缩机供电系统图

b. 同步电动机无刷励磁主电路的基本原理

如图 11-20 所示，当电动机定子启动时，转子励磁绕组里就产生感应交流电压。感应电压在电动机启动瞬间（转子静止）时，等于线路电压的频率；随着转子速度的不断升高，感应电压频率逐步减小。

转子励磁线圈感应电压的瞬间，门电路发出脉冲信号触发晶闸管 VT1 在某半个周期内导通，然后二极管 VD7 在另外半个周期内导通，将灭磁电阻并联到电动机转子励磁绕组上，开始灭磁。随着电动机转速不断升高到亚同步转速（旋转磁场转速的 95%）时同步投励组件将晶闸管 VT1 关断，励磁回路退出；同步投励组件触发晶闸管 VT2 导通，励磁机产生的直流励磁电压通过晶闸管 VT2 加到电动机励磁绕组上，将电动机拉入同步运行。

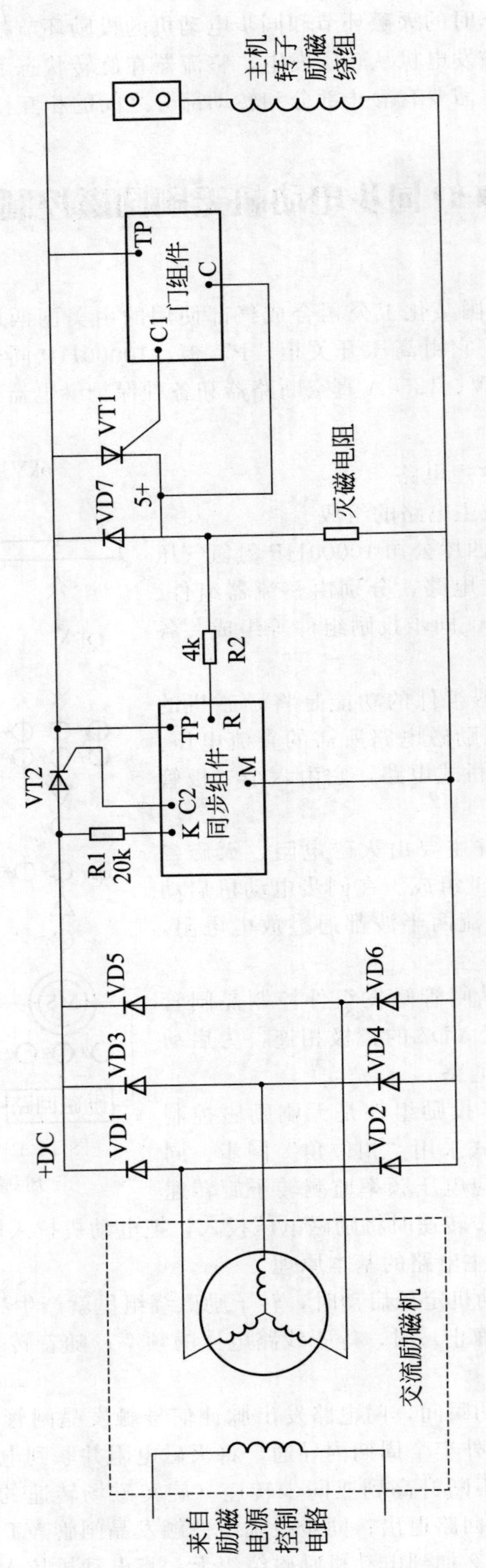

图11-20 10000HP氮氢气压缩机同步电动机无刷励磁主电路

② 直流励磁电源控制电路

直流励磁电源控制电路主要由美国巴斯勒公司生产的功率因数控制器和电压调整器两部分组成，外观如图 11-21 所示；其控制接线图见图 11-22。

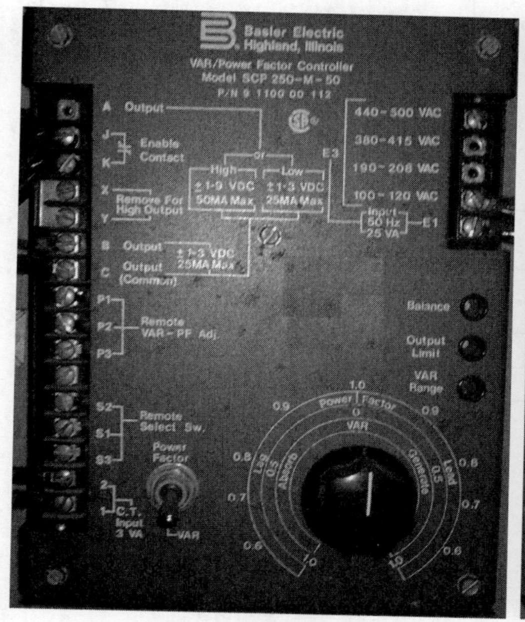

(a) 功率因数控制器SCP 250-M-50

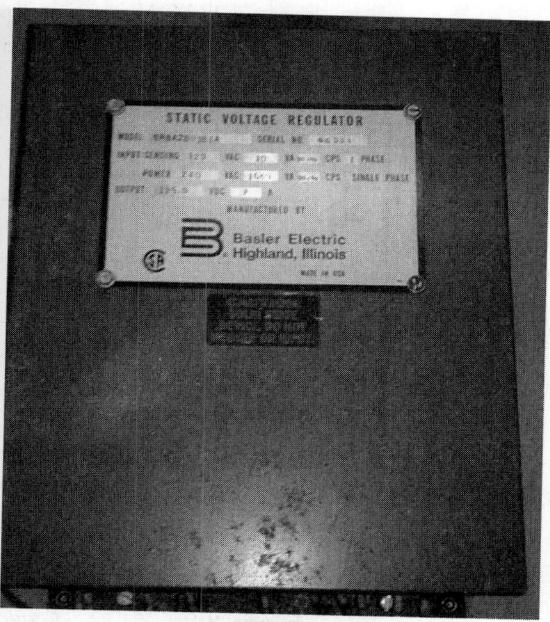

(b) 电压控制器SR8A

图 11-21　功率因数控制器和电压调整器

a. 功率因数控制器

SCP250 功率因数控制器为一个固定装置，主要用于同步电动机功率因数控制，它可以在同步电动机额定电流±5%范围内自动控制功率因数。

ⓐ 功率因数控制器基本工作原理

通过 1、2 端子和 E1、120 端子分别检测同步电动机定子的电压与电流，计算出电动机实际的功率因数，根据预先设置的功率因数从 B、C 端子输出调整信号到电压控制器，电压控制器改变励磁发电机直流励磁电压，从而把同步电动机功率因数调整到设定值。

SCP250 内部有一个继电器（K），通过内部电源和 J、K 端子与投励时间继电器 KT 延时断开常开触点连接。当同步电动机启动时，投励时间继电器动作其延时断开常开触点闭合→SCP250 功率因数控制器 J、K 端子被短接→SCP250 内部继电器 K 吸合，其辅助常开接点闭合→SCP250 功率因数控制器调节输出端子 B、C 被短接。也就是说同步电动机启动过程中功率因数控制器是没有输出的，励磁发电机的直流电源完全由电压调整器控制。经过一段时间延时后（电动机同步运行），投励时间继电器 KT 复位，其延时断开常开触点打开→SCP250 功率因数控制器内部继电器 K 释放，其常开辅助触点打开→SCP250 功率因数控制器输出信号和励磁调节电阻 RL2 串接后输入到电压调整器，自动控制同步电动机功率因数。在电动机同步运行期间也可以通过调整励磁调节电阻 RL2 的阻值来人为地控制同步电动机的功率因数。

ⓑ 功率因数控制器主要参数

SCP250 功率因数控制器主要参数见表 11-1。

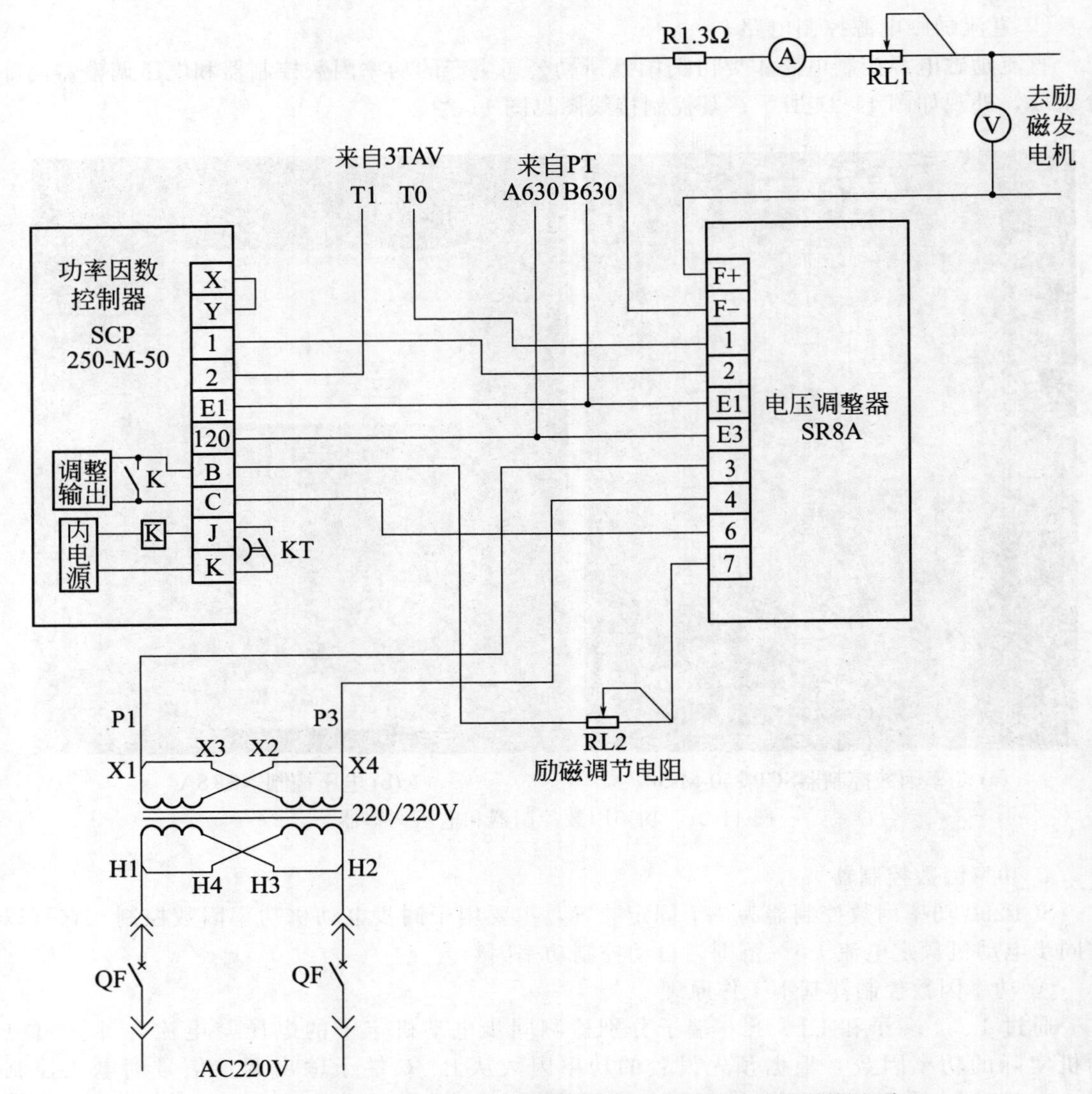

图 11-22 10000HP 氮氢气压缩机同步电动机励磁电源控制电路

表 11-1 SCP250 功率因数控制器主要参数

输入	输入电压信号	电压等级(AC)/V	120～139;208～240;416～480;520～600
		相数	两相
		容量/(V·A)	25
	输入电流信号	电流等级/A	3～5;最大在 30A 时,无故障工作时间 15s
		相数	单相
		容量/(V·A)	3
输出电压	正常(DC)/V		±1～±3
	高限(DC)/V		±9,控制器有自动限幅功能保证输出电压不会超过高限

b. 电压控制器

SR8A 电压控制器根据外接励磁调节电阻 RL2 和功率因数控制器的自动控制信号，改变励磁发电机直流励磁电压的大小来控制励磁发电系统的输出电压。

ⓐ SR8A 电压控制器基本控制原理

同步电动机启动后，通过 QF 的辅助接点，～220V 控制电源通过隔离变压器后输入到电压控制器功率输入端子（端子 3 和 4），经过电压控制器内部晶闸管整流滤波后，从 F+、F－端子输出直流电压到励磁发电机励磁绕组。调整晶闸管导通角就可以改变电压控制器输出励磁电压的大小。在同步电动机启动过程中，功率因素控制器的输出被短接，晶闸管的导通角取决于端子外接励磁调节电阻 RL2 的阻值；启动结束电动机同步运行后晶闸管导通角取决于功率因数控制器的自动控制信号和外接励磁调节电阻 RL2 串联的合成信号（端子 6 和 7）。可调电阻 RL1 是匹配电阻，SR8A 电压控制器要求励磁发电机励磁绕组的直流电阻必须大于或等于 18Ω，如果励磁发电机励磁绕组电阻小于这个数值就必须附加匹配电阻，从而满足最小电阻值要求。

ⓑ SR8A 电压控制器主要参数

SR8A 电压控制器主要参数见表 11-2。

表 11-2　SR8A 电压控制器主要参数

型号	额定输入			额定输出		最小励磁电阻/Ω
	电压(AC)/V	频率/Hz	容量/(V·A)	电压(DC)/V	电流/A	
SR8A	190～270	50	1680	63	7	18

第12章 高压电动机控制电路故障现象及处理实例

12.1 电气设备检修的一般要求和常用方法

电气设备在运行的过程中，由于各种原因难免会发生故障，致使工业机械不能正常工作，不但影响生产效率，严重时还会造成人身设备事故。因此，电气设备发生故障后，维修电工能够及时、熟练、准确、迅速、安全地查出故障，并加以排除，在最短时间内恢复工业机械的正常运行，是非常重要的。

12.1.1 电气设备检修的一般要求

(1) 采取的维修步骤和方法必须正确，切实可行。

(2) 不得损坏完好的电器元件。

(3) 不得随意更换电器元件及连接导线的型号规格。

(4) 不得擅自改动电路。

(5) 损坏的电气装置应尽量修复使用，但不得降低其固有的性能。

(6) 电气设备的各种保护性能必须满足使用要求。

(7) 绝缘电阻合格，通电试车能满足电路的各种功能，控制环节的动作程序符合要求。

(8) 修理后的电器装置必须满足其质量标准要求。电器装置的检修质量标准如下。

① 外观整洁，无破损和磁化现象。

② 所有的触头均应完整、光洁、接触良好。

③ 压力弹簧和反作用力弹簧应具有足够的弹力。

④ 各种衔铁运动灵活，无卡阻现象。

⑤ 灭弧罩完整、清洁，安装牢固。
⑥ 整定数值大小应符合电路使用要求。
⑦ 指示装置能正常发出信号。

12.1.2 电气设备故障检修的常用方法

尽管对电气设备采取了日常维护保养工作，降低了电气故障的发生率，但绝不可能杜绝电气故障的发生。因此，维修电工不但要掌握电气设备的日常维护保养技能，同时还要学会正确的检修方法。下面介绍电气故障发生后的常用分析和检修方法。故障处理主要分以下七大顺序：检修前的故障调查；用逻辑分析法确定并缩小故障范围；对故障范围进行外观检查；用试验法进一步缩小故障范围；用测量法确定故障点；检查是否存在机械、液压故障；修复及注意事项。

(1) 检修前的故障调查

当工业机械发生电气故障后，切忌盲目随便动手检修。在检修前，通过问、看、听、摸来了解故障前后的操作情况和故障发生时出现的异常现象，以便根据故障现象判断出故障发生的部位，进而准确地排除故障。

① 问　询问操作者故障前电路和设备的运行状况及故障发生后的症状，如故障是经常发生还是偶尔发生；是否有响声、冒烟、火花、异常振动等征兆；故障发生前有无过载和频繁的启动、停止、制动等情况；有无经过保养检修或改动过电路等。

② 看　察看故障发生前是否有明显的外观征兆，如各种信号；有指示装置的熔断器的情况；保护电器脱扣动作；接线脱落；触点烧蚀或熔焊；线圈过热烧毁等。

③ 听　在电路还能运行和不扩大故障范围、不损坏设备的前提下，可通电试车，细听电动机、接触器和继电器等电器的声音是否正常。

④ 摸　在刚切断电源后，尽快触摸检查电动机、变压器、电磁线圈及熔断器等，看是否有过热现象。

(2) 用逻辑分析法确定并缩小故障范围

检修简单的电气控制电路时，对每个电器元件、每根导线逐一进行检查，一般都能很快找到故障点。但对复杂的电路而言，往往有上百个元件，成千条连线，若采取逐一检查的方法，不仅需耗费大量的时间，而且也容易漏查。在这种情况下，若根据电路图，采用逻辑分析法，对故障现象作具体分析，确定可疑范围，提高维修的针对性，就可以收到准而快的效果。分析电路时，通常先从主电路入手，了解电路采用几台电动机，每台电动机相关的电器元件有哪些，采用何种控制，然后根据电动机主电路所用电器元件的文字符号、图区号及控制要求，找到相应控制电路。

在此基础上，结合故障现象和电路工作原理，进行认真排查。当故障较大时，不按部就班逐级进行检查，这时可在故障范围内的中间环节进行检查，来判断故障究竟是发生在哪一部分，从而尽快缩小范围，提高检修速度。

(3) 对故障范围进行外观检查

在确定了故障发生的可能范围后，可对范围内的电器元件及连接导线进行外观检查，例如：熔断器的熔体是否熔断；导线接头是否松动或脱落；接触器和继电器的触点是否脱落或接触不良；线圈是否烧坏使表层绝缘纸烧焦变色，烧化的绝缘清漆流出；弹簧是否脱落或断裂；电气开关的动作机构是否受阻失灵，都能明显地表明故障点所在。

(4) 用试验法进一步缩小故障范围

经外观检查未发现故障点时，可根据故障现象，结合电路图分析故障原因，在不扩大故障范围、不损伤电气和机械设备的前提下，进行直接通电试验，或除去负载通电试验，以分清故障可能是在电气部分还是在机械等其他部分；是在电动机上还是在控制设备上；是在主电路上还是在控制电路上。

一般情况下先检查控制部分，具体做法是：操作某一按钮或开关时，电路中有关的接触器、继电器将按规定的动作顺序进行工作。若依次动作至某一电器元件时，发现动作不符合要求，即说明该元件或其相关的电路有问题。再在此电路中进行逐项分析和检查，一般可发现故障。待控制电路的故障排除恢复正常后，再接通主电路，检查控制电路对主电路的控制效果，观察主电路的工作情况有无异常等。

在通电试验时，必须注意人身和设备的安全。要遵守安全规程，不得随意触动带电部分，要尽可能切断电动机主电路电源，只在控制电路带电的情况下进行检查；如需电动机运转，则应使电动机在空载下运行，以避免工业机械的运动部分发生误动作和碰撞；要暂时隔断有故障的主电路，以免故障扩大，并预先充分估计到局部电路动作后可能发生的不良后果。

(5) 用测量法确定故障点

测量法是维修电工工作中用来准确确定故障点的一种行之有效的检查方法。常用的测试工具和仪表有校验灯、测电笔、万用表、钳形电流表、兆欧表等，主要通过对电路进行带电或断电时的有关参数如电压、电阻、电流等的测量，来判断电器元件的好坏、设备的绝缘情况以及线路的通断情况。随着科学技术的发展，测量手段不断更新。例如，示波器、电缆故障测试仪、红外线测温仪、红外线成像仪等。

在用测量法检查故障点时，一定要保证各种测量工具和仪表完好，使用方法正确，还要注意防止感应电、返回电及其他并联支路的影响，以免产生误判断。

测量法常用的有电压分阶测量法；电阻分阶测量法；电压分段测量法；电阻分段测量法；短接法。

下面以简单的交流电路讲解上述几种常用的测量方法。

① 电压分阶测量法

测量检查时，首先把万用表的转换开关转至电压挡位上，然后按图 12-1 所示方法进行测量。

断开主电路，送上控制电路电源。若按下启动按钮 SB1 时，接触器 KM 不吸合，则说明控制电路有故障。检测时，先用万用表测量 1—2 两点间的电压，若电压为 220V，则说明控制电路的电源电压正常。然后按下 SB1 不放，依次测量 2—7、2—5、2—3 两间点的电压。根据其测量结果即可找出故障点，见表 12-1。

表 12-1　电压分阶测量法查找故障点

故障现象	测试状态	2—3	2—5	2—7	故障点
按下 SB1 时，KM 不吸合	按下 SB1 不放	0	0	0	FR 常闭触点接触不良
		220V	0	0	SB2 常闭触点接触不良
		220V	220V	0	SB1 接触不良
		220V	220V	220V	KM 线圈断路

这种测量方法像下（或上）台阶一样依次测量电压，所以叫分阶测量法。

② 电阻分阶测量法

测量检查时，首先把万用表的转换开关位置转至倍率适当的电阻挡，然后按图 12-2 所示方法进行测量。

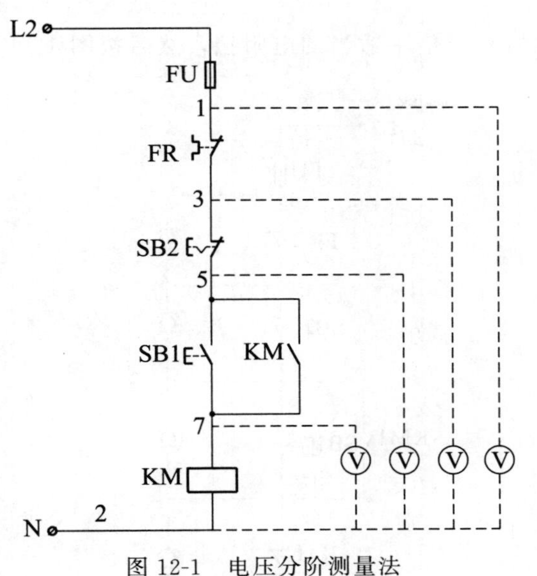

图 12-1　电压分阶测量法

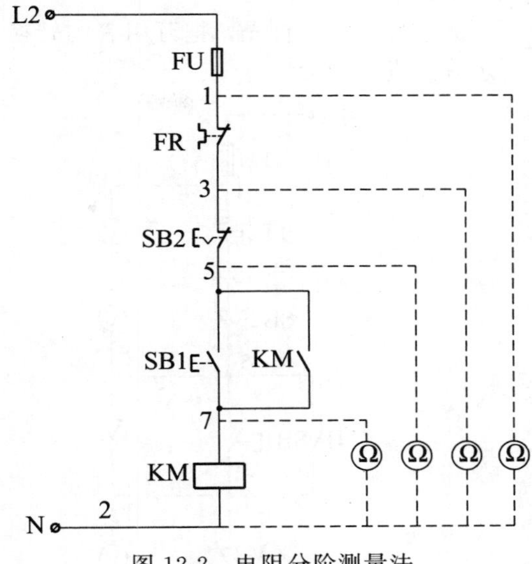

图 12-2　电阻分阶测量法

断开主电路，按通控制电路电源。若按下启动按钮 SB1 时，接触器 KM 不吸合，则说明控制电路有故障。检测时，首先切断控制电路电源，然后按下 SB1 不放，依次测量 2—1、2—3、2—5、2—7 各两点间的电阻值，根据测量结果找出故障点，见表 12-2。

表 12-2　电阻分阶测量法查找故障点

故障现象	测试状态	2—1	2—3	2—5	2—7	故障点
按下 SB1 时，KM 不吸合	按下 SB1 不放	∞	R	R	R	FR 常闭触点接触不良
		∞	∞	R	R	SB2 常闭触点接触不良
		∞	∞	∞	R	SB1 接触不良
		∞	∞	∞	∞	KM 线圈断路

③ 电压分段测量法

首先，把万用表的转换开关置于交流电压 500V 的挡位上，然后按图 12-3 所示方法测量。

断开主电路，送上控制电路电源。若按下启动按钮 SB1 时，接触器 KM 不吸合，则说明控制电路有故障。检测时，先用万用表测量 1—2 的电压，若电压为 220V，则说明控制电路的电源电压正常。然后按下 SB1 不放，依次测量相邻两点 1—3、3—5、5—7、7—9、9—11、11—2 的电压。根据其测量结果即可找出故障点，见表 12-3。

表 12-3　电压分段测量法查找故障点

故障现象	测试状态	1—3	3—5	5—7	7—9	9—11	11—2	故障点
按下 SB1 时，KM1 不吸合	按下 SB1 不放	220V	0	0	0	0	0	FR 常闭触点接触不良
		0	220V	0	0	0	0	SB2 常闭触点接触不良
		0	0	220V	0	0	0	SB1 接触不良
		0	0	0	220V	0	0	KM2 常闭触点接触不良
		0	0	0	0	220V	0	SQ 触点接触不良
		0	0	0	0	0	220V	KM1 线圈断路

④ 电阻分段测量法

测量检查时，首先，把万用表的转换开关位置转至倍率适当的电阻挡，然后按图 12-4 所示方法进行测量。

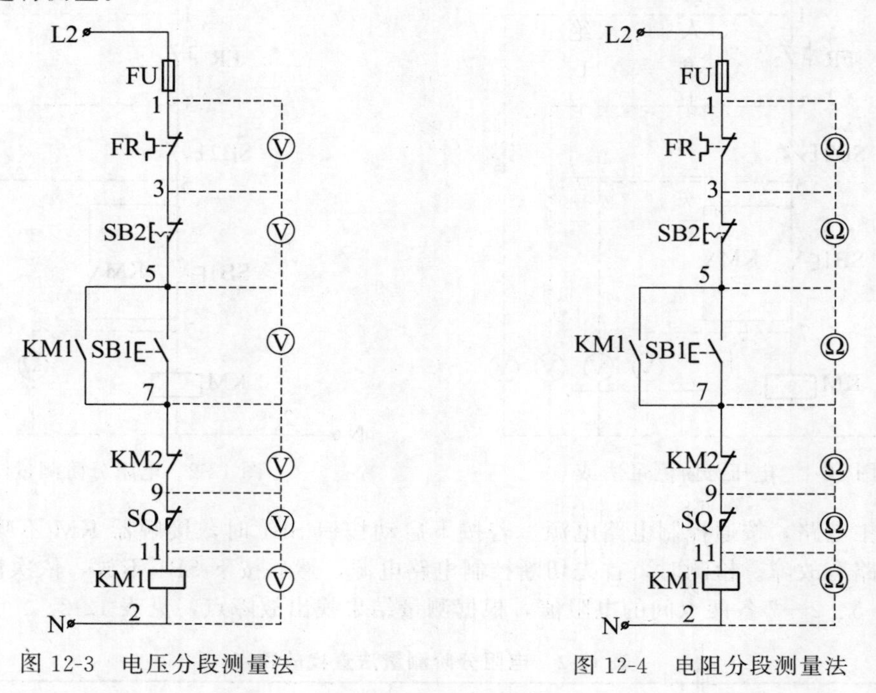

图 12-3 电压分段测量法　　图 12-4 电阻分段测量法

断开主电路，接通控制电路电源。若按下启动按钮 SB1 时，接触器 KM1 不吸合，则说明控制电路有故障。

检测时，首先，切断控制电路电源，然后一人按下 SB1 不放，依次测量相邻两点 1—3、3—5、5—7、7—9、9—11、11—2 的电阻值，根据测量结果找出故障点，见表 12-4。

注意：用电阻测量法检查故障时，一定要先切断电源；所测量的电路若与其他电路并联，必须将该电路与其他电路断开，否则所测电阻值不准确；测量高电阻元件时，要将万用表的电阻挡转换到适当挡位。

表 12-4　电阻分段测量法查找故障点

故障现象	测量点	电阻值	故障点
按下 SB1 时，KM1 不吸合	1—3	∞	FR 常闭触点接触不良或误动作
	3—5	∞	SB2 常闭触点接触不良
	5—7	∞	SB1 常开触点接触不良
	7—9	∞	KM2 常闭触点接触点不良
	9—11	∞	SQ 常闭触点接触不良
	11—2	∞	KM1 线圈断路

⑤ 短接法

电气设备的常见故障为断路故障，如导线断路、虚连、虚焊、触点接触不良、熔断器熔断等。对这类故障，除用电压法和电阻法检查外，还有一种更为简便可靠的方法，就是短接法。检查时，用一根绝缘良好的导线，将所怀疑的断路部位短接，若接到某处电路接通，则说明该处断路。

短接法有局部短接法和长短接法。

a. 局部短接法

检查前，先用万用表测量如图 12-5 所示 1—2 的电压，若电压正常，可一人按下启动按钮 SB1 不放，然后另一人用一根绝缘良好的导线，分别短接标号相邻的两点：1—3、3—5、5—7、7—9、9—11（不能短接 11—2 两点，否则造成短路），当短接到某两点时，接触器 KM1 吸合，即说明断路故障就在该两点之间，见表 12-5。

表 12-5　局部短接法查找故障点

故障现象	短接点标号	KM1 动作	故障点
按下 SB1 时，KM1 不吸合	1—3	KM1 吸合	FR 常闭触点接触不良或误动作
	3—5	KM1 吸合	SB2 常闭触点接触不良
	5—7	KM1 吸合	SB1 常开触点接触不良
	7—9	KM1 吸合	KM2 常闭触点接触不良
	9—11	KM1 吸合	SQ 常闭触点接触不良

b. 长短接法

长短接法是指一次短接两个或多个触点来检查故障的方法。

当 FR 的常闭触点和 SB2 的常闭触点同时接触不良时，若用局部短接法短接，如图 12-6 所示中的 1—3，按下 SB1，KM1 仍不能吸合，则可能造成判断错误；而用长短接法将 1—11 短接，如果 KM1 吸合，则说明 1—11 这段电路上有故障；然后再用局部短接法逐段找出故障点。

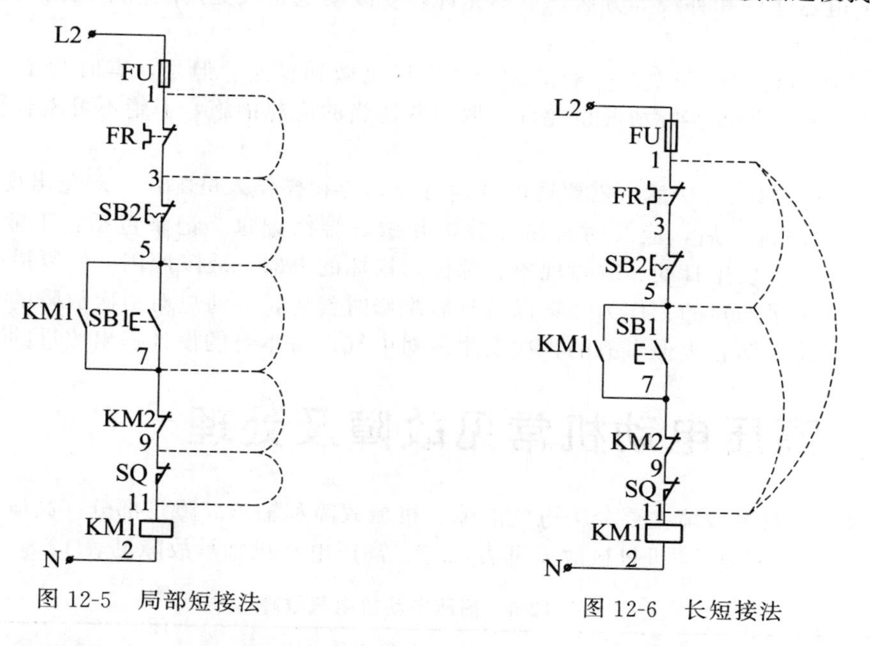

图 12-5　局部短接法　　　　图 12-6　长短接法

长短接法的另一个作用是可把故障点缩小到一个较小的范围。用短接法检查故障时必须注意以下几点。

ⓐ 用短接法检测时，是用手拿绝缘导线带电操作的，所以一定要注意安全，避免触电事故。

ⓑ 短接法只适用于压降极小的导线及触点之类的断路故障。对于压降较大的电器，如电阻、线圈、绕组等断路故障，不能采用短接法，否则会出现短路故障。

ⓒ 对于工业机械的某些要害部位，必须保证电气设备或机械部件不会出现事故的情况

下，才能用短接法。

(6) 检查是否存在机械、液压故障

在许多电气设备中，电器元件的动作是由机械、液压来推动的，或与它们有着密切的联动关系，所以在检修电气故障的同时，应检查、调整和排除机械、液压部分的故障，或与机械维修工配合完成。

以上所述是检查分析电气设备故障的一般顺序和常用方法，应根据实际情况灵活选用，断电检查多采用电阻法、短接法，通电检查多采用电压法或电流法。各种方法可交叉使用，以便迅速地找出故障点。

(7) 修复及注意事项

当找出故障点后，就要着手进行修复、试运转、记录等，然后交付使用，但必须注意如下事项。

① 在找出故障点和修复故障时，应注意不能把找出的故障点作为寻找故障的终点，还需进一步分析查明产生故障的根本原因。例如：在处理某台电动机因过载烧毁的事故时，决不能认为将烧毁的电动机修复或换上一台同型号新电动机就算完事，而应进一步查明电动机过载的原因，到底是因负载过重，还是电动机选择不当、功率过小所致，因为两者都能导致电动机过载，另外，还要检查校验保护定值的灵敏性和正确性。

② 找出故障点后，一定要针对不同故障情况和部位相应采取正确的修复方法，不要轻易采用更换电器元件和补线等方法，更不允许轻易改动电路或更换规格不同的电器元件，以防产生人为故障。

③ 在故障点修理过程中，一般情况下，应尽量做到复原。但是，有时为了尽快恢复工厂生产正常运行，根据实际情况也允许采取一些适当的应急措施，但绝不可凑合行事，违反电气规程。

④ 电气故障修复完毕后，需要通电试运行时，应和操作人员配合，避免出现新的故障。

⑤ 每次故障排除后，应及时总结经验，并做好维修记录。记录包括：工业机械型号、名称、编号、故障发生日期、故障现象、部位、损坏的电器、故障原因、修复措施及修复后运行情况等。记录的目的：作为档案以备日后维修时参考，并通过对历次故障的分析，采取相应的有效措施，防止类似事故的再次发生或对电气设备本身的设计提出改进的建议等。

12.2 高压电动机常见故障及处理

高压电动机常见故障主要分为电气故障、机械故障和轴承故障三部分。高压电动机电气故障见表 12-6；高压电动机机械故障见表 12-7；高压电动机轴承故障见表 12-8。

表 12-6 高压电动机电气故障

电动机启动失灵	电动机加速困难	启动时发出嗡嗡声	运行中发出嗡嗡声	同期性双转差嗡嗡声	无载运行时温度过高	有载绕组运行时温度过高	个别绕组截面过热	可能出现的原因	处理方法
△	△		△			△		过载	降低负载
△								一相电源断路	检查配电设备和馈电电路

续表

电动机启动失灵	电动机加速困难	启动时发出嗡嗡声	运行中发出嗡嗡声	同期性双转差嗡嗡声	无载运行时温度过高	有载绕组运行时温度过高	个别绕组截面过热	可能出现的原因	处理方法
	△	△	△			△		接通后一相电源开路	改善供电条件
	△							电网电压低，频率高	
					△			电网电压高，频率低	
							△	定子绕组连接错误	改正绕组的连接
	△	△	△				△	定子绕组匝间或相间短路	检查绕组的绝缘电阻
				△				鼠笼导条细条断条	询问制造厂后修理

表 12-7　高压电动机机械故障

机械故障现象				故障产生的原因	故障的处理方法
摩擦过高	温度过高	径向跳动	轴向跳动		
	△			风路受阻，旋转方向不对	检查风道，调换转向
△				转动零件受到摩擦	查明原因，重新找正
		△		转子不平衡	卸下转子，重新找正
		△		耦合机械不平衡	重新平衡耦合机械
		△		转子部分不正，轴弯曲	重新加工
		△	△	装配和调整不当	查明原因，重新校正电动机，检查耦合件
		△	△	传动机构的干扰	检查传动机构
		△	△	地基振动	加固基础
		△	△	地基变形	查清原因，重新调整电动机
			△	来自耦合机械的冲击	检查耦合机械
				过载	减低负载

表 12-8　高压电动机轴承故障

轴承故障现象			故障产生的原因	故障的处理方法
轴承过热	轴承有尖叫声	轴承有磕碰声		
△			滚珠（柱）的油膜耗尽，润滑中断	补充润滑脂

续表

轴承故障现象			故障产生的原因	故障的处理方法
轴承过热	轴承有尖叫声	轴承有磕碰声		
△			联轴器转来的应力	调整电动机的同心度
△			轴承弄脏或润滑脂过多	清理或更换润滑脂,检查密封零件
△	△		内盖碰轴承或润滑方法不当	停机修理,检查轴承或润滑,按说明书润滑
△	△		轴承安装不正	检查装配情况是否正确,调整安装
△	△		轴承游隙太小	换大游隙轴承
		△	轴承游隙过大	换小游隙轴承
△			进油温度高、油量小、压力小	检查油路系统,使其达到说明书要求
		△	轴承磨损	换新轴承,停机状态避免振动
△	△		轴承腐蚀	换新轴承,检查密封状态
△			皮带压力过大	减少皮带的压力
△			环境温度高于40℃	采用耐高温的润滑脂
		△	电磁中心未压齐	调整铁芯位置

12.3 高压真空断路器控制电路故障处理

高压真空断路器控制高压电动机电路故障一般分为真空断路器本体故障、储能故障和控制电路故障。

12.3.1 真空断路器故障处理

(1) 真空断路器维护

高压真空断路器一般选用特制滑动轴承,采用特殊表面处理防锈工艺,配用长效润滑脂,在正常使用条件下,10～20年不需检修,但由于使用环境的差异,仍需进行必要的检查、维护工作。

视工作环境在6～12月内应对断路器本体进行适当检查。在外观检查后,需对设备表面的污秽受潮部分进行清洁,用干布揩拭绝缘件表面,然后用沾有清洗剂的绸布揩去其他污秽物(注意使用的清洗剂能适用于塑料或合成塑料材料)。

当断路器长期放置时,可能使断路器活动部分产生阻滞,每年应对备用的断路器进行至少5次的储能及合、分闸操作。

每年应对断路器进行至少一次的绝缘测试以判断断路器真空灭弧室是否漏气或其他外界原因造成绝缘强度的降低。

对于频繁操作场所,应注意严格控制在技术条件规定的操作次数范围内,不能超出使用寿命后继续使用。

(2) 真空断路器故障类型和原因

真空断路器运行中的故障除真空灭弧室漏气外,还有接触电阻增大,操作机构卡滞,分合闸线圈烧毁等故障。

故障原因：

① 真空灭弧室漏气。

② 真空灭弧室内部金属触点非真空状态下开断。

③ 由于操作不当，造成手车式断路器动触头与静触头插合不到位或造成动触头脱落。

④ 弹簧机构调节不当或长期不用后机构卡滞，有机构死点合分闸困难。

（3）真空断路器故障处理实例

某厂35kV高压开关室一台手车柜形式的真空开关A相，其下部过电压抑制器损坏，导致单相电弧过电压，过电压抑制器烧毁。现场发现：B、C两相均有明显的对地放电痕迹，过电压抑制器下部本体与固定螺栓之间明显断裂。事故原因分析如下。

开关在分断小电流时，当电源从峰值下降尚未到达自然零点时电弧熄灭，电流突然中断，形成截流现象。由于电流被突然中断，电感负荷上剩余的电磁能量就会产生电晕电压，称截流过电压。由于这种过电压的存在，真空开关一般装有过电压保护，而35kV真空断路器多数采用RC过电压抑制器。这种电压抑制器的特点是：电容器可以减缓过电压的上升陡度，降低负载的波阻抗，因而降低截流过电压；电阻器的作用是当发生截流时，它在负载电路的高频振荡中使能量消耗，有效地抑制过电压，并可减少重燃次数。

根据计算及试验确定，电容器取值$C\approx0.1\sim0.2\mu F$，电阻$R\approx100\sim200\Omega$。由于该过电压抑制器内部的电容器有质量问题，内部介质在电、热、化学等因素的长期作用下，介质损耗逐渐增大，电老化加快，造成击穿，此时强大的击穿电流很快便通过了阻值仅100～200Ω的电阻，形成了单相接地，并伴有电弧的发生，由于该变电所所处的35kV电网中性点是不接地的，所以这一单相的接地故障便形成了一个不稳定的电弧接地，即接地点的电弧间歇性地熄灭和重燃，在电网的健全相和故障相之间产生电弧接地过电压，这类过电压对电气设备的危害是极大的。

由于35kV真空断路器采用手车式，内部的相与相及相对地之间距离相对较小，当A相发生单相电弧接地故障时，B、C两相出现了较高的过电压并伴有谐振产生，这就是为什么在B、C两相上可看到明显的放电烧痕和B、C两相过电压抑制器下部本体与固定螺栓之间有断裂的原因。

12.3.2　储能回路故障处理

真空断路器合闸所需能量由合闸储能机构提供，一般真空断路器均选配弹操机构。合闸储能有手动和电动机储能两种，除检修和试验用手动储能外，正常断路器储能使用电动机驱动。

储能回路故障主要有储能电动机烧毁、储能限位接触不良、电源不到位等故障。检查处理的内容主要如下。①检查电源是否正常。②限位是否接触良好。③驱动电动机是否有电源。④驱动电动机是否完好。

12.3.3　微机保护型控制电路故障处理

当今工厂高压电动机控制，选用的配置多是中置式开关柜，内装真空断路器，连体式弹簧操作机构和微机型综合保护已是必然趋势。虽生产厂家不同，但其主要控制电路原理基本相似，现以图10-16(c)所示的微机型保护高压电动机控制电路为例，分析此电路故障现象与处理方法，如表12-9所示。

表 12-9 微机型保护高压电动机控制电路的故障及处理方法

故障现象	可能原因	处理方法
1. 微机保护器无显示	1. 电源无电压 2. 熔断器 1FU 或 2FU 熔体熔断 3. 综保 AP 电源端子 XC1-1/XC2-16 端子接触不良 4. 综合保护器 AP 损坏	1. 检查电源电压是否为直流 220V 2. 更换熔体 3. 检查端子是否接触良好 4. 更换综合保护器 AP
2. DCS 室不能合闸	1. 现场转换开关 SA 选择不对 2. 远程选择允许继电器 2K 未吸合 3. DCS2 合闸接点没有吸合 4. 合闸线圈 YC 烧坏 5. 不在工作位,YW 触点(109—103)未通 6. 弹簧储能未完成	1. 将 SA 转换开关选在远程位 2. 检查 2K 是否吸合,其触点(105—107)是否吸合 3. 检查来自 DCS 室的合闸接点 DCS2 触点(101—105)是否吸合 4. 更换合闸线圈 YC 5. 检查断路器是否在工作位 6. 检查储能机构和电路
3. 就地不能合闸	1. 现场转换开关 SA 选择不对 2. DCS 室停车触点 1K(107—109)未复位 3. 合闸控制开关 SA 触点(11—12)接触不好 4. 断路器不在工作位,YW 触点(109—103)未通 5. 合闸线圈 YC 烧坏 6. 弹簧储能未完成	1. 将 SA 转换开关选在就地位 2. 将 DCS 室停车继电器 1K 复位,其触点 1K(107—109)闭合 3. 检查控制开关 SA 触点(11—12)是否良好 4. 检查断路器是否在工作位 5. 更换合闸线圈 YC 6. 检查储能机构和电路
4. 试验位不能合闸	1. SB1 按钮触点接触不良 2. 断路器不在试验位置,SW 触点(111—103)未通 3. 合闸线圈 YC 烧坏 4. 弹簧储能未完成	1. 检查 SB1 触点是否良好 2. 检查断路器是否在试验位 3. 更换合闸线圈 YC 4. 检查储能机构和电路
5. 就地不能跳闸	1. 控制开关 SA 触点(③—④)接触不良 2. 跳闸线圈烧坏	1. 检查控制开关 SA 触点 2. 更换跳闸线圈
6. 开关柜上不能跳闸	1. 开关柜跳闸按钮 SB2 触点(101—133)接触不良 2. 跳闸线圈烧坏	1. 检查 SB2 接触是否良好 2. 更换跳闸线圈
7. DCS 室不能跳闸	1. 跳闸出口继电器 1K 未吸合 2. DCS 跳闸信号被 2XLP 断开 3. 跳闸线圈烧坏	1. 检查 1K 是否吸合,其动合触点是否闭合 2. 检查连接片 2XLP 是否连接好 3. 更换跳闸线圈
8. 保护不能跳闸	1. 保护跳闸压板 1XLP 断开 2. 综合保护器 AP 损坏 3. 跳闸线圈烧坏 4. 电流回路故障 5. 电压回路故障	1. 检查连接片 1XLP 是否连接好 2. 更换保护器 AP 3. 更换跳闸线圈 4. 检查电流模拟量是否输入 5. 检查输入 AP 的电压是否正常

12.4 高压真空接触器控制电路故障处理

如图 10-8 所示的高压真空接触器控制电路常见故障现象及处理，见表 12-10。

表 12-10　常见高压真空接触器控制电路故障处理

故障现象	可能故障原因	故障处理
运行中跳，出口中间继电器未动作	1. 控制电源空气开关跳闸，检查控制回路有无接地点。另外，由于高压接触器不同于高压断路器，其线圈一旦失电就会跳车。使用或检修中要特别注意 2. 工艺跳车，DCS 的闭锁信号断开，造成高压接触器线圈失电跳闸	1. 检查开关跳闸原因，消除线路缺陷；选用高性能空气开关避免开关误动作 2. 工艺条件具备后，故障消除
运行中跳，出口中间继电器动作	出口中间继电器动作就意味着高压开关柜电气保护动作	检查过流、零序、温度、短路保险等保护回路是否动作
远控可以启动，就地无法启动	1. 现场就地/远控开关 S3 存在接触不良现象 2. 现场开车开关 S2 接触不良	更换接触不良的开关
远控、就地都无法启动	1. 出口中间继电器动作后未复位 2. 高压接触器线圈烧毁 3. 高压接触器工作位置限位开关 S751/1 未闭合 4. 工艺不允许开车，DCS 的闭锁信号断开	1. 复位出口中间继电器 2. 更换接触器合闸线圈 3. 开关小车重新推到工作位置 4. 检查工艺条件是否满足
现场 S2 开关正常停车，F86 出口中间继电器动作	二极管 VD1 反向击穿，造成正常停车时 F86 线圈得电	更换损坏的二极管 VD1

12.5　同步电动机转子励磁控制电路故障处理

第 11 章中图 11-22 所示 10000HP 氮氢气压缩机同步电动机无刷励磁电源控制电路，常见故障原因见表 12-11。

表 12-11　无刷励磁主电路常见故障及处理

故障现象	可能故障原因	故障处理
启动声音异常	1. 同步组件投励过早，造成电动机带励启动 2. 晶闸管 VT2 击穿，电动机启动后交流励磁机产生的交流电压经 VD1～VD6 整流后，直接加到主机励磁绕组上造成带励启动	1. 调整投励组件投励时间，使之准确投励 2. 更换损坏的晶闸管 VT2
不投励	1. 同步组件发生故障 2. 励磁直流电源电压异常 3. 交流励磁机绕组烧毁 4. VD7 或晶闸管 VT1 击穿，励磁电压被灭磁电阻短接	1. 更换同步组件 2. 检查励磁直流电源，恢复正常电压 3. 交流励磁机绕组重绕 4. 更换损坏的二极管或者晶闸管

参 考 文 献

[1] 阎晓霞，苏小林．变配电所二次系统．北京：中国电力出版社，2007.

[2] 郑凤翼，杨洪升等编著．怎样看电气控制电路图．北京：人民邮电出版社，2008.